은하의 발견
Man Discovers the Galaxies

은하의 발견
Man Discovers the Galaxies

리처드 베렌젠 · 리처드 하트 · 대니얼 실리 지음
이명균 옮김

전파과학사

Man Discovers the Galaxies

by

Richard Berendzen · Richard Hart · Daniel Seeley

옮긴이 **이명균 교수**는 1980년 서울대학교 천문학과를 졸업하고(1984년 서울대학교 천문학 이학석사), 19○ 년에 미국 워싱턴 대학(University of Washington)에서 천문학 이학박사 학위를 취득하였다. 은하와 우주 팽창○ 발견이 이루어진 미국 카네기 천문대(구명 : 윌슨 산 천문대)에서 1990년부터 1993년까지 연구원으로 근무하○ 고, 1993년부터 서울대학교 천문학과 교수로 재직 중이며, 전공은 외부 은하 천문학·관측 우주론이다.

저서로는 『허블망원경으로 본 우주』(2000년, 공저, 서울대학교 출판부)·『구형항성계의 진화』(1997년, 공저 민음사)가 있고, 역서로는 『관측천문학』(1998년, 공역, 미리내)이 있으며, 이 밖에 여러 편의 논문이 있다.

차례

문헌에 있는 약어

Ann. Harvard Coll. Obs.	Annals Harvard College Observatory
Ann. N. Y. Acad. Sci.	Annals of the New York Academy of Sciences
Ann. Soc. Sci. Brux.	Annals de la Societe Scientifique de Bruxelles
Ark. Math. Astron. Fys.	Arkiv foer Mathematik, Astronomisch Fyskik
Astron. Gesell.	Astronomische Gesellschaft
Astron. Nachr.	Astronomische Nachrichten
Astrophys. J.	Astrophysical Journal
Bull. Astron. Inst. Neth.	Bulletin of the Astronomical Institutes of the Netherlands
Bull. Astron. Soc. Neth.	Bulletin of the Astronomical Society of the Netherlands
Bull. Nat. Acad. Sci.	Bulletin of the National Academy of Sciences
Bull. Nat. Res. Coun.	Bulletin of the National Research Council
C. R. Acad. Sci.	Comptes Rendus Hebdomadaires des Seances de l'Academie des Sciences
Hale Collection	George Ellery Hale Papers, California Institute of Technology, 1968
Handb. Astrophys.	Handbuch der Astrophysik
Handb. Phys.	Handbuch der Physik
Harvard Bull.	Harvard Bulletin
Int. Astron. Un. Trans.	International Astronomical Union Transactions
J. Brit. Astron. Soc.	Journal of the British Astronomical Association
J. Hist. Astron.	Journal of the History of Astronomy
Lick Obs. Bull.	Lick Observatory Bulletin
Lowell Obs. Bull.	Lowell Observatory Bulletin
Med. Astron. Obs. Upsala	Meddelanden Fran Astronomiska Observatoire Upsala
Mon. Not. R. Asrton. Soc.	Monthly Notices of the Royal Astronomical Society
Mt. Wilson Cont.	Mt. Wilson Contributions
Nord. Astron. Tides.	Nordisk Astronomisk Tideskrift
Proc. Int. Conf. Ed. Hist. Astron.	Proceedings of the International Conference on Education and the History Astronomy
Proc. Nat. Acad. Sci. USA	Proceedings of the National Academy of Sciences of the United States of Amer
Proc. R. Soc. Lond.	Proceedings of the Royal Society, London
Publ. Astron. Soc. Pac.	Publications of the Astronomical Society of the Pacific
Publ. Astrophys. Insti. Konigstuhl-Heidelberg	Publikationen des Astrophysikalischen Institutes Konigstuhl-Heidelberg
Publ. Dominion Astrophys. Obs.	Publications of the Dominion Astrophysical Observatory
Publ. Lick Obs.	Publications of the Lick Observatory
Publ. Yerkes Obs.	Publications of the Yerkes Observatory
Q. J. R. Astron. Soc.	Quarterly Journal of the Royal Astronomical Society
Sci. Am.	Scientific American
Sci. Mon.	Scientific Monthly
Sol. Phys.	Solar Physics
Ups. Astron. Obs. Med.	Upsala Astronomiska Observatorium Meddelanden

한국의 독자들에게

어린이들은 대학에 들어가기 전까지 코페르니쿠스, 갈릴레오, 그리고 태양을 중심으로 하는 태양계 모형의 발전에 대해 배웁니다. 그러나 대학생들 대부분과 나이가 많은 일부 학자들은 섀플리, 허블, 그리고 우리 은하에서의 태양의 위치와 다른 은하로 이루어진 거대한 세계에 대한 발견에 대해 많이 알지 못합니다. 이 발견들은 20세기에 이루어졌고, 우주에서 우리의 위치에 대한 이해에 있어서 코페르니쿠스 이래 가장 큰 변화에 해당하므로, 이러한 사실을 모르고 있다는 것은 매우 안타까운 일입니다. 실제로 20세기의 발견들은 코페르니쿠스 변혁보다 덜 직관적이고 규모에 있어서 훨씬 더 큽니다. 물론 코페르니쿠스 변혁은 태양의 위치와 지구의 운동 여부 이상의 것을 포함하고 있습니다. 이 변혁에는 교회의 권위에 관련된 갈등과 과학에서의 관측과 실험의 역할이 포함되어 있었으며, 가장 영향력이 큰 과학적 혁명이 되었습니다. 이와는 대조적으로 20세기에 있었던 기념비적인 발견들은 기존의 사회 질서를 그만큼 흔들어놓지는 않았으나, 우주에서의 우리의 크기와 위치에 대한 이해를 영원히 바꾸어 놓았습니다. 이런 발견 때문에 현대 우주론이 나오게 되었으며, 현대 우주론은 공간적으로는 매우 멀리, 그리고 시간적으로는 우주의 시작까지도 포함하는 먼 과거까지 밝히려는 시도입니다. 현대 우주론은 모든 것에 대한 궁극적인 역사에 대한 이야기이며, 이는 20세기 초에 이루어진 은하에 대한 발견이 없었다면 알 수 없었을 것입니다. 이 책은 이러한 기념비적인 돌파 과정에 있었던 인간의 역할을 강조하면서 이런 발견들이 일어난 과정에 대한 이야기를 담고 있습니다.

이제 이 책이 한국에서 나오게 되어 필자는 매우 기쁩니다. 왜냐하면 우주는 우리 모두의 것이기 때문입니다. 이 책은 (지구의) 모든 곳에 있는 모든 사람들을 위한 책입니다. 이 책은 우리가 공유하고 있는 우주에 대한 것입니다.

1999년 11월 26일

리처드 베렌젠 Richard Berendzen

아메리칸 대학 (미국, 워싱턴 D.C.)

옮긴이의 말

허블 우주망원경으로 찍은 사진을 보면 각양각색의 모습을 가진 은하들이 많이 보인다. 사진에서 작게 보이는 은하들이 사실은 천억 개의 별로 이루어진 거대한 항성계이다. 은하는 우주의 거대 구조를 이루는 기본 단위이며, 우주에는 이러한 은하가 수없이 많이 있다. 이제는 은하의 사진을 종종 보게 되었고 은하의 특성을 잘 알게 되었지만, 우리 은하나 안드로메다 성운과 같은 은하가 칸트가 생각했던 섬우주의 하나에 불과하다는 사실이 알려진 것은 1920년대로서 오래되지 않았다.

은하의 발견과 우주 팽창의 발견은, 코페르니쿠스의 태양중심설과 함께, 인류의 우주관 역사에서 가장 중요한 발전 중의 하나라고 할 수 있다. 인간과 우주의 본질에 관심이 있는 사람이라면, 이 발견들이 이루어진 과정에 흥미를 느낄 것이다. 이 책은 이런 독자들의 요구를 만족시키고 있으며, 은하의 발견과 우주 팽창의 발견에 관련된 주제를 정확하고 자세하게 다룬 유일한 책이라고 할 수 있다.

이 책에서는 20세기 초반에 천문학자들이 은하를 발견하고 우주의 본질을 밝혀내는 과정을 천문학사가 세 명이 상세하게 기술하고 있다. 저자들은 많은 문헌 자료를 조사해 1) 1910년대에 새플리 등의 천문학자들이 우리 은하의 구조를 규명하고, 2) 1920년대 전반에 커티스와 허블 등의 천문학자들이 성운의 정체를 연구함으로써, 성운 중의 일부가 우리 은하의 바깥에 있으며, 크기가 우리 은하와 비슷한 거대한 섬우주라는 점을 발견하고, 3) 허블 등의 천문학자들이 이를 바탕으로 해 외부 은하를 관측함으로써, 1929년에 우주가 팽창하고 있다는 것을 발견하는 과정을 자세하게 설명했다. 저자들은 또한 이 과정에 관련되었던 유명한 천문학자들에 대해 간략하게 소개하고 많은 사진 자료를 실음으로써 독자의 이해를 돕도록 했고, 방대한 참고문헌을 포함해 전문적인 연구에도 도움이 되도록 했다.

이 책은 매우 흥미 있는 주제를 다루고 있을 뿐만 아니라, 천문학 내용도 자세하게 포함하고 있으므로, 우주에 관심 있는 진지한 일반인들 뿐만 아니라 천문학 전공자 및 과학사 전공자에게도 매우 유용할 것으로 생각된다. 이 책은 현대천문학사, 현대과학사, 교양천문학, 은하와 우주, 인간과 우주 등의 강의에서 교과서 또는 참고 도서로 쓸 수 있을 것이다. 이 책을 준비하는 데 많은 도움을 준 서울대학교 천문학과 대학원의 이종환 군과 현계영 양에게 고마움을 표한다.

관악에서 이명균

들어가기를 위한 들어가기

베렌젠 박사, 하트 박사, 실리 박사는 재미있는 학문적인 책을 저술함으로써 매우 중요한 공헌을 했는데, 이 책은 우리 은하의 구조에 대한 발견과, 우리가 속해 있는 은하로 이루어진 우주의 분명하고도 매우 기본적인 특성에 대한 발견을 다루고 있다. 이 책의 대부분은 1915년에서 1940년 사이에 천문학계를 이끌었던 8명에서 10명의 위대한 천문학자에 의해서(그들의 일부는 우리로 하여금 잠시 동안 길을 잃게 만들었음) 이루어진 역사적인 발견을 기술하고 있다. 이 때는 새플리가 우리 은하의 대략적 구조를 세계에 알렸고, 후에 오트, 린드블라드와 트럼플러의 발견으로 우리 은하의 구조를 완성한 시기였다. 이 때는 또한 허블과 다른 사람들이 나선 성운과 다른 성운(오늘날 은하로서 알려져 있으며, 많은 성운은 우리 은하와 별로 다르지 않음)의 본질을 밝힌 시기였다. 우리 앞에 있는 이 책은 허블과 휴메이슨이 슬라이퍼의 초기 연구 결과를 바탕으로 하여 은하의 속도-거리 관계를 알아낸 과정도 기술하고 있는데, 이 관계는 팽창 우주론이 살아남는 데에 근본적인 것으로 밝혀졌다.

본인은 1920년대에 싹튼 은하 천문학자가 되었고, 모든 출연자들을 개인적으로 알고 있으며, 전문적인 활동의 발전을 50년 이상 바라본 사람으로서, 우리의 세 젊은 천문학사가들이 이런 연속적인 발전을 보는 시각을 즐겁게 읽었다. 본인은 이 책을 읽고서 새로운 것을 많이 알게 되었다. 이 책은 매우 시기 적절한 때에 쓰여졌다. 1920년대의 논쟁과 주장에 먼지가 많이 쌓였을 뿐만 아니라, 저자들은 관련된 중요한 과학자들 중 여러 명을 잘 알고 있다는 점을 잘 이용했다. 거기에다가, 그들은 아직까지 존재할 것이라고 본인이 상상도 못했던 중요한 서신 파일에 접근할 수 있었다. 전체 이야기를 한곳에 모으고, 매우 읽기 쉬운 형태로 만드는 것은 좋은 일이다.

이 책을 처음으로 접하는 독자는 본인이 만족하게 생각했던 방법을 따라 읽기를 바란다. 처음에는 1부, 2부, 3부, 그리고 4부의 들어가기를 읽었다. 다음에는 건너뛰어서 가장 재미있고 가장 논란이 많은 절(그리고 인용 문헌)을 초벌 독서로 읽었다. 그리고 나서 본인은 편한 의자에 등을 대고 앉아, 맥주 한 잔을 마시면서 하룻밤에 25쪽씩 읽었다.

많은 독자들이 본인처럼 이 책을 즐기고, 읽음으로써 많은 것을 배우고, 즐겁고 매우 교육적인 역사책을 저술한 데 대해 저자들에게 감사하기를 바란다.

1976년 5월 20일
바트 복 Bart J. Bok
애리조나 대학교 명예교수
투손, 애리조나

모닝사이드 판을 위한 머리말

이 책에 기술한 천문학사는 우주에 대한 인간의 지적 탐험의 전개를 18세기의 철학적 우주모형부터 20세기의 상대성 이론까지 설명한다. 약 200년에 걸친 이 기간 동안에 인간을 확립된 계의 중심으로부터 옮기는 코페르니쿠스적 전통이 계속되었다는 점은 분명하다. 천문학자들은 성공뿐만 아니라 토론, 논쟁, 그리고 실패를 통해서 마침내 우주의 크기와 구조, 그리고 우주에서의 우리의 위치를 알 수 있게 되었다. 우리는 수없이 많은 은하로 둘러싸인 우리 은하의 변두리에 있는 것이다.

이 책의 원고를 준비하기 시작한 이후로 흥미진진한 천문학적 발견이 많이 이루어졌고 매혹적인 개념들이 일반에게 알려졌다. 퀘이사, 펄사 그리고 블랙홀과 같은 용어는 이제 가정 용어가 되었다. 실제로 이런 말들이 텔레비전이나 영화의 제목에 사용되고 있다.

모든 비범한 천문학적 노력과 결과 중에서도 두 가지 시도는 인간 마음의 정수와 우리의 사고의 발전을 보여 주는 좋은 예이다. 이 중 한 가지의 결과로서 무인 우주선을 화성을 향해 발사하게 되었다. 우주선은 화성 표면에 착륙한 후에 탄소를 기본으로 하는 생명체에 대한 생화학적 증거를 탐사했다. 그 실험으로부터 아무런 결정적인 답을 얻지는 못했지만, 생명체가 지구 행성에만 국한되어 있지 않고 보편적이라는 생각은 분명히 더욱 믿게 되었다.

다른 한 과제는 우주 탐사선에 붙여서 태양계 바깥으로 보내는 명판(銘板, plaque)의 계획이다. 이제 행성을 탐사하는 천문학적 임무를 마치고 최근에 태양계를 떠난 탐사선은 여자와 남자의 그림, 태양계의 개략도, 그리고 전언(message)을 해독하는 데 도움이 되는 여러 가지 단서를 싣고, 해왕성과 명왕성을 지나 우주로 날아가고 있다. 그 명판을 받는 어떤 지적 생명체도 그 전언을 분명히 이해할 것이다. 당신은 혼자가 아니다. 그리고 우리에게 대한 전언도 분명하다. 우리가 하늘에서 어떤 특별한 장소를 차지하고 있다고 우리는 더 이상 믿지 않는다. 우리는 더 이상 우리 자신을 우주의 유일한 지적 생명체로 생각하지 않는다.

1983년 9월

대니얼 U. 실리 Daniel U. Seeley

머리말

천문학의 모든 중요한 주제에서 가장 심오하면서 도발적인 것 중의 한 가지는 우주 체계에서의 인간의 위치와 은하에 대한 발견이다. 이 이야기는 천년이 넘게 진행되었으나, 가장 혁명적인 발견은 20세기에 이루어졌다. 이런 발견을 이룬 사람들의 노력이(그들의 사고, 방법, 그리고 기기를 포함함) 이 책의 주제이다. 은하와 우주를 이해하려고 하는 인간의 발전은 예기치 않은 갑작스런 발견, 길고 지루한 작업, 그리고 가끔은 잘못되어 오해를 불러일으키는 결과들이 특징이다. 천문학의 주제는 비인간적이고 생명이 없지만, 과학적 연구의 과정은 완전히 인간적인 모험이며, 이 책에서는 인간의 역할이 장점과 단점과 함께 강조되어 있다.

우리는 이 책이 은하 천문학에 관심을 갖고 있는 어떤 독자에게도 흥미롭고 유익하기를 바란다. 그런 사람들의 대부분은 비과학 전공을 위한 교양 천문학을 택하는 대학생일 것이다. 그러나 이 책은 비과학자를 위한 물리 과학, 과학자를 위한 기초 천문학, 과학자와 비과학자를 위한 물리, 그리고 과학사와 같은 강의에도 도움이 될 것이다. 또한 우리는 이 책이 예비 교사나 현직 교사를 위한 교사 교육 프로그램에도 가치 있게 사용되기를 바란다. 아울러 초보자에게도 흥미롭고 유익하기를 바란다.

이 책의 접근 방법은 여러 면에서 전통적인 교과서와 다르다. 이 책은 천문학의 모든 면을 다루듯이 포괄적이지 않다. 오히려 현대 과학의 발전에 있어서 매우 중요한 이야기 한 가지를 다룬다. 또한 이 책은 기록 정보의 원전을 많이 사용했으며, 이 중의 많은 부분은 아직까지 발표된 적이 없는 것들이다. 이 정보가 있었기 때문에, 어떤 잊지 못할 과학적 발견을 둘러싼 사건들, 과학적 연구에서의 개성의 영향, 그리고 공적인 과학과 사적인 과학의 차이에 관해, 문서에 매우 충실하게 바탕을 두고 기술할 수 있었다. 이 책의 주목적은 학생으로 하여금 단 하나의 매우 중요하면서도 대단히 흥미진진한 문제를, 과학사에서 전개된 것처럼 어느 정도 맛보게 하는 것이고, 또 그럼으로써 과학과 과학자 둘 다에 대한 이해를 전달하는 것이다.

이 책에서 사용된 접근 방법의 장점은 고유의 유연성이다. 전문적인 부분, 문제 등을 포함하거나 뺌으로써, 주제를 다양한 학문적 수준에 있는 과학 전공 학생이나 비과학 전공 학생에 맞출 수 있다. 더욱이 각 장들은 한 번의 강의에서부터 여러 주에 걸친 강의까지 사용할 수 있다. 이와 같이 이 책은 주로 정규 대학 교과 과정 대신이 아니라, 주로 정규 대학 교과 과정과 연관해 사용할 수 있도록 만들었다.

이 책의 준비는 1960년대에 (미국) 과학재단 연구비 지원으로 시작되었다. 그 당시 프로그램의 공식 제목은 현대 천문학의 발전에 대한 사례 연구 과제'였고, 연구책임자는 리처드 베렌젠이었다. 이 과제의 결과로서, 마침내 이 책을 냈을 뿐만 아니라, 과학 학술지와 교육 학술지에 여러 편의 논문을 발표했고, 전문적인 학회의 학술대회에서 강연도 했으며, 그리고 현대 천문학과 교육에 관한 국제 학술대회도 열었다. 이 과제는 저자들 세 명이 모두 보스턴 대학에 있을 때 시작했다. 이 책의 초기 원고는 보스턴 대학에서 작성했으며, 그 곳과 미국과 캐나다에 있는 많은 대학에서 교정했다.

이 책은 기본적으로 문헌 기록과 미발표 자료를 바탕으로 했으므로, 우리는 많은 사람과 기관의 도움과 호의를 받지 않을 수 없었다. 지나간 여러 해 동안 우리를 도와준 사람들은 너무나 많으므로 여기서 모두에게 감사를 표하는 것은 불가능하다. 그러나 특별히 도움이 되었던 아래 기관들은 언급하고 싶다. 과학재단, 미국 천문학회, 미국물리학회, 아메리칸 대학, 보스턴 대학, 캘리포니아 공과 대학, 버클리 캘리포니아 대학, 그로닝겐 대학, 도미니언 천체물리관측소(=천문대), 하버드 대학, 헤일 천문대, 헌팅턴 도서관, 릭 천문대, 라이덴 대학, 피츠버그 대학, 런드 대학, 프린스턴 대학, 로웰 천문대, 미국 국립과학원, 미국 의회 도서관, 그리고 이 책의 뒤에 실려 있는 많은 도서관 자료와 사진 자료를 제공해주신 분들. 그리고 하버드 천문대의 오웬 깅거리치 씨와 케임브리지 대학의 마이클 호스킨 씨께 감사 드린다. 이 두 분은 이 책의 초고를 읽고 도움이 되는 많은 제안을 해주셨다. 그러나 이 책의 최종판에 대한 책임은 전적으로 저자들에게 있다.

제1부

우주의 크기

제 1 부 차례

더럼의 토마스 라이트가 있다고 생각한 전지전능한
신. (S. Jaki, *The Milky Way*, Science History Publications:
New York, 1972)

들어가며

'태초에…….'

이 전지전능한 말이 문자로 기록되기 훨씬 이전부터, 사람
들은 우리가 살고 있는 이 우주에 관한 의문점에 대해 생각해
왔다. 우주의 기원, 구조 및 진화에 대한 의문점들은 인간이
남겨 놓은 가장 오래된 기록에서도 보인다.

고대 우주론자들은 눈에 보이는 우주를 설명하려는 시도에
있어서 매우 뛰어났다 —— 그들의 이론은 종종 논리적으로
정연했으며, 관측은 대부분 뛰어나게 정밀했다. 발달된 과학이
라는 무기로 무장한 현대 우주론자들은 고대인들이 전혀 상상
할 수 없었을 정도로 놀랄 만한 우주론을 발전시켰다. 성능이
좋은 천문 관측 기기를 만들고, 운동과 전자기의 물리적 원리
를 이해하게 되면서, 오늘날 우리는 우주에 대해 좀더 정확히
이해하게 되었다(고 바라고 있다). 그러나 이 새로운 이해에

있어서 무엇보다도 놀라운 점은 이러한 이해가 아주 최근에야 이루어졌다는 사실이다. 우리 주변에 있는 국부 항성계의 구조와 외부 항성계(예를 들면, 은하)의 발견은 모두 20세기에 일어난 일이다.

18세기 이후에 일어난 과학 이론의 발전과 천문 관측의 향상은, 오늘날 우리가 우주를 이해하고 있는 것처럼 올바르게 이해하는 데 있어서 필수적이었다. 그러나 제1부에서 설명하듯이 20세기 이전까지는 이론이나 관측 그 어느 것으로도 우주를 완전히 설명할 수 없었다. 사실은 제1부의 후반부에서 보듯이 문제들은 아직도 완전히 풀리지 않고 있다.

제1부에서는 두 가지 주제, 즉 우리 은하와 외부 은하에 관한 이론의 발전을 살펴보기로 한다. 우리 은하, 즉 은하수는 18세기에 처음으로 영국의 위대한 이민 천문학자인 윌리엄 허셸 경(Sir William Herschel)에 의해 체계적으로 연구되었다. 19세기 말에는 독일인 폰젤리거(H. Von Seeliger)와 네덜란드인 야코부스 캅테인(Jacobus C. Kapteyn)에 의해 좀더 정교한 방법으로 연구되었다. 많은 사상가들이 외부 항성계라고 믿었던 나선 성운은, 큰 망원경이 만들어지기 전까지는 자세히 연구하는 것이 불가능했다. 따라서 19세기 중반 이전에는 나선 성운의 구조가 발견되지 않았고, 19세기 말에 이르러서야 나선 성운에 대해 사진을 이용해 체계적으로 연구하기 시작했다.

20세기 초반 20년 동안에 과학의 많은 분야에서 굉장한 진전이 있었는데 천문학도 예외는 아니었다. 사진술, 분광학, 그리고 큰 망원경 모두가 여러 가지 천문학적 의문점들을 이해하는 데 기여했다. 미국의 젊은 천문학자 할로우 섀플리(Harlow Shapley)는 천문학에 있어서 여러 가지 진보된 연구 결과를 종합적으로 이용해, 우리 은하의 구조가 그 이전까지 천문학계에서 일반적으로 받아들여지고 있던 캅테인의 모형과 전혀 다르다는 것을 밝혔다.

20세기의 뛰어난 천문학자 중의 한 사람인 오토 스트루베(Otto Struve)는[1] 섀플리의 모형과 캅테인의 모형의 불일치를 천문학의 '대논쟁'이라고 명명했다. 1920년에 워싱턴 D.C.에서 벌어졌던 이 논쟁에서 두 이론의 장점과 단점이 노출되었다. 섀플리는 우리 은하가 근본적으로 더 큰 계라는 자신의 이론을 옹호했다. 그가 사용한 증거는 구상 성단과 변광성에 대한 연구에서 나왔으며, 또한 그는 나선 성운이 우리 은하와 크기가 비슷한 항성계라는 주장을 반박했다. 헤버 커티스(Heber D. Curtis)는 밝기가 각각 다른 별의 개수를 통계적으로 분석해 끌어낸 캅테인의 모형을 지지했고, 나선 성운이 우리 은하와 매우 비슷한 항성계라는 섬우주론을 옹호했다.

오늘날의 해설자들은 1920년경에 논쟁의 대상이 된 주제들의 상대적 중요성에 대해 항상 같은 의견을 갖고 있지는 않다. 그러나 모든 사람들이 그 당시에 논의되었던 주제들이 매우 중요하고 손에 땀을 쥐게 했다는 점에서는 동의하고 있다. 1965년에 쇄스모어 대학의 천문학과장 피터 반데캄프(Peter Van De Kamp)는 "1917년에 할로우 섀플리가 발전시킨 은하 중심적 관점은 1543년에 니콜라스 코페르니쿠스가 도입한 태양 중심적 관점과 마찬가지로 천문학적 사고와 인식에 있어서 진일보를 나타낸다."라고 썼다.[2]

한편 2, 3년 후에 로스앤젤레스 캘리포니아 대학의 천문학과장 조지 아벨(George Abell)은 자신의 유명한 천문학 교과서에서 "겨우 이삼십 년 전에 우리 은하가 우주에서 유일하지도 않고 중심에 있지도 않다는 사실을 깨닫게 된 것은, 코페르니쿠스의 우주론을 우주론적 사고에 있어서 위대한 진보 중의 하나라고 받아들인 것과 같다."라고 썼다.[3] 어느 관점에서 보더라도 분명히 대논쟁은 무한히 중요한 우주론적 문제점들에 관한 것이었다.

비록 '대논쟁'이 서로 다른 체계 사이의 불일치를 해소하지는 못했지만, 문제점을 명확히 제시했고, 우주의 구조에 관해 기본적으로 두 가지 주제에서 일치하지 않는다는 점을 보여주었다. 이 두 가지 주제 각각 그 자체로서는 완전한 연구였다. 그러나 각 이론이 내부적으로 옳기 위해서는 두 가지 주제를 논의해야만 했기 때문에, 그 당시에는 두 가지 주제를 분리시킬 수가 없었다.

'대논쟁'에서 각 논의자는 어떤 주제는 매우 길게, 어떤 주제는 매우 짧게 논의했다. 섀플리는 은하수의 크기와 구조에 가장 관심이 많았으므로 그 점을 강조했다. 반면에, 커티스는 나선 성운의 본질에 가장 관심이 많았으므로 그 점을 강조했다. 분명히 그들은 논쟁의 (또한 제1부의) 실제 주제인 우주의 크기를 각각 다르게 해석했다. 후에 밝혀졌듯이, 각 논의자의 의견은 부분적으로는 옳았고 부분적으로는 틀렸다. 논쟁을 연구하기 위해, 우주의 크기와 구조를 확실하고 과학적으로 설명하려는 인류의 초기 시도를 첫번째로 살펴보아야 한다.

DENEB   VEGA

제1장 우주에 대한 초기 이론

철학적 모형

옛날 사람은 모두들 은하수에서 자신들의 세계가 비쳐진 모습을 보았다. 은하수는 이집트인에게는 이시스 신이 뿌린 밀로, 잉카인에게는 황금빛 별 먼지로, 에스키모인에게는 눈으로 이루어진 띠로, 부쉬맨에게는 모닥불을 태우고 남은 재로, 아랍인에게는 강으로, 폴리네시아인에게는 구름을 먹는 상어로, 튜톤족에게는 발할라로 가는 길로, 이라크인에게는 포네마로 가는 길로, 기독교인에게는 로마로 가는 길로 보였다. 나중에 알게 되듯이, 개인적인 믿음을 은하수와 우주의 구조에 관한 이론에 사용한 사람들은 고대인만이 아니었다.

1750년에 더럼 출신의 영국인 토머스 라이트는 하늘의 몇

ANTARES

전갈 자리에서부터 카시오페아 자리까지 보이는 북반구 은하수. F. E. 로스와 M. R. 칼버트의 『북반구 은하수 사진첩』 Atlas of Northern Milky Way 의 사진으로 모아 붙여서 만든 사진. (여키즈 천문대 사진)

가지 특징을 설명할 수 있는 우주 모형을 제시했다. 라이트는 우주가 두 개의 동심구 사이에 있는 얇은 구각(球角)으로 이루어져 있으며, 별은 일종의 규칙적인 불규칙성을 가지고 이 공간 전체를 채우고 있다고 주장했다.[1] 구각의 접선 방향으로 쳐다보면 수없이 많은 별이 보이고, 그쪽 방향의 하늘 전체는 멀리 있는 희미한 별로 가득 차 있어서 그 지역이 성운처럼 밝게 보이게 된다. 만약 태양이 이 구각 두께의 중간쯤에 있다면, 성운처럼 밝게 보이는 지역이 접면 방향의 하늘을 완전히 둘러싸게 될 것이다. 만약 관측자가 그렇게 생긴 우주의 얇은 쪽으로 바라본다면, 훨씬 적은 별을 보게 될 것이다. 따라서 그쪽 방향의 하늘에서는 별이 드물게 보일 것이다. 이러한 추론을 사용해, 라이트는 은하수의 모습은 별의 구상 분포 때문에 그렇게 보인다는 결론을 내렸다.

라이트의 철학적인 연구는 주로 종교에 의해 유발되었다. 그에게 있어서 하늘은 신의 작품을 보여주는 장엄한 예였다. 라이트에게 구형 구조는 신이 만든 것들 중에서 가장 논리적으로 보였다. 그러한 모형에서는 우주의 도덕적 중심인 신이 물리적 중심도 될 수 있었다. 비록 라이트의 모형이 과학적인 모형보다는 종교적인 형이상학에 좀더 가까웠지만, 그는 현명하게도 은하수의 빛나는 모습이 시각적 효과 때문이라는 점을 밝혔다.

얼마 전까지만 해도, 역사가들은 이러한 생각들을 이 주제에 관한 라이트의 마지막 의견이라고 받아들이고, 라이트가 은하수의 모습을 설명할 수 있는 뛰어난 사려를 가지고 있었다고 믿어왔다. 그러나 1966년에 라이트의 후기 원고가 발견되었는데,[2] 이 원고는 그가 우주에 대해 갖고 있던 원래의 개념을 전폭적으로 수정했음을 보여주었다.

그의 작품 『재고(再考)』에 나오는 첫번째 편지는 "현명한 사람은 자신들이 받은 조언을 수정하지만, 어리석은 사람은 그렇게 하지 않는다 *El subio mucha consigo, el necio no*"라는 스페인 격언으로 시작하고 있다.[3] 아마도 라이트는, 곧 이 책에서 논의되듯이, 자신의 방법에 있어서 혁명적인 변화에 타당성 있는 설명이 필요하다고 느꼈을 것이다.

라이트의 기록에 따르면, 그는 1755년에 스페인의 리스본에서 일어났던 지진과 반복된 지진 충격에 의해 대단히 깊은 인상을 받은 것으로 보인다. 그는 지진과 지진 충격이 "지구의 중심부에 있는 물과 다른 물질로 이루어져 있을 것으로 추정되는 심해에 의해 일어났고, 이 심해는 흙으로 된 지각으로 둘러싸여 있는데 이 지각의 두께나 깊이는 내부에 있는 훨씬 더 큰 규모의 지하 공간에 비할 수 없을 정도로 작다."고 믿었다.[4] 라이트는 지구가 액체 상태의 핵에서 파동을 발생시키고 이 파동이 앞뒤로 왔다갔다하기를 반복하면서 점점 세기가 약해진 것이라고 추론했다.

라이트는 지구의 구각에서 유추해 천구도 마찬가지로 고체 상태라고 결론을 내렸다.

나는 중심부에 있는 구와 그 주위에 떠 있는 물로 이루어진 주변 구에 대한 당신의 생각을 확신하고, 한 단계 더 나아가 보다 큰 구나 더욱 거대한 물질로 이루어진 구에는, 불로 이루어진 중심 구와 다른 물체도 포함되어 있는, 공기나 에테르로 차 있는 거대한 지역도 있을 수도 있다고 생각하게 되었다…….

당신의 별을 다시 바라볼 수 있도록 해 주시오. 보이는 하늘 또는 별이 빛나는 창공이 이 거대한 태양을 가진 궤도에 불과하고, 항성이 단순히 영원한 빛남이나 거대한 분출이라는 것이 불가능하지 않다는 것을 믿으므로, 이 생각 때문에 보이는 우주를 새로이 매우 그럴듯하게 수정할 수 있다고 바로 상상하게 되었다. 그리고 다양한 밝기의 공기 같고 강렬한 빛을 내는 별 지역에서 하늘의 화산으로서 여기저기 흩어져 있는, 그러나 창조자의 무한히 지혜로운 목적 때문에 무한히 멀리까지 밀려가서 인간의 기술이 미칠 수 없고, 이성의 정신적인 눈만으로 확인할 수 있는, 찬란히 빛나거나 불타기 쉬운 물질이 있다면.[5]

라이트에 따르면, 하늘에서 일어나는 여러 가지 현상을 이러한 모형으로 설명할 수 있었다. 새로 나타난 별(즉, 신성)은 화산의 폭발이고, 혜성은 아마도 화산에서 방출되어 빛을 내는 물질이다. 그는 변광성은 화산 안에 있는 별의 불꽃이 나왔다 들어갔다 하기 때문에 생기는 것이라고 설명했다. 그리고 그는 은하수의 모양이 별의 불꽃이 용암처럼 넘쳐 흐른 결과라고 주장했다. 분명히 그는 지구에 관한 모형의 유추를 천문학적 한계까지 확장시켰다.

라이트가 천구는 고체 상태이고 태양은 천구의 중심에서 벗어나 있지 않고 중심에 있다는 고대의 개념으로 돌아가게 된 이유는 알 수 없다. 그의 철학은 언제나 도덕적인 우주나 물리적인 우주에 대해 같은 바탕을 가진 일관성 있는 이론을 제시하려는 시도였다. 아마도 그는 하나가 다른 하나를 형태

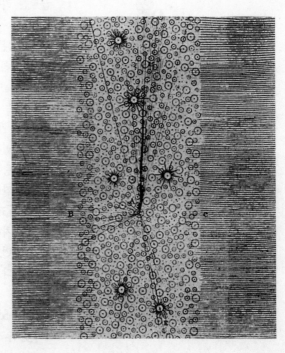

나란한 면 사이에 갇혀 있는 별을 보여주는 토머스 라이트의 그림. (S. Jaki, *The Milky Way*, Science History Publications: New York, 1972)

25

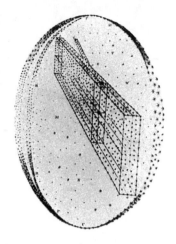

은하수에 대한 윌리엄 허셜의 1784년 모형. (S. Jaki, *The Milky Way*, Science History Publications: New York, 1972)

항성 계수에 바탕을 둔 윌리엄 허셜의 은하수 모형.
(M. Hoskin, *William Herschel and the Construction of the Heavens*, Oldbourne; London, 1963)

상으로는 재현할 수 있으나 크기로는 할 수 없는, 점점 커지는 물체의 계의 순서에 대한 소망 때문에 그랬을지도 모른다. 그러한 계층적 구조를 가진 계는 자연히 물리적인 우주에서 무한의 개념에 도달하게 되는데 이러한 개념은 도덕적인 우주에서 신에 해당하는 것이다.

1775년에 임마누엘 칸트는 영국 사람의 이론을 열심히 갈고 닦았으나 라이트의 모형을 크게 잘못 해석했다. 라이트는 처음에 별들이 보이는 얇은 구각에 임의로 분포되어 있다고 믿었다. 그러나 칸트가 읽었던 설명은 라이트의 생각을 잘못 나타내고 있었으며, 우주란 태양계와 비슷한 계층적 구조를 가지고 있으며 단지 더 큰 규모이고 훨씬 더 많은 천체를 포함하고 있다고 기술했다.[6] 따라서 칸트가 보여준 우주는 많은 별이 거의 같은 평면에서 같은 중심을 돌고 있는 우주였다. 이와 같이 별의 분포와 하늘의 모양은 라이트가 제안한 것과 비슷하나, 별의 운동은 전혀 다르다.

칸트는 별의 운동에 관한 자신의 이론이 갖고 있었던 문제점을 알고 있었다. 만약 별들이 움직인다면, 왜 별들이 고정되어 있는 것처럼 보일까? 즉 왜 하늘에서 움직임을 전혀 보여주지 않을까? 그가 제시한 답은 합리적이었다. "별이 돌고 있는 중심으로부터 아주 멀기 때문에 별이 매우 느리게 움직이거나, 또는 별이 관측 지점으로부터 너무나 멀리 떨어져 있어서 별의 움직임을 전혀 느낄 수 없기 때문이다."[7]

칸트는 라이트의 의견을 개선해, 그 당시에 구름 같은 별이라고 불렸던 작은 타원형의 밝은 천체를 그의 우주론에 포함시켰다. 그는 "은하수가 별로 이루어진 원반으로서 존재한다면, 별들이 납작하게 모인 다른 항성계도 있지 않을까?"라고 생각했다. 그리고 만약에 이 항성계가 별들이 서로 떨어져 있는 것과 마찬가지로 은하수로부터 크기에 비해 멀리 있다면, 작게 빛나는 천체로 보일 것이고, 이 천체들은 우리의 시선 방향에 대해 기울어져 있는 정도에 따라 어느 정도 타원형으로 보일 것이다. 칸트는 계층적 구조에 대한 자신의 바람과 관측적 증거 때문에 은하수 바깥에 있는 다른 우주의 존재에 대해 확신하고 있었다. "…… 그리고 만약 유추와 관측이 서로를 완전하게 지지하는 데 있어서 일치하게 하는 추측이, 공식적인 증명과 같은 가치를 가지고 있다면, 이러한 항성계의 실재성은 확립된 것으로 받아들여져야 한다."[8]

과학적 모형

아마도 우주의 크기와 모양에 대한 최초의 중요한 과학적 연구는 18세기 후반에 윌리엄 허셜이 우주의 구조 문제를 풀기 위해 추측을 사용하지 않고 체계적인 방법을 사용했을 때 시작되었다.[9] 허셜이 상대적인 거리를 측정하는 방법은 단순했다. 그는 별이 항성계 안에서 고르게 분포하고 있고 항성계의 가장자리를 볼 수 있다고 가정했다. 그러면 그의 망원경을 통해 보이는 지역에 있는 별의 개수의 세제곱근의 비가 상대적인 거리를 반영할 것이다.

허셜은 하늘에 있는 683개의 지역에 대해 그가 '별 세기(항성 계수)'라고 부르는 연구 과제를 방대하게 했다. 그는 별 세기로부터 우주의 대략적 모양을 알 수 있었다. 허셜은 비록 우주의 가장자리에 돌출부가 많이 있어서 불규칙하지만, 그의 결과는 우주가 타원형이라는 칸트의 추측을 확인시켜 주었다.

허셜은 또한 칸트가 언급했던 구름 같은 별에도 흥미를 가지고 있었고, 실제로 그러한 별을 새로 많이 발견했다. 더구나, 이전의 관측자들이 구름 같은 별이라고 분류했던 어떤 천체들은 허셜의 큰 망원경으로 보았을 때 성단임이 발견되었다. 이러한 성운들이 개개의 낱별로 분해될 수 있다는 사실 때문에,

윌리엄 허셜의 초상화. (여키즈 천문대 사진)

초점거리가 40피트인 윌리엄 허셸의 망원경.
(여키즈 천문대 사진)

허셸은 모든 성운이 멀리 있는 항성계이고 이러한 항성계는 큰 망원경으로 분해될 것이라고 믿게 되었다. 그는 이러한 확신을 갖고 모든 구름 같은 별은 항성계라고 결론을 내렸다. 허셸은 1785년 논문에서 다음과 같이 썼다.

우리가 하늘에서 밝은 부분으로 둘러싸여 있는 모양을 은하수(the Milky Way)라고 불러왔기 때문에, 우리의 은하수보다 작지 않고, 아마도 오히려 훨씬 더 크고 눈에 잘 띄는 성운이 있다는 것을 지적하는 것이 적합할 것이다. 그리고 널리 퍼져 있으므로, 그런 성운에 있는 별에 속하는 행성에 사는 사람도 마찬가지로 똑같은 현상을 보게 될 것이다. 이런 이유 때문에 그런 성운도 구별하기 위해 은하(milky ways)라고 불러야 할 것이다.[10]

그러나 허셸은 어떤 현상은 설명할 수 없다는 것을 곧 알게 되었다. 1790년에 그가 별을 대칭적으로 둘러싸고 있는 행성상(行星象) 성운을 발견했을 때 위기가 생겼다. 허셸은 성운이 별과 연관되어 있다고 확신하고 있었기 때문에 그것이 항성계가 아니라는 결론을 내려야만 했다.[11] 그가 이전에 갖고 있던, 모든 성운은 별로 이루어져 있다는 확고한 믿음이 깨지고 만 것이다.

허셸은 말년에 자신의 초기 연구와 그 연구가 바탕을 두고 있었던 가정에 대해 다시 조사했다. 많은 경우에 있어서 그는 자신의 생각을 바꾸거나 최소한 자신의 의견을 수정했다. 그는 자신의 가장 큰 망원경으로는 우리 은하의 가장자리를 벗

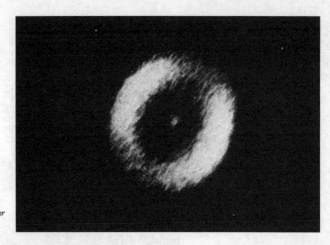

행성상 성운의 초기(1897년) 사진. (*Popular Astronomy*, 5, 1897)

어난 지역을 볼 수 없다는 것을 깨달았다. 별 세기로는 잘 해야 은하수 구조에 대한 일반적인 생각만을 얻을 수 있었을 뿐이었다. 은하수의 보다 자세한 구조는 그러한 방법으로 알아낼 수 없었다. 허셸은 평생을 체계적으로 신중하게 관측을 하면서 많은 진전을 이루었고 활기찬 생각을 발표하기도 했지만, 아직도 성운의 본질과 우주의 크기와 모양에 대해 매우 불확실하다고 느꼈다. 그는 관측과 추측으로 인류의 지식의 한계를 넓힌 후에 자신의 생각을 바꾸어서, 다시 이러한 한계를 모호하고 불확실하게 만들었다.

허셸의 관측 기기는 수십 년 동안 세계 최고의 기기였다. 그의 반사 망원경으로 그 당시의 굴절 망원경의 한계보다 훨씬 먼 거리까지 관측할 수 있었는데, 그 이유는 그 당시의 렌즈를 깎는 기술로는 허셸의 구경 48인치 주거울보다 작은 렌즈밖에 만들지 못했기 때문이다.

그러나 1845년에 로시 경으로 불리는 윌리엄 파슨스가 지름

영국, 슬로우의 천문대 관사 정원에 있는 허셸의 40피트 망원경의 잔해. (H. C. King, *History of the Telescope*, Sky Publishing Co.: Cambridge, Mass., 1955)

로시 경의 6피트 망원경. (H. C. King,
History of the Telescope, Sky Publishing Co.:
Cambridge, Mass., 1955)

윌리엄 파슨스 로시 제3경. (H. C. King,
History of the Telescope, Sky Publishing Co.:
Cambridge, Mass., 1955)

72인치 거울로 반사 망원경을 만들었다.[12] 로시 경은 허셜의 기기보다 훨씬 성능이 좋은 기기를 사용해 어떤 성운은 나선 구조를 가지고 있다는 것을 발견했다. 그는 또한 여러 개의 성운에서 허셜이 분해할 수 없었던 낱별들을 구분할 수 있었다. 이러한 새로운 관측 결과 때문에 외부 은하에 대한 묵은 이론들이 되살아나게 되었다.

그러나 아직도 기본적인 문제는 남아 있었다. 즉 아무도 가장 가까운 별보다 먼 천체의 거리를 천문학적으로 믿을 만하게 측정할 수 있는 방법을 몰랐다. 이 점 때문에 허셜의 경우와 마찬가지로 로시 경의 관측 결과를 완전히 해석할 수가 없었다. 나선 성운은 비교적 우리로부터 가까이 있는 움직이는 기체 구름인가? 아니면 우리로부터 멀리 떨어져 있는 매우 큰 천체인가? 이에 대한 답은 명확하지 않았다.

거리의 불확실성에 대한 문제는 우주나 은하수 은하(Milky Way Galaxy, 우리 은하를 말함 : 옮긴이 주)라는 말에서 분명히 보인다. 믿을 만한 거리를 몰랐기 때문에 금세기에 이르러서야 은하수가 모든 항성계를 포함하고 있는지(즉, 은하수가 우주인지), 아니면 은하수 바깥에 은하수와 크기가 비슷한 다른 천체가 있는지 알려지게 되었다. 별 구름(star clouds)과 성운(nebulae)은 가까워서 우리 은하의 울타리 안에 가까이 있을 것이다. 그리고 아마도 칸트의 추측이 맞다면, 나선 성운은 은하수와 같은 항성계일 것이다.

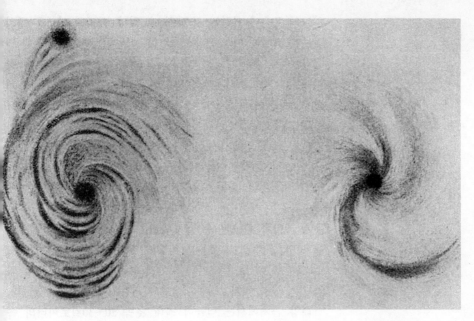

로시 경이 그린 나선 성운에 대한 두 개의 스케치. 1850년.
(A. Berry, *A Short History of Astronomy*, J. Murry: London, 1898)

제 2 장   거리 측정 방법의 발달

고전 천문학적 방법

초기 천문학자들은 별의 밝기를 비교해 거리를 추정했다. 그들은 모든 별이 본질적으로 밝기가 같다고 가정했다. 따라서 가장 밝은 별은 가장 가까운 거리에 있을 것이다. 윌리엄 파슨스와 다른 사람들에 의한 이중성 연구는 그러한 단순한 가정이 옳지 않으며, 별들의 본질적인 밝기가 매우 많이 변한다는 증거를 제시했다. 따라서 거리를 재는 새로운 방법이 고안되었다.

삼각 시차라고 불리는 간단한 방법이 거리를 직접적으로 재는 데 쓰일 수 있다. 이 방법은 지구가 태양의 주위를 공전한다는 것을 증명하기 위해 1838년에 프리트리히 베셀이 실제로 사용했다. 지구는 궤도를 따라 태양의 주위를 돌기 때문에 지구에 있는 관측자는 연속적으로 (그러나 주기적으로)

하늘의 모습이 변하는 것을 볼 수 있다. 따라서 가까운 별의 겉보기 위치는 더욱 먼 거리에 있는 별에 대해 변하게 될 것이다. 겉보기 위치에서 나타나는 변화량은 별의 거리에 반비례한다. 즉 가까운 별은 많이 움직이고, 멀리 있는 별은 거의 또는 전혀 움직이지 않는다. 이러한 변화량이 어느 정도 먼 거리에서는 매우 작아지기 때문에 안타깝게도 이 방법은 가까운 별에 대해서만 적용할 수 있다[보통 100파섹 이내 : 1파섹(pc)=3.2광년, 1킬로파섹(kpc)=1000파섹].

별의 위치와 운동을 측정하는 측성학(測星學)이 19세기에 개선되었을 때, 고유 운동, 즉 하늘에서 별의 비주기적인 운동에 바탕을 둔 방법을 실제적으로 사용할 수 있게 되었다. 매우 먼 별의 고유 운동은 너무나 작아서 측정할 수 없으므로 실제로 이 방법은 가까운 거리의 측정에만 사용할 수 있었지만, 삼각 시차보다는 더 먼 거리까지 측정할 수 있었다.

태양 근처에서는 별들이 최대 초속 20~30킬로미터의 속도를 가지고 모든 방향으로 임의로 움직인다. 국부 정지 기준점은 태양 근처에 있는 모든 별들의 평균 속도가 0이 되는 점으로 정의된다. 국부 정지 기준점에 대해 태양은 헤라클레스 자리를 향해 초속 약 20킬로미터의 속도로 움직이고 있다. 평균적으로 별들은 태양의 운동 때문에 헤라클레스 자리의 반대 방향으로 초속 20킬로미터의 속도로 움직이는 것처럼 보인다. 그러므로 별들의 겉보기 운동으로부터 거리를 측정할 수 있다.

우리가 시속 90킬로미터(국부 정지 기준점에 대한 태양 속도의 0.1퍼센트보다 작은 값)로 움직이는 차에 있다고 하자. 길옆에 있는 울타리 기둥들은 빠르게 지나가고, 200~300미터 떨어진 나무들은 좀더 천천히 움직이고, 멀리 있는 산들은 거의 움직이지 않을 것이다. 울타리 기둥들은 가장 큰 고유 운동, 즉 가장 큰 겉보기 각속도를 가질 것이다. 거리가 멀수록, 고유 운동은 작아질 것이다.

마찬가지로 우리는 고유 운동을 측정할 수 있는 한, 항성군(별떼)의 거리를 측정할 수 있다. 사실 우리는 움직이는 별의 무리를 다루고 있으므로, 첫번째 새떼가 길가에서 빙빙 돌고 있고, 두번째 새떼는 들을 지나서 있고, 세번째 새떼는 쌍안경으로 보아야 할 정도의 거리에 있는 언덕꼭대기 위에서 돌고 있는 것으로 비유하는 것이 낫다. 공간에서는 기둥이나 언덕 꼭대기가 없으므로, 우리는 고유 운동의 평균값을 택해야 한다.

고유 운동 방법은 19세기에 많은 천문학자들이 사용했다.

특히 야코부스 캅테인은 이것을 더욱 강력한 방법을 위한 디
딤돌로 이용했다. 1900년경에 그가 접할 수 있었던 고유 운
동 자료로부터 캅테인은[1] 태양 주변에 있는 별들의 등급의
상대적인 빈도를 통계적으로 이끌어냈다. 다음에 그는 이러

야코부스 캅테인 Jacobus C. Kapteyn : 1851~1922

야코부스 캅테인은 네덜란드의 작은 마을에서 열다섯 남매 중 한 명으로 태어났다. 기숙학교를 운영했던 아버지의 영향으로 물리에 관심을 갖게 되었는데, 이 관심은 그가 박사 학위를 취득할 때까지 지속되었다. 그가 공식적으로 받은 교육은 천문학이 아니었지만, 라이덴 천문대의 관측 연구원의 자리에 응모를 해 이를 차지했다. 그는 그곳에서 쌓은 업적으로 27살의 나이에 그로닝겐 대학의 교수가 되었다. 그가 1887년에 그로닝겐 대학에 도착했을 때, 천문대가 없었다. 관측 기기를 구입할 기금을 찾아보려고 노력했으나 구할 수 없게 되자 처음에는 실망했지만 그냥 놀고 있지는 않았다. 그는 다른 천문학자들과 공동으로 연구를 시작했는데, 그 중에는 특히 희망봉 천문대의 데이비드 질(David Gill)도 포함되어 있었다. 캅테인은 남천 천문대에서 찍은 사진 건판을 분석하느라 바빴다.

캅테인은 초기 시절에 우주의 구조를 밝히는 일에 매달렸다. 그는 이 분야에서 매우 유명했고, 이 분야의 연구를 은퇴할 때까지 계속했으며, 이 세상을 떠나기 직전까지도 계속했다. 이 문제를 공격하는 데 필수적이었던 것은 그가 통계적 분석으로 정보를 얻을 수 있었던 방대한 자료였다. 자신의 목적을 이루기 위해, 그는 할 수 없이 천문학에서 국제협력의 제1인자가 되었다.

1906년에 캅테인은 전세계에 있는 천문대들이 하늘에서 특정한 지역에 있는 별들의 스펙트럼과 위치를 찍는 사진관측 계획의 초안을 만들었다. 이런 방법으로 방대한 양의 필수적인 자료를 빠른 속도로 모을 수 있었다. 불행히도 제1차 세계대전 때문에 협동 정신이 심하게 방해를 받았다. 전쟁 중에는 교신이 느려지거나 단절되었다. 전쟁 후에는 승리한 연합국의 천문학자들, 특히 프랑스의 천문학자들이 독일의 천문학자들을, 나아가서는 중립국의 천문학자들까지도 배척하려고 했다. 캅테인은 미국에 우호적이었고 윌슨 산 천문대에서 여름을 여러 번 보내기도 했지만, 네덜란드는 독일에 우호적이었으므로 캅테인이 이해를 요청한 호소는 의심을 받았다. 캅테인은 각 나라의 정치적인 강령은 과학자들 개개의 의견을 나타내는 것이 아니고, 과학에서 국제협력은 편협한 복수보다 더욱 중요하다고 주장했다. 그의 웅변적인 호소에도 불구하고, 많은 외국 천문학자들은 이를 듣지 않았으므로 국제협력은 여러 해 동안 방해를 받았다.

한 등급의 분포가 공간에서 먼 지역을 대표한다고 가정해, 주어진 등급의 별 중에서 본질적으로 밝으나 멀리 있는 별의 양과, 본질적으로 어두우나 가까이 있는 별의 양을 계산했다. 이 방법으로는 개개의 별에 대한 거리를 구할 수 없었으나, 공간에서 여러 지역에 있는 별들의 평균 공간 밀도를 계산하는 것은 가능했다.

고전적인 측성 방법은 거리 측정에 사용할 때, 두 가지 커다란 약점이 있다. 첫째, 이 방법은 낱별에 대해서는 적용할 수 없고 오직 별의 집단에 대해서만 적용할 수 있다. 둘째, 이 방법은 비교적 가까운 별에 대해서만 사용할 수 있다. 캅테인이 더 나은 기술을 추가한 항성 계수 방법에서조차, 기본 자료(등급의 상대적 빈도)는 가까운 별들에만 밀접하게 관련되어 있다.

분광학적 방법

분광학은 19세기에 천문학 연구에 적용되기 시작해 거리를 측정하는 여러 가지 방법에 핵심적인 역할을 했다. 별의 본래 밝기는 상당히 변하지만, 많은 종류의 별은 비슷한 특성을 보여주며, 온도와 광도가 그 중에 포함된다. 광도는 별을 스펙트럼으로부터 분류하기만 하면 거리를 측정하기 위해 바로 사용할 수 있다.

내과의사이며 천문학자인 헨리 드레이퍼(Henry Draper)의 미망인이 분광학 연구를 위한 기금을 마련해 하버드 대학교 천문대에서 1886년에 시작된 연구 과제로부터, 스펙트럼 목록을 제작하는 데 매우 유용한 분류 방법과 실용적인 분석 방법들이 나왔다.

헨리 드레이퍼. (웰레슬리 대학 천문대 사진)

그 당시 천문대장이었던 에드워드 피커링(Edward C. Pickering)은 많은 별의 스펙트럼을 한 번에 얻을 수 있는 기발한 방법을 고안했다. 그는 저분산의 얇은 프리즘을 망원경 대물렌즈의 앞에 설치했다. 그런 방법으로 망원경의 시야에 들어오는 모든 별의 스펙트럼을 기록했으며, 별 수백 개의 스펙트럼을 한 번에 얻었다.

대물 프리즘 자료로부터 하버드 그룹은 1897년에 드레이퍼 목록을[2] 완성했는데, 이 목록에는 스펙트럼에 따라, 즉 다양한 분광선의 종류와 세기에 따라 별이 분류되어 있다. 첫번째 시도로서 별을 수소 흡수선의 세기에 따라 분류했다. 그러나 이 방법은 곧 문제점이 드러났다. 별을 수소선의 세기별로 배열했을 때, 다른 원소의 선들은 불연속적이었다. 따라서 수소만이 아니라 모든 원소의 스펙트럼에 영

향을 미치는 기본적인 무엇이 분광 분류 방법에 내재될 수 있을 것으로 보였다. 그러나 그런 기초적인 물리 현상이 실제로 존재할까? 실제로 스펙트럼을 이용해 별을 분류할 수 있을까? 그 답이 긍정적이라는 것은 직관적으로 분명하지 않다. 피커링과 함께 일했던 하버드 천문학자 중의 하나였던 애니 캐넌(Annie J. Cannon)은 분광 계급을, 점진적인 변화를 보여주는 연속적인 계열로 배열할 수 있음을 알게 되었다. 수소가 분류 기준으로 이용되었을 때, 알파벳 순서를 사용했으며, A형 별은 수소선이 가장 강한 별이었다. 캐넌의 개정된 방법은 알파벳 순서가 섞여 있었다. 더욱이 원래 탐사에는 불량 스펙트럼들이 포함되어 있었기 때문에, 실제가 아닌 계급도 만들어졌다. 후에 C나 D와 같은 이런 계급들은 다른 분광군으로 포함되었다. 캐넌의 새로운 분류계는 오늘날 사용되는 O, B, A, F, G, K, M, R, N 그리고 S로 이루어진 유명한 분광계가 되었다. [헨리 노리스 러셀(Henry Norris Russell)은 이 순서를 기억하기에 좋은 방법을 제안했다. Oh, be a fine girl; kiss me right now, Sweet.(오, 멋진 소녀가 되어 지금 당장 나에게 입맞춤을 해주오, 그대여.)] 하버드 연구원들은 곧 이 분류계에 숨어 있는 기초적 인자가 별의 표면 온도라는 것을 알게 되었

에드워드 찰스 피커링. 1876~1919년 하버드 대학 천문대 대장. (예일 대학교 사진)

애니 점프 캐넌. (Sky Publishing Co. 사진)

다. O형 별은 가장 뜨겁고, 분류 계열은 온도가 서서히 줄어드는 순서를 나타낸다.

또 다른 하버드 천문대 연구원이었던 안토니아 모리(Antonia C. Maury)는 드레이퍼 목록에 관한 일을 하면서, 주어진 분광형의 분광선의 폭이 다양한 것을 알게 되었다. 어떤 별은 매우 넓은 선을 가지고 있으며, 모리는 이를 a로 표시했다. 분광선이 매우 좁은 별은 c로 표시했다. 중간 폭을 가진 별은 b로 표시했다.[3] 주어진 분광형의 별을 구분하는 모리의 분류는 드레이퍼 목록에 포함되지 않았으나, 그녀의 개선된 분류는 후에 우리 은하의 크기를 측정하는 데 매우 중요한 방법으로 사용되었다.

1905년에 에이나르 헤르츠스프룽은 고유 운동에 통계적 방법을 사용해, 분광선의 폭이 본래 밝기와 상관 관계가 있음을 알아냈다.[4] 그는 주어진 분광 계급에 대해 모리의 c형 별이 a형이나 b형의 별보다 밝다는 것을 알아냈다. 분광 계급이 같은 모든 별은 거의 같은 표면 온도를 가지고 있으므로, 헤르츠스프룽은 c형 별이 더 밝기 위해서는 a형이나 b형 별보다 기하학적으로 커야 한다고 결론을 내렸다.

모리는 선폭의 차이를 인식함으로써 사실은 거성과 왜성의 차이를 발견했다. 그러나 안타깝게도 그 당시에 사람들은 스펙트럼을 잘 이해하지 못했으며, 선폭이 늘어나는 원인도 알지 못했다. 이렇게 해서 헤르츠스프룽은 거성의 발견자가 되었다. 과학에서 종종 일어나듯이, 한 연구자가 발견을 하고, 다른 사람이 그 현상에 대해 그 자신의 해석을 했을 때 비로소 그 중

하버드의 항성 분류팀—'피커링의 하렘'으로서 알려졌음. (Sky Publishing Co. 사진)

에이나르 헤르츠스프룽. (Sky publishing Co. 사진)

요성이 알려진 것이다.

  헤르츠스프룽은 자신의 결과를 이름이 잘 알려지지 않은 사진 학술지에 발표했다. 따라서 미국의 천문학자들은 그의 발견을 알지 못했다. 헤르츠스프룽과 독립적으로 헨리 노리스 러셀은 별의 크기에 관해 같은 결론에 도달했다.[5] 그는 사진을 사용해 별의 시차, 즉 별이 얼마나 멀리 있는지를 정할 수 있었다. 거리 d가 알려지면, 절대등급 M은 다음 방정식을 사용해 관측된 등급 m으로부터 쉽게 계산할 수 있었다.

헨리 노리스 러셀. (Sky Publishing Co. 사진)

$$m - M = 5 \log(d) - 5$$

  헤르츠스프룽과 마찬가지로 러셀은 자신의 계산 결과로부터, 한 분광 계급에서 어떤 별들은 다른 별들보다 본질적으로 매우 밝다고 결론을 내렸다. 그러나 그 두 사람은 자료 해석에 있어서 달랐다. 러셀은 진화의 2단계 과정을 믿었다. 즉 별은 초기에는 붉은 거성이었으며 수축하면서 온도가 올라가서 푸른 뜨거운 별이 되고, 두번째 단계에서 별은 수축을 더 이상 하지 않고 서서히 식어갔다. 첫번째 단계에서는 별의 밝기가 변하지 않고, 두번째 단계에서는 밝기가 감소했다. 헤르츠스프룽은 두 단계가 독립적인 경로라고 믿었다.[6]

  1911년에 헤르츠스프룽은 플레이아데스 성단과 히야데스 성단에 있는 별들의 겉보기 등급을 색으로 표시한 그림을 발표했다. 1913년에 러셀은 절대 등급을 분광형에 대해 그

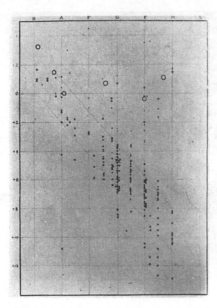

1914년에 러셀이 발표한 헤르츠스프룽-러셀
도. (Popular Astronomy, 22, 1914년)

주기-광도 관계의 발견자인 헨리에타 스완 리
빗. (*Popular Astronomy*, 30, 1914)

린 비슷한 그림을 발표했다. 러셀의 그림은 오늘날 헤르츠스프룽-러셀 도 또는 H-R도라고 알려져 있다. 두 사람에 의해 그려진 그림은 c형 별이 나머지 별과 매우 다르다는 것을 명백하게 보여주었다. 헤르츠스프룽과 러셀의 연구 결과로, 별의 스펙트럼을 기록하면 별의 거리를 측정할 수 있게 되었다. 스펙트럼으로부터 절대 등급을 알 수 있고, 그러면 거리는 간단히 계산할 수 있었다.

세페이드 변광성

헤르츠스프룽과 러셀이 거성과 왜성의 차이를 발견했던(이는 거리 측정에 매우 중요했다) 거의 같은 시기에, 하버드 천문대의 헨리에타 스완 리빗(Henrietta Swan Leavitt)은 주어진 분광형의 별의 절대 등급을 결정하는 또 다른 방법에 대한 기초를 마련하고 있었다.

1908년에 리빗은[7] 마젤란 은하(남반구 하늘에서 보이는 두 개의 커다란 별의 집단)에 있는 변광성(밝기가 주기적으로 변하는 별)을 연구하면서, 별의 주기가 길수록 별이 더 밝은 것을 알게 되었다. 4년 후에 그녀는 별들의 주기의 로그값과 겉보기 등급 사이의 관계가 거의 선형적이라는 것을 밝혀냈다.

리빗이 발견한 관계는 천체의 거리를 정확히 측정할 수 있는 잠재력을 갖고 있었다. 그러나 그녀는 이를 개발하지 않았다. 그녀는 자신의 발견이 본래 밝기를 측정하는 방법으로 사용될 수 있음을 깨달았으나, 그녀의 의무는 자료를 모으는 것이지 해석하는 것이 아니라고 믿었던 피커링은 그녀가 이 연구를 수행하지 못하도록 했다.

리빗의 발견 다음해에 헤르츠스프룽은[8] 리빗이 마젤란 은하에서 발견했던 변광성의 광도 곡선이 세페이드 변광성의 광도 곡선과 같다는 것을 알게 되었다. 헤르츠스프룽은 마젤란 변광성이 실제로 세페이드 변광성일 경우, 리빗의 주기-광도 관계를 표준화하기만 하면, 세페이드 변광성의 주기를 알아냄으로써 절대 등급을 결정할 수 있다는 것을 깨달았다. 그러면 물론 절대 등급과 겉보기 등급으로부터 거리는 쉽게 계산할 수 있다. 그러나 표준화는 간단한 일이 아니었다. 우연하게도 시차 방법으로 거리를 직접 측정할 수 있을 정도로 가까운 세페이드 변광성은 하나도 없다. 그러므로 헤르츠스프룽은 고유 운동 통계에 의존했다. 리빗의 발견 결과는 표준화되기만 하면, 시차 방법의 한계보다 매우 먼 거리까지 거리를 측정할 수 있었다. 주기-광도 관계

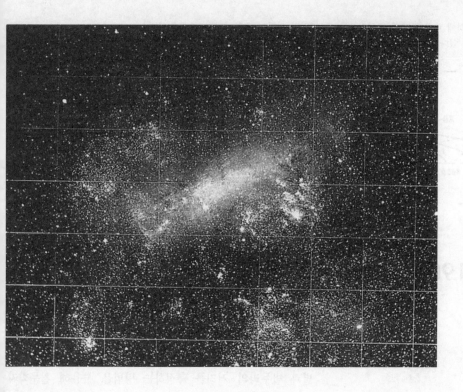

는 직접적인 것은 아닐지라도, 오차를 줄이기 위해 많은 별
을 이용해야 했던 이전에 고안된 통계적 방법보다 훨씬 더
정확하고 사용 범위가 넓었다. 세페이드 거리 측정 방법은
주어진 대상에 세페이드 한 개만 있으면 되었다.

1903년에 희망봉에서 찍은 대마젤란
은하의 사진. (왕립 천문학회 사진)

M31에 있는 세페이드 변광성 4개의 광도 곡선, (E.
P. Hubble, *Realm of the Nebulae*, Yale University Press,
New Haven, 1936년)

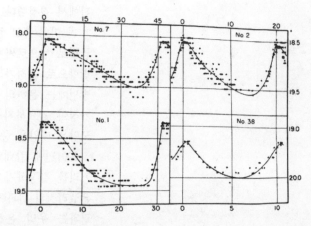

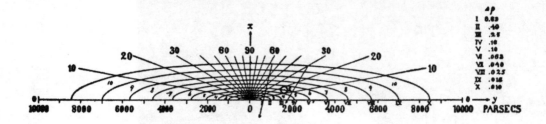

칼테인 우주. 우리 은하에 대한 칼테인 모형의 단면도. 태양의 위치는 은하 중심의 오른쪽 위에 작은 원으로 표시되어 있다. (*Astrophysical Journal*, 55, 1922, University of Chicago Press)

제3장 1900~1920년의 은하 이론

칼테인 우주

별과 별무리의 거리를 측정하는 방법을 사용해 천문학자들은 우리 은하의 구조를 조사하고 우리 은하와 전체로서의 우주의 관계에 대해 추론할 수 있게 되었다. 은하 연구가 어떻게 우주론에 영향을 끼쳤는지는 후에 논하겠다. 우선 20세기 초반에 발표된 주요 은하 모형 두 가지에 대해 알아보도록 한다.

우주의 구조를 결정하려는 시도는 19세기 말에 있었다. 1900년 직전에 방대한 자료를 내놓은 새로운 관측 연구가 나왔다 —— 별의 등급과 위치를 포함한 두르히무스터룽(Durchmusterung) 목록이 완성되었다. 그 목록은 남반구 하늘에 있는 별을 포함했는데, 이 별의 위치는 야코부스 칼테인이 사진 건판에서 결정했다.

곧 이어 휴고 폰젤리거는 하늘의 여러 지역에 있는 별을 등급별로 셈으로써 우리 은하의 상대적 구조를 결정했다.[1] 여러 방향으로 은하가 얇아지는 비율을 구할 수 있는 폰젤리거의 방법에는 은하의 가장자리까지 볼 수 있어야 한다는 허셸의 가정이 필요하지 않았다. 그러나 폰젤리거가 결정한 납작한 모양은 태양을 중심으로 하는 허셸의 은하와 비슷했다.

1901년에 칼테인은 연속적인 등급 사이에 있는 별의 평균 거리를 결정하기 위해 별의 통계와 고유 운동을 이용했으며, 폰젤리거의 결과에 대한 척도를 제공했다. 이 두 사람의 연구 결과는 우리 은하가 지름이 약 10킬로파섹이고, 두께가 2

킬로파섹인 납작한 항성계라는 점을 보여주었다. 후에 항성 계수를 사용한 캅테인의 광범한 연구는 우리 은하의 모형에 대해 그가 최초에 얻은 일반적 결과를 확인시켜 주었다.[2]

캅테인은 자신의 결과가 증명되지 않은 가정 —— 빛의 흡수가 공간에서 일어나지 않는다 —— 에 매우 많이 의존한다는 점을 깨달았다. 흡수의 양이 상당하다면, 별들은 더욱 어둡게 보일 것이고, 따라서 실제보다 멀리 있는 것처럼 보일 것이다. 가장 멀리 있는 별이 흡수에 의해 영향을 가장 많이 받을 것이므로, 별의 겉보기 거리는 가장 많이 늘어날 것이다. 전체 효과는 은하 모형을 늘어나게 하며, 가장 먼 부분이 가장 많이 움직인다. 물론 겉보기 증가가 크면 클수록 겉보기 밀도는 줄어든다. 따라서 성간 흡수 때문에 우리 은하는 실제보다 더욱 빨리 얇아지는 것처럼 보인다. 캅테인은 소량의 흡수만 있어도 자신의 분석에서 나온 결론이 부정될 것이라는 것을 알았다. 따라서 그는 흡수의 양을 재기 위해 고안된 많은 연구 과제를 시작했다. 결과의 대부분은 결론을 내릴 수 없었고, 약간의 결과는 만약 흡수가 정말로 있다 해도 분명히 자신의 은하 모형에 심각하게 영향을 미칠 정도는 아니라는 것을 보여주었다. 1918년에 이르러 캅테인은 성간 흡수의 양은 무시할 정도로 적고, 캅테인 우주 —— 그의 모형은 종종 이렇게 불렸다 —— 가 적어도 우리 은하의 구조를 대략적으로 나타낸다고 자신하게 되었다.

J. C. 캅테인과 그의 딸. (예일 대학 사진)

섀플리의 은하 모형

젊은 미국인 천문학자 할로우 섀플리는 1914년에 윌슨 산 천문대에 도착해 구상 성단에 대한 방대한 연구를 시작했다. 자신의 연구결과를 토대로 근본적으로 새로운 은하 이론을 내놓았다.

캘리포니아 대학에서의 관측 천문학 강의 시간. 1895년. (여키즈 천문대 사진)

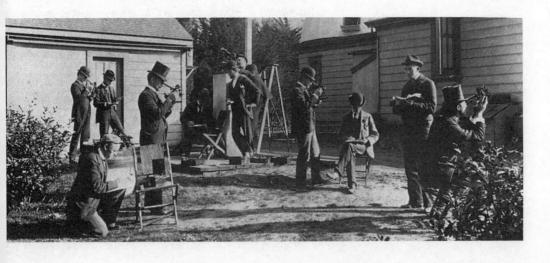

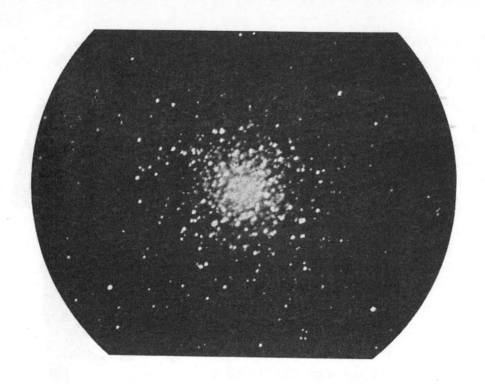

20인치 반사 망원경으로 1887년에 찍은 구상
성단 M13의 사진. (I. Roberts, *Celestial Photographs*,
Universal Press: London, 1893)

1915년에 새플리는[3] 구상 성단이 은위에서는 은하 적도의
위 아래로 대칭적으로 넓은 범위에 걸쳐 분포하나, 은경에서
는 한 반구의 하늘에 대부분 집중되어 있다는 점을 알았다.
그는 또한 은경에서 편중된 분포가 구상 성단에만 보이고 다
른 천체는 그런 이상한 분포를 보이지 않는다는 것도 알아냈
다. 그 당시에 나온 논문의 각주에서 새플리는 이 비대칭성
때문에 "볼린(1909년)이 구상 성단들은 은하계의 중심에 있는
계를 형성하고 태양은 중심에서 벗어나 있다"[4]라고 제안했다
고 서술했다. 볼린의 1909년 이론은 믿을 만한 증거에 기초를
두지 않았으므로, 받아들여지지 않았다. 그리고 1915년에, 자
신의 연구에서 계산한 구상 성단의 거리가 은하의 규모에 대
해 인정되던 값과 많이 틀렸으므로, 새플리도 볼린의 생각을
받아들이지 않았다.

새플리가 구상 성단에 대해 사용한 거리는 일정한 종류의
별의 겉보기 등급으로부터 결정되었다. 이 별들 중에는 세페
이드 변광성이 포함되었는데, 새플리는 가까운 (대략적으로 10
킬로파섹 떨어져 있는) 구상 성단에서 이 별들을 동정할 수 있
었다. 캅테인이 결정한 우리 은하의 크기를 고려할 때, 세페이
드 변광성으로부터 구한 구상 성단의 거리는 구상 성단이 우
리 은하의 바깥에 있어야 한다는 것을 보여주었다. 1916년에
새플리는[5] 헤라클레스 자리에 있는 구상 성단인 M13의 거리
가 30킬로파섹이라고 결정했다. 이 거대한 거리는 M13이 그

월슨 산에서 60인치 반사 망원경으로 1918년에 찍은 구상 성단 M22의 사진. (헤일 천문대 사진)

당시의 천문학자들이 받아들인 은하계의 경계보다 훨씬 바깥에 있다는 것을 보여주었다. 이 점에 관해 섀플리는 "M13 그리고 이와 비슷한 구상 성단들은 매우 먼 계이고, 우리 은하와 구별되며, 아마도 크기에 있어서도 별로 작지 않다는 상당히 명백한 증거가 있다."고 말했다.[6]

그러나 '구상 성단이 왜 비대칭적으로 분포하는가'라는 성가신 문제는 계속 남아 있었다. 구상 성단들이 우리 은하와 크기가 비슷하면서도 우리 은하에서 물리적으로 벗어나 있다면, 구상 성단들은 비대칭적이 아니고 대칭적으로 분포할 것이다. 구상 성단이 우리 은하의 바깥에 있으면서 우리 은하와 관련이 있다면, 구상 성단의 분포는 (구상 성단이 아니라) 우리가 편중된 위치에 있다는 것을 보여주는 것이다.

조지 엘러리 헤일. (헤일 천문대 사진)

아마도 지구는 구상 성단에 의해 정의되는, 전에 생각했던 것보다 훨씬 큰, 거대한 계의 가장자리에 있을 것이다. 구상 성단이 우리 은하와 관련이 있든, 없든 간에 다른 가능성은 거의 없다. 만약 관련되어 있다면, 왜 캅테인은 은하가 그렇게 작다고 밝혔을까? 만약 무관하다면, 구상 성단의 분포를 어떻게 설명할 수 있을까? 이 문제점들은 새플리에 의해 고려되었다. 구상 성단의 분포에 관한 자료가 더욱 많이 쌓이자, 새플리는 1917년에 볼린의 해석에 대한 자신의 견해를 바꾸어, 구상 성단은 물리적으로 우리 은하와 관련되어 있다고 대담하게 주장했다. 더욱이 그는 우리 은하가 천문학자들이 믿었던 것보다 실제로 열 배나 크다고 주장했다.

이 혁명적인 생각에 대한 반응은 다양했다. 윌슨 산 천문대의 대장이었던 조지 엘러리 헤일은 새플리에게 조심스러운 격려를 보냈다.

……태평양 천문학회지에 발표된 요점은 분명히 당신의 전망이 매우 밝다는 것을 보여주는 것 같습니다. 비록 회피대*의 분산에 관한 가설은 많은 증명이 필요하지만, 은하 평면에 대한 구상 성단의 분포는 구상 성단계와 우리 자신의 계(우리 은하) 사이의 관련을 분명히 보여주는 것 같습니다. 그러나 나는 당신이 대담한 가설을 만드는 데 있어서 옳다고 생각하며…… 당신이 증거가 나오자마자 낡은 가설을 새로운 가설로 대치할 준비가 되어 있는 한.[7]

*[이 용어는 구상 성단이 안 보이는 은하 평면 근처의 지역을 말한다. 그러나 느슨한 성단들이 그곳에서 발견되므로, 새플리는 아마도 그것들이 우리 은하의 강한 중력장에 의해 조석적으로 와해된 구상 성단의 잔해일 것이라고 제안했다.]

헤일이 단지 새플리의 결과가 유효한 "것 같습니다"라고만 말했다는 점을 주의하라. 그는 분명히 아직 확신하지 못했다. 많은 천문학자들은 헤일보다 훨씬 더 의심에 차 있었다.

반대 의견과 섬우주

새플리의 이론은 합리적인 이유 때문에 강한 반대에 부딪혔는데, 대부분은 나선 성운이 우리 은하와 비슷한 은하라는 믿음과 관련이 있었다.

1914년에 향상된 거리 결정 방법으로도 나선 성운의 본질은 알 수 없었다. 1914년 5월 15일자 릭 천문대의 연보에서 헤버 커티스는[8] 나선 성운은 정말 알 수 없으므로 나선 성운 분야에 대한 흥미진진한 연구를 계속할 계획이라고 말했다. 최근의 연구는 나선 성운들이 비정상적으로 큰 시선 속도를 가지고 있다는 것을 보여주었고(제3부를 보라), 커티스가 말했듯이 "너무나 멀어서 은하 전체가 분해되지 않는 희미한 빛으로 보이는, 생각할 수 없을 정도로 먼 별로 이루어진 은하이거나 독립된 별의 우주"일지도 모른다. 만약 나선 성운이 섀플리가 제안한 크기의 은하라면, 나선 성운은 분명히 생각할 수 없을 정도로 멀 것이다. 나선 성운이 그렇게 멀리 있다는 증거가 없었으므로, 많은 천문학자들은 섀플리가 틀렸다고 결론을 내렸다.

한편 폰젤리거와 캅테인이 관련된 우리 은하의 크기와 모양에 관한 문제를 풀었는데 많은 천문학자들이 이에 만족했다.[9] 모형을 계속 개선한다 해도 크게 수정할 것은 없을 것이라고 일반적으로 믿었다.

나선 성운에 대한 가장 좋은 거리 측정 방법의 하나는 1917년에 윌슨 산 천문대의 조지 리치에 의해 우연히 발견되었다. 그 당시 리치는 성운의 회전과 고유 운동을 측정하기 위해 장기 노출로 성운의 사진을 찍고 있었다. 리치는 연구 중에 나선 성운 NGC 6946에서 신성을 발견했다.[10] 1917년 7월 19일에 찍은 사진 건판에서 발견된 그 천체는 겉보기 등급이 15등급이었다. 리치는 그것이 신성이라는 것을 깨닫고, 윌슨 산의 사진 건판을 조사하기 시작해 여러 개의 신성을 더 발견했다.[11] 곧 다른 천문대의 천문학자들도 자신들이 가지고 있던 사진 건판을 조사했고, 두 달 안에 나선 성운에서 알려진 신성의 수는 11개로 늘어났다.[12]

릭 천문대의 커티스는 이 발견에서 선두 주자 중의 한 사람

남반구 하늘의 은하수에 있는 31개의 구상 성단. (H. Shapley, *Star Clusters*, McGraw-Hill: New York, 1930)

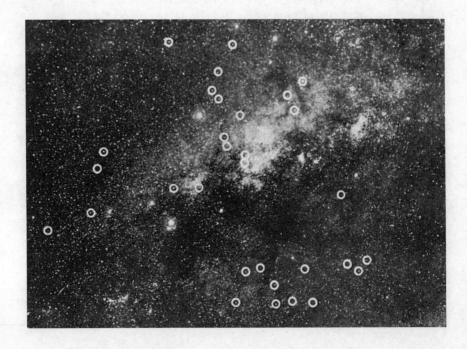

이었다. [실제로 커티스는[13] 리치가 첫번째 신성을 발견하기 세 달 전에 나선 성운에서 신성을 한 개 발견한 것으로 보인다. 그러나 리치가 먼저 자신의 발견을 발표했기 때문에 문헌에서는 리치가 발견한 것으로 종종 인정된다.] 여러 해 동안 그는 36인치 반사 망원경으로 나선 성운을 사진 찍었는데, 이는 제임스 킬러가 1900년에 죽기 전에 시작한 것과 비슷한 과제였다. 커티스는 나선 성운의 운동에 대한 증거를 찾기 위해 나중에 찍은 사진을 옛날에 찍은 사진과 비교하고 싶었다. 윌슨 산 천문대의 리치가 전보로 자신의 발견에 대한 소식을 릭 천문대로 보냈을 때, 커티스는 다른 신성을 찾을 수 있는 매우 좋은 사진 건판 자료를 이미 가지고 있었다. 리치의 건판 한 장에 있는 신성은 우리 은하의 신성이 확률적으로 우연히 나선 성운 방향으로 위치하고 있어서 생긴 우연의 일치일 수도 있었다. 그러나 더욱 많은 신성이 발견되자 커티스는 그 가능성은 없다고 생각했다.

한 개의 신성이 하늘에서 나선 성운의 방향으로 있을 수 있으

조지 엘러리 헤일 George Ellery Hale : 1868~1938

조지 엘러리 헤일보다 과학에 더 많은 영향을 끼친 사람은 거의 없다. 그의 업적 목록은 너무나 길어서 여기에 포함시킬 수가 없다. 그는 여러 개의 천문대를 건설했으며, 그 중에는 여키즈 천문대, 윌슨 산 천문대, 팔로마 천문대 등이 포함되어 있고, 국립 연구 위원회와 태양 연구 협력을 위한 국제 연맹 등과 같은 과학 전담 기구도 만들었다. 또한 그는 기초 태양 연구를 수행해 천문학에서 이 분야를 매우 발전시켰다.

헤일은 어렸을 때부터 과학에 흥미를 가졌다. 그의 아버지는 헤일에게 현미경을 사주고 나중에는 작은 망원경을 사주어 헤일을 격려했다. 가까이 사는 천문학자도 헤일이 천문학으로 나아가도록 격려했다. 그러나 그의 아버지의 진짜 소망은 헤일이 공학도가 되는 것이었다.

매사추세츠 공과대학에서 4년간 좁은 분야의 기술 교육을 받으면서 헤일은 자신에게는 과학 연구가 공학보다 더 재미있다는 것을 확인하게 되었고, 여러 해 전에 시작한 독립적인 연구를 다시 할 수 있기를 바랐다. 다행히 헤일은 하버드 천문대에서 파트타임(비상근) 일을 찾을 수 있었고, 그곳에서 천문학에 대한 그의 관심은 굳어졌다.

헤일은 대단한 선견지명이 있는 사람이었다. 그는 천문학의 미래가 별의 위치와 등급을 측정하는 데 있지 않고, 오히려 물리와 화학의

윌슨 산에서 앤드루 카네기(왼쪽)와 조지 엘러리 헤일. (헤일 천문대 사진)

나, 그런 일이 일어날 확률은 매우 작다. 그러나 새로운 별 6개가 성운 방향으로 일치되어 있다는 것은 명백히 확률의 한계를 벗어난 다. 이 신성들이 나선 성운에 실제로 있다는 것은 의심할 여지가 없 다. 나선 성운에 이런 새로운 별이 있다는 것은 나선 성운의 본질에 대한 '섬우주'론을 지지하는 명백한 증거로서 간주되어야 한다.[14]

이 말이 보여주듯이, 커티스는 신성을 나선 성운이 우리 은하 의 바깥에 있는 완전한 항성계인지 아닌지를 최종적으로 판명 해 줄, 오랜 동안 찾고자 했던 증거로서 생각했다. 그는 나선 성 운에 있는 신성의 밝기를 우리 은하의 신성과 비교해, 나선 성 운의 거리에 대한 대략적인 값을 얻었다.

우리 은하의 신성과 나선 성운의 신성 사이에는 평균적으로 10 등급의 차이가 있다. 이제 나와 있는 모든 증거는 우리 은하의 신성 이 매우 멀리 있다는 것을 보여준다. 만약 우리 은하의 신성과 나선 성운의 신성의 절대 등급이 같다고 한다면, 겉보기에 10등급이 어 두운 후자는 전자에 비해 100배나 멀리 있다. 즉 신성을 포함하고

조지 윌리스 리치. 1929년. (Sky Publishing Co. 사진)

워싱턴 D.C.에 있는 (미국) 국립과학 원의 대강당에서 태양의 상을 관측 하고 있는 조지 엘러리 헤일. (헤일 천문대 사진)

발전을 천문학적 문제에 적용하는 것에 있다는 점을 깨달았다. 그는 천체물리를 이용하면 천문학자가 우주에서 전에 비해 훨씬 멀리 나아 갈 수 있다고 예측했는데, 이는 옳았다.

헤일이 이룬 과학에 대한 공헌 중의 한 가지는 조직적으로 기금을 모으는 능력이었다. 헤일은 백만장자 부호의 자만심에 호소함으로써, 그 당시 세계 최대의 40인치 굴절 망원경을 갖춘 여키즈 천문대의 건 물을 지을 수 있는 충분한 기금을 마련할 수 있었다. 헤일은 다른 부 유한 실업가들을 설득해 큰 망원경을 지원하도록 했다.

헤일의 일생에 있어서 흥미진진한 시기는 1904년경에 시작되었다. 그는 빌린 자본과 자신의 돈을 가지고 거대한 도박을 해, 윌슨 산의 꼭대기에 있는 천문대에 관한 일을 시작했다. 처음에는 여건이 원시 적이었으나, 열심히 일하며 대단히 낙관적인 정신을 가지고 과제를 계속 추진했다.

마침내 1908년에 헤일은 60인치 거울을 설치하기에 충분한 지원을 받았다. 이것이 별과 은하의 구조에 관한 집중적인 연구의 시작이 되었 다. 할로우 섀플리로 하여금 우리 은하에 대한 새로운 구조를 고안할 수 있게 한 것이 윌슨 산에 있는 60인치 망원경이었다. 후에 더욱 큰 망원경을 가지고 에드윈 허블은 나선 성운이 우리 은하와 같은 은하라 는 점을 확립할 수 있었다. 비록 헤일의 연구는 주로 태양에 국한되었 으나, 그의 조직적인 노력은 천문학의 많은 분야에서 결실을 맺었다.

윌슨 산 천문대

망원경을 산의 꼭대기에 세운다는 생각은 1900년에는 비교적 새로웠다. 대부분의 천문대는 대학 근처에 있는 낮은 지역에 있었다. 그러나 조지 엘러리 헤일은 산에 있는 장소의 장점을 알고 있던 몇 안되는 사람 중의 하나였고, 1903년에 윌슨 산의 꼭대기에 새로운 연구용 천문대를 세우기로 결정했다.

장비와 재료를 운반하는 유일한 방법은 작은 당나귀나 노새에 싣는 것이었다. 그러나 헤일의 조직력과 굳은 의지로써, 그리고 워싱턴 카네기 연구소로부터 받은 기금으로 망원경, 실험실, 그리고 건물들을 세웠다. 그럼에도 불구하고 여건은 원시적이었으며, 물은 가까운 캠프장에서 손으로 길어와야만 했다.

1909년에 60인치 반사 망원경이 정상에서 쓸 수 있도록 설치되었다. 기금은 1904년에 설치할 수 있도록 이미 마련되었으나, 많은 장애물들이 과제가 완성되는 것을 막았다. 우선 산으로 올라가는 길을 넓혀야 했다. 1906년에 발생한 지진 동안에 샌프란시스코의 유니언 제철소에서 일어난 화재 때문에 설치 시설이 거의 파괴되었다. 동맹 파업 때문에 망원경을 위한 돔 공사가 늦어지기도 했다. 또한 거울과 무거운 철 가대를 노새에 실은 채 좁고 힘든 길을 따라 끌어올려야 했다. 그러나 1908년 12월 7일에 60인치 거울은 안전하게 설치되었다.

60인치 망원경은 여러 개의 중대한 발견을 하는 데 있어서 중요한 수단이 되었다. 그러나 헤일의 마음은 더욱 큰 기기 —— 100인치 반사 망원경을 생각하고 있었다. 기계상 부호인 존 D. 후커로부터 기금에 대한 약속을 받고, 헤일은 프랑스에 있는 생 고뱅 회사에 유리 블랭크(glass blank, 거울이나 렌즈로 가공하기 전의 유리 덩어리 : 옮긴이 주)를 주조해 달라고 주문했다. 유리 블랭크는 윌슨 산에 60인치 거울이 설치된 날인 1908년 12월 7일 파사데나에 도착했다. 그러나 유리를 올바른 곡률을 가진 형태로 연마하는 작업은 그후 2년 동안 시작되지 않았다.

릭 천문대의 크로슬리 망원경의 1898년 사진. (릭 천문대 사진)

있는 나선 성운은 우리 항성계에서 매우 많이 벗어나 있다. 그리고 이 특별한 나선 성운들은, 상대적으로 매우 큰 각지름으로부터 판단하건대, 분명히 더 가까운 나선 성운이다.[15]

커티스는 "만약 나선 성운에 흡수 물질이 있다면, 신성은 더욱 어둡게 보일 것이다. 따라서 나선 성운은 실제로 있는 것보다 멀리 있는 것처럼 보일 것이다."라는 점을 특별히 언급함으로써 자신의 거리 측정 결과를 보완했다.

커티스는 나선 성운에 있는 신성의 평균 등급을 결정할 때, 자신의 자료로부터 별 두 개를 뺐다. 안드로메다 자리 S별(S Andromedae)과 센타우루스 자리 Z별(Z Centauri)은 둘 다, 가장 밝을 때 겉보기 등급이 약 7등급이었다. 이 두 신성은 나머지에 비해 너무 많이 밝아서 커티스는 이들을 비정상이라고 생각했다.

100인치 망원경에 필요한 재료와 장비를 운반하는 일은 60인치 망원경에 비해 훨씬 힘들었다. 비극적인 사고가 날 뻔한 적도 여러 번 있었다. 한 번은 시멘트를 실은 트럭이 300피트 계곡의 가장자리에서 전복되었다. 승객 두 명은 무사히 튀어 나왔다. 운전수는 나오지 못했으나 다행히도 살아 남았다. 망원경 경통을 끌던 트럭도 절벽 모서리에서 거의 미끄러질 뻔 했다. 또한 제1차 세계대전 때문에 기기 제작이 늦어졌다. 그러나 마침내 1917년 11월에 망원경을 시험했고 매우 우수하다고 판명되었다.

100인치 망원경은 60인치 망원경보다 2.5배의 빛을 더 모을 수 있으며, 부 피로는 4배이다. 100인치 망원경으로 천문학자들은 나선 성운이 우리 은하와 같은 은하라는 사실, 그리고 우리 우주가 팽창하고 있다는 사실을 확립할 수 있었다. 오늘날 이보다 큰 망원경이 여러 개 있지만, 1917년에는 100인치 망 원경이 놀랄 정도로 거대한, 매우 전망이 밝은 망원경이었다.

제1차 세계대전 때문에 부서진 프랑스의 생고뱅 유리 공장의 잔해. 100인 치 거울을 여기서 만들었다. (*Monthly Evening Sky Map*, 1919. 6.)

커티스가 섬우주론을 확인하고 우리 은하에 대한 캅테인의 크 기를 지지하기 위해 나선 성운에 있는 신성을 이용하고 있을 무 렵에, 다른 네덜란드의 천문학자와 캅테인의 한 학생 —— 아드 리안 반마넨 —— 은 나선 성운이 은하라는 견해를 부정하는 강 력한 증거로서 쓰이게 될 측정을 하고 있었다.

1916년에 반마넨은 나선 성운에 있는 점의 고유 운동을 측정 하는 매우 어려운 일에 대한 결과를 발표했다.[16] 그의 결과는(제3 부를 보라) 나선 성운이 회전한다는 것을 명백하게 보여주었다. 그러나 만약 나선 성운의 각회전율이 반마넨의 연구가 보여준 만 큼 크다면, 그리고 커티스의 연구가 제안한 것처럼 멀다면, 나선 성운의 가장자리의 물리적 속도는 지나치게 커야 했다. 이 결론 은 한 천체의 고유 운동 μ는 직접적으로 접선 속도 v_T에 비

새로운 가대에 설치된 크로슬리 망원경. 1910년. (릭 천문대 사진)

례하고 거리 d에 반비례한다는 점, 즉

$$\mu = \frac{v_T}{d}$$

로부터 나온다. 그러므로 만약 반마넨과 커티스가 각각 나선 성운에 대해 주장한 대로 μ와 d가 모두 크다면, v_T가 극도로 커야 한다.

만약 반마넨이 단지 나선 성운 한 개만을 측정했다면, 섬우주론을 지지하는 사람들이 그의 결과는 가짜라고 생각했을지 모른다. 그러나 후에 여러 해에 걸쳐 반마넨이 여러 개의 나선 성운을 측정한 결과가 처음의 결과와 같았다. 더욱이 그의 결과는 논란의 대상이었지만, 그의 작업은 매우 신중하고 정확하다는 것이 명백했기 때문에 신뢰도는 더욱 높아졌다.

1917년까지 윌슨 산에서 여러 해를 보내고 반마넨의 가까운 친구가 된 섀플리는 누구보다도 반마넨의 결과를 믿었다. 그는 사람들이 섬우주론을 의심한다는 것을 확신했다. 1920년에 섀플리가 자신의 이론을 강력하게 방어해야 했을 때, 이미 반마넨의 결과와 다른 결과들이 나왔지만, 그는 여전히 반마넨의 결과에 의해 영향을 많이 받고 있었다. 1967년에 섀플리는 이 당시를 회고하면서 "만약 고유 운동이 크다면, 그 천체는 가까이 있는 것이다. …… 나는 내 친구 반마넨을 충실히 믿었다. 커티스와 허블 그리고 다른 사람들이 반마넨의 측정 결과를 의심하고 그의 결론에 대해 의문을 제기했지만, 나는 반마넨의 편이었다."[17]

완전히 이해되기 전에 종종 일어나듯이, 그 당시의 관측 때문에 명백한 진퇴양난에 빠졌다. 만약 반마넨의 측정이 타당하다면 나선 성운은 가까이 있어야 한다. 만약 신성 연구의 결과가 맞는다면, 나선 성운은 우리 은하의 바깥에 멀리 있어야 한다. 만약 나선 성운이 섀플리가 결정한 우리 은하의 크기라면, 나선 성운은 신성으로 결정한 거리보다 멀어야 한다. 만약 나선 성운이 캅테인이 결정한 우리 은하의 크기라면, 거리는 신성 측정 결과와 일치한다.

대략적인 계산을 해보자. 금세기 처음의 10년 동안에 사진 찍은 나선 성운은 대개 각지름이 약 10각분이다. 그런 나선 성운이, 섀플리가 후에 우리 은하에 대해 지지했듯이 지름이 100킬로파섹이라면, 거리는 대략 30킬로파섹이 된다. 그러나 지름이 섀플리 값의 십분의 일이라면, 거리는 단지 3킬로파섹이 된다. 커티스는 나선 성운에 있는 신성이 약 10킬로파섹에 있는 우리 은하의 신성보다 100배 정도 멀리 있다고 믿었다. 따라서 나선 성운이 약 1메가파섹의 거리에 있어야 했다.

UNIVERSE THOUSAND TIMES BIGGER,
HARVARD ASTRONOMER DISCOVERS

REGION OF
FAINT STARS
IN TAURUS
AND AURIGA
SOLAR DOMAIN
360 TRILLION MILES
60,000 LIGHT YEARS
REGION OF
GREAT STAR CLOUDS
IN SAGITTARIUS

새플리가 우리 은하가 크다는 것을 발견한 것을 알리는 신문의 머리 기사. (*Boston Sunday Advertiser*, 1921. 5. 29.)

제 4 장 천문학의 대논쟁

대논쟁을 낳은 사건들

우리는 제3장에서 1920년까지 은하천문학의 거의 모든 기본적인 문제에 대해 과학자들 사이에 서로 일치하지 않았던 적이 여러 번 있었다는 것을 알았다. 그런 논란의 대부분에 있어서 근본적인 원인은 우리가 직면해야 할 가장 지속적이면서 기본적인 문제 중의 하나인 '정확한 거리 결정'에 있었다. 이 문제로부터, 우리 은하의 구조와 나선 성운의 본질을 포함해 많은 주제에 대한 불일치가 생겨났던 것이다.

나선 성운에 대해 커티스는 나선 성운이 섬우주라는 옛날 개념의 선구자적인 지지자가 되었다. 그러나 그의 주장은 칸트나 다른 철학자의 주장과는 종류가 달랐다. 커티스는 자신의 주장을 뒷받침하는 믿을 만한 증거를 가지고 있었다. 새플리는 우리 은하에 관해 연구하고 자신의 친구인 반마넨을 믿고 있었기 때문에, 자신도 모르게 커티스의 주요 비판자가 되었다.

우리 은하에 대해 커티스는 은하의 크기가 항성 계수로부터 캅테인과 다른 사람들에 의해 올바르게 결정되었다는 견해를 갖고 있었다. 새플리가 제안한 새로운 견해는 우리 은하의 범위가 구상 성단에 의해 대략적으로 정해진다고 기술했다. 구상 성단의 거리에 대한 새플리의 결정에 의하면 은하의 지름이 100킬로파섹이었다. 또한 이렇게 큰 지름 때문에 나선 성운이 우리 은하와 같은 크기일 가능성이 없어졌다. 앞장에서 논의했듯이, 만약 지름이 그렇게 크다면, 섬우주론에서는 나선 성운이 광대한 거리, 즉 관측과 일치하지 않는 거리에 있어야만 했다. 결과적으로, 거리에 관한 자신의 연구 때문에 샤플리는 두 가지 점에서 커티스와 의견 대립이 되었다.

1920년에 커티스와 새플리를 대립하게 하는 여러 가지 사건이 일어났다. 국립과학원은 4월 26일에 워싱턴 D.C.에 있는 스미소니언 연구소에서 연례 모임을 갖기로 되어 있었다. 국립과학원의 총무인 찰스 애버트는 연사 프로그램을 준비하기 시작했다. 하루 저녁에는 자신의 아버지 이름으로 된 기념 기금에서 지원받는 헤일 강연을 하나 할 수 있을 것이라고 헤일이 제안했다.[1] 헤일은 원래 그 강연을 상대성이론이나 섬우주론의 주제에 대한 논쟁의 형태로 하자고 제안했다. 그러나 애버트는 상대성이론의 새로운 주제를 과학의 모든 분야에서 오는 과학원 회원들의 대부분이 이해할 수 없을 것이라고 믿었다.[2] 그는 또한 청중이 섬우주 토론에 관심이 없을 가능성에 대해 걱정했다. 대신 그 문제를 주제로 한다면, 릭 천문대의 대장 캠벨과 새플리를 논쟁의 상대자로 할 것을 그가 제안했다.[3] 과학원은 1914~18년 전쟁 직후에 만나는 것이므로, 부상 군인 치료에 있어서의 의학적 발전에 관한 주제가 생체해부론자의 항의에 대한 대책으로서 제안되었다. 마침내 시간이 거의 다 되자 애버트는 우주의 크기에 대한 주제로 정하고 새플리와 커티스를 연사로 선정했다.[4]

새플리는 초청을 곧 받아들였으나[5] 커티스는 우주의 크기에 대한 논쟁에 참석하고 싶지 않았다.[6] 새플리는 커티스가 꺼리고 있다는 것을 알았고, 자신은 공개석상에서 자신의 견해를 밝히기를 열망했기 때문에, 다른 사람에게 상대 연사를 부탁하라는 제안을 했다.[7] 그러나 마침내 커티스는 발표 과정에 대한 조건이 맞는다면 참석하기로 동의했다.[8]

커티스는 애버트의 전보에서[9] 처음에 있던 주제 —— 우주의 크기(the scale of the universe)에 동의했다. 커티스는 '우주'를 나선 성운을 포함해, 관측할 수 있는 모든 것을 의미하는 것으로 해석했다. 그는 나선 성운을 제외하는 어떤 주제에 대해서도 반대했으며, 약간 덜 정확한 제목인 우주의 규모(Scale of the Universe)를 선호했다. 제안된 논쟁의 개요에서[10] 커티스는 구체적으로 나선 성운을 새플리와 자신의 토의 주제의 한 부분으로 포함시켰다.

그러나 새플리는 우리 은하의 크기만을 논하고 싶었다. 결

바닷가에 있는 할로우 섀플리와 그의 두 아들. (H. Shapley, *Through Rugged Ways to the Stars*, Scribners: New York, 1969)

할로우 섀플리 Harlow Shapley : 1885～1972

할로우 섀플리는 캔사스에 있는 작은 마을의 신문사에서, 술 취한 석유업자의 싸움을 다루는, 범죄 담당 기자로서 시작했다. 후에 그는 자신의 힘든 직업을 미주리에서 계속했다.

섀플리는 대략적인 교육만 받았음에도 불구하고, 고급 교육을 받아보고 싶어서 미주리 대학에 입학했다. 그는 저널리즘을 공부하기를 바랐다. 그러나 섀플리가 대학교에 도착했을 때 그 전공은 아직 열리지 않았고, 그는 우연히 천문학을 시작하게 되었다. 섀플리는 자신의 저서인『별에 이르는 험난한 길』*Through Rugged Ways to Stars*에서 어떻게 자신의 결정에 이르게 되었는가를 설명했다. "강의 편람을 펼쳤다. …… 제일 처음에 나온 것은 a-r-c-h-e-o-l-o-g-y(고고학)이었는데 나는 그것을 발음할 수 없었다! …… 한 장을 넘겼더니 a-s-t-r-o-n-o-m-y가 보였다. 나는 그것을 읽을 수 있었다. 그리해 여기에 오늘의 내가 있게 되었다."

졸업 후 섀플리의 교수 중 한 사람이 섀플리에게 프린스턴 대학의 천문학과에 장학금을 신청해 보라고 했으며, 후에 그가 뽑혔다. 프린스턴에서 섀플리는 헨리 노리스 러셀의 영향을 받게 되었고, 학문적으로 성숙해졌다. 1914년에 윌슨 산 천문대에서 섀플리에게 자리를 제의했다. 그는 거기서 큰 망원경의 이점을 이용해, 자신이 대학원생이었을 때 제의를 받았던 연구인 구상 성단에 대한 일련의 연구를 수행할 수 있었다. 여러 해 동안 추운 밤에 일하면서 구상 성단에 대한 자료를 모았고, 마침내 그는 우리 은하에 대해 근본적으로 새로운 모형을 제안하였다.

다행스럽게도 섀플리는 천문학의 발전에 대해 자신감이 있었고, 훌륭한 주장을 즐겼으며, 전혀 보수적이지 않았다. 그의 모형은 우리 은하에 대해서 과거에 받아들여지던 견해와 근본적으로 달랐으므로, 강한 개성을 가진 사람만이 계속되는 비판에 맞서서 자신의 의견을 방어할 수 있었다. 그러나 마지막에는 섀플리가 이겼다. 그의 은하 모형을 천문학계가 받아들인 것이다.

국 나중에 논쟁에서 그가 나선 성운에 관해 다룬 것은 세 절 밖에 되지 않았다.[11] 분명히 처음부터 두 사람은 과학적인 주제뿐만 아니라 논쟁의 주제를 무엇으로 할 것인가에 대해서도 서로 다른 견해를 가지고 있었다. 최근에 새플리는 커티스가 주제를 지키지 않았다고 주장했다.[12] 사실 커티스는 우리 은하로부터 먼 나선 성운까지 모든 면을 다루면서 주제를 잘 따랐다. 그러나 그러면서 자신의 전공인 나선 성운을 원래 계획했던 것보다 많이 강조했다.

두 논의자의 논의에 있어서 강조와 방향의 차이는 예상되었다. 새플리의 관심은 여러 해 동안 구상 성단에 있었다. 결과적으로 그의 관심은 주로 우리 은하의 크기와 구조 같은, 구상 성단과 관련된 주제에 집중되어 있었다. 반면에 커티스는 여러 해 동안 나선 성운을 사진 찍고, 연구하고 있었다. 따라서 그의 관심은 나선 성운에 집중되어 있었다. 우리 은하에 대해 그가 느낀 연구 관심은, 주로 우리 은하가 나선 성운 그 자체라는 자신의 믿음으로부터 생겼다. 예상했듯이 각자는 자신이 가장 관심이 있고, 가장 잘 아는 분야를 강조했다.

회의는 보통의 의미에서는 논쟁이 아니었다. 새플리와 커티스 둘 다 토론이라는 용어를 선호했다. 원래 제안대로 토론은 두 개의 논의로, 처음은 새플리, 그 다음에 커티스로 이루어지기로 했었다.[13] 그러나 커티스가 그런 프로그램은 청중에게는 재미없고 혼란스러울 것이라고 주장했다. 그는 청중이 각 이론의 단점과 장점을 판단할 수 있도록, 주어진 시간에 서로 상대편의 견해를 반박하자고 제안했고, 이 계획이 채택되었다.

가면무도회 연회복을 입은 H. D. 커티스.
(릭 천문대 사진)

54

논쟁의 중요성

1920년 4월에 있었던 새플리와 커티스의 대결은 과학적으로 뿐만 아니라 철학적으로도 매우 중요했다. 내건 주제는 위대한 지성들이 오랜 역사 동안 깊이 생각해 왔던 문제들이었다. 우주의 본질이 무엇인가? 논의 대상인 공간의 광대함은 경이적이었다(그리고 아직도 경이적이다).

이 논쟁의 진정한 의미는 태양계 모형에 관한 코페르니쿠스와 프톨레미(프톨레마이오스)의 가상적인 대결과 비교함으로써 평가할 수 있다. 이 비유는 유익하지만 여러 가지 이유로 정확하지는 않다. 코페르니쿠스와 프톨레미는 기본적으로 단지 한 가지 주제 —— 태양계의 배열 —— 에서만 달랐다. 철학, 종교, 동기, 그리고 접근 방법에 있어서 코페르니쿠스는 보수파였다.

그의 과학적인 용어와 구조는 프톨레미와 거의 같았다. 그의 모형이 깊은 의미를 가지고 있었을지라도, 그것은 사고에 있어서 근본적인 변화라기보다는 프톨레미의 모형을 수정한 것이었다.

커티스와 새플리는 별개이면서 서로 관련된 두 가지 문제 —— 우리 은하의 크기와 나선 성운의 본질 —— 에 대해 서로 반대했다. 더욱이 코페르니쿠스와 프톨레미의 논쟁과 좀더 비슷하기 위해서는 우주의 크기 문제는 커티스가 아니라 캅테인과 새플리 사이에 논쟁이 되었어야 했다. 캅테인은 우리 은하의 크기가 매우 작다고 주장한 반면에, 새플리는 우리 은하의 지름이 100킬로파섹이나 될 정도로 크다고 주장했다. 이 주제에 관해 커티스는 캅테인 모형의 주된 지지자요 대변자였다.

역사에서는 종종 한 사건의 중요성을 시간이 흘러 조망할 수 있을 때에 이르러서야 깨닫게 된다. 대논쟁의 경우가 그러했다. 논쟁의 해결이 과학적 사고뿐만 아니라 철학적 사고에 미칠 충격을 고려할 때, 대중의 관심이 별로 일어나지 않았다는 것은 주목할 만하다. 사실, 그 당시에 이 논쟁은 미국이나 다른 나라의 어느 주요 잡지에서 언급조차 되지 않았다. 그러나 이에 관해 짧은 기사들은 몇몇 신문에 실렸다. 뉴스 매체가 이 사건을 널리 다루지 않았다는 것은 이해할 만하다. 그러나 과학 학술지가 이 문제를 전혀 다루지 않았다는 것은 놀라운 일이다. 겉으로 보기에는 대부분의 과학 학술지가 보도하지 않은 것은 두 가지 이유 때문이다. 첫째, 과학자들 중에서 이 사건의 중요성을 깨달은 사람은 거의 없었다. 둘째, 과학 학술지는 완전히는 아니지만 대부분 과학 보도보다는 연구 논문에 치중했다.

그 당시에 참석자를 포함해 거의 모든 사람의 반응은 베토벤의 「에로이카」와 바그너의 「트리스탄과 이졸데」의 처녀 공연에 있었던 청중들의 반응과 비슷했다. ── 아무도 자신들이 들은 내용의 가치를 충분히 알지 못했다.

논쟁

새플리와 커티스의 발표는 약간 적합하지 않았다. 이전에 새플리는 자신의 연구를 과학 학술지에 실은 자세하고 전문적인 논문에서 기술했다. 그러나 과학원 학술회의에서 그는 비교적 초보적인 수준으로 발표했다. 그 이유는, 아마도 논문을 일반 청중이 이해할 수 있어야 하고 자세한 내용은 논문에 포함하라는 애버트의 요구[14] 때문이었을 것이다. 청중은 모든 분야의 과학자로 이루어졌으며, 대부분은 천문학적 용어가 이해하기 어려운 전문어라고 생각했다.

일반 청중에게 이야기하는 것에 익숙한 커티스는 비교적 전문적인 논문을 발표했다. 후에 그가 새플리에게 인정했듯이,[15] 논의의 일부는 청중에게 너무 구체적이었다. 커티스가[16] 새플리에게 보내는 편지에서 제안했듯이, 커티스가 새플리도 자신의 논의를 전문적인 방법으로 발표하기를 기대하지 않았다면, 이런 식의 발표에 대한 이유는 이해하기 어렵다. 어쨌든 두 주장은 각각 다른 수준에서 발표되었다.

결과적으로 헤일의 촉구에 따라 커티스와 새플리는 논쟁 주제를 논문으로 발표하기로 후에 결정했다. 증거가 충분히 제시되지 않았으므로, 그들은 원래의 논의를 수정한 것을 발표하기로 결정했고, 마침내 (미국)『국립연구위원회의 회보』 *The Bulletin of the National Research Council*를 이에 적합한 학술지로 결정했다. 왜냐하면 그 위원회가 이 학술회의에 대한 후원을 도와주었기 때문이다. 이 학술회의 전에는 커티스와 새플리 사이에 논쟁 준비에 관해 교신이 거의 없었다. 그러나 그들의 연계 논문을 위해 그들은 견해와 논문 원고를 자연스럽게 교환했다.[17] 이 교환을 통해 그들은 논문에서 반증을 할 수 있었고, 또한 포함시킬 내용과 생략할 내용에 관해 합의할 수 있었다.

학술회의에서 피상적으로 주장을 펼쳤던 새플리는 발표된 논문에서는 우리 은하가 크다는 것을 지지하는 전문적인 주장을 전부 발표하면서 매우 자세하게 기술했다. 반면에 그는 나선 성운에 관한 논의는 여전히 세 절밖에 쓰지 않았다. 커티스는 발표 논문에서 구체적인 자세한 내용 ── 특히 새플리의 이론을 공격하는 ── 을 추가한 것을 제외하고는 자신의 원래 논의에 거의 가깝게 기술했다.

중요한 생각들이 논문에서 많이 발표되었다.[18] 새플리는 결정적이면서 일반적인 지적을 한 가지 했는데, 이것은 천문학적 거리를 다루는 주제를 계속 논의하는 데 기본적이었다. 이 지적은 지구에서의 물리 법칙은 우주 어느 곳에서나 유효하다는 것이었다. 이 기본 가정이 없다면, 우리에게 가까운 이웃 지역을 제외하고는 어느 사건도 논의하는 것이 불가능했다. 물리 법칙이 우주의 모든 점에서 유효하다는 가정을 지지하는 증거가 있다. 아마도 가장 강한 증거는 분광학이 제공한다. 먼 거리에도 불구하고 별의 분광학적 선은 지구의 것과 같은 간격을 갖고 있는데, 이는 물리적 원소들이 지구에서와 똑같이 우주에서 작동한다는 것을 보여준다.

다른 발표된 주장들은 더욱 전문적이었으며, 과거 10년 동안에 얻은 자료에 의존했다. 관측은 완전하지 않았고 여러 가지 해석이 가능했으므로, 이 두 논의자는 자신들의 견해를 지지하는 증거를 선별할 수 있었다. 논의의 자세한 내용은 제2부에 기술되어 있다.

증거

나선 성운과 우리 은하 크기의 상태는 관련되기는 하지만 서로 다른 두 개의 주제로서 논의되었으므로, 우리는 각각에 대해 별도로 증거를 제시하겠다. 다음 표에서 커티스가 인용한 증거는 오른쪽에 있고, 새플리의 견해는 왼쪽에 있다. 명확하게 하기 위해서, 그들의 주장을 네 부분으로 나누었다 : 기본 전제, 우리 은하 안의 거리, 나선 성운의 거리, 그리고 결론.

커티스에 따르면, 거리에 관한 주장에서 가장 중요한 것은 세페이드 변광성의 주기-광도 법칙에 집중되어 있었다. 새플리가 변광성에 관해 두 가지 실수를 했으나, 그의 거리 결정이 아직도 기본적으로 옳다는 것은 흥미롭다. 첫째, 새플리가 구상 성단에 있는 세페이드 변광성이 우리의 인근 지역에 있는 것과 다르지 않다고 가정한 것이 틀렸다. 더 가까이 있는 세페이드 변광성은 구상 성단에 있는 것보다 약 4배나 밝았다. 둘째, 새플리는 가까운 변광성의 절대 밝기를 4배 작게 계산했다. 순전히 운 때문에 결과적으로 그의 오차는 합쳐서 0이 되었으며, 그가 구한 거리는 본질적으로 맞았다. 그러나 그는 빛의 흡수 때문에 별이 어두워지는 것을 고려하지 않았기 때문에 구상 성단의 거리를 과대 평가했다.

우주의 크기

<table>
<tr><th>새플리</th><th>커티스</th></tr>
</table>

기본 전제

새플리	커티스
1. 구상 성단은 우리 은하의 범위를 대략적으로 나타낸다.	
2. 구상 성단에 있는 별들은 특별하지 않다. 즉 우리 가까이 있는 별들과 비슷하다.	2. 구상 성단에 있는 별들이 특별하지 않다는 증거가 없다.
3. 빛의 흡수는 심각하지 않다.	

우리 은하 안의 거리

새플리	커티스
1. 많은 성단의 거리는 주기-광도 관계를 이용해 알 수 있다. 전형적인 세페이드 변광성의 절대 등급은 약 −2.5 등급이다.	1. 새플리의 자료는 통계적으로 정확하기에 충분하지 않다. 그는 평균 밝기를 결정하기 위해 단지 11개의 별만을 사용했다. 더욱이 절대 등급의 분산이 크기 때문에 거리 결정에 있어서 이 방법의 유용성이 줄어든다.
2. 구상 성단에서 보이는 뜨거운 별(분광형 B형)의 평균 절대 밝기는 0등급이다.	2. 태양 근처에 있는 뜨거운 별들(분광형 B형)의 평균 절대 밝기는 1.6등급이다.
3. 구상 성단에서 가장 밝은 25개의 별은 거성이며, 평균 절대 밝기가 −1.5등급이다.	3. 거성은 절대 등급이 1.5등급이다.
4. 거성은 구상 성단에서 가장 두드러진 구성원이다.	4. 평균적인 별은 절대 등급이 약 5등급이다. 거성은 구상 성단에서 많지 않으므로 거리는 새플리가 결정한 값의 약 십분의 일이다.
5. 구상 성단의 물리적 지름은 대략 비슷하다. 따라서 성단의 거리는 각지름에 반비례한다.	

나선 성운의 거리

새플리	커티스
	1. 나선 성운에 있는 신성의 평균 밝기를 우리 은하의 신성과 비교하면 거리가 150킬로파섹보다 크다는 것을 보여준다.
	2. 150킬로파섹의 거리에서 안드로메다 성운의 지름은 우리 은하에 대한 캅테인의 값과 비슷하다.
	3. 나선 성운의 스펙트럼은 나선 성운이 우리 은하와 비슷하다는 생각과 일치한다.
	4. 시선 속도가 크다는 것은 나선 성운이 우리 은하와 관련이 없다는 것을 보여준다. 더욱이 각운동이 검출되지 않았으므로 나선 성운은 매우 멀리 있음에 틀림없다.
	5. 모로 보이는 나선 성운의 사진은 흡수 물질로 된 띠를 보여준다. 그 물질은 우리 은하에서 회피 지역을 만들어 내기 위해 분명히 존재하는 차폐 물질에 해당한다.
6. 나선 성운의 회전에 대한 반마넨의 측정 결과는 나선 성운이 커티스의 이론에서 요구하는 것보다 많이 가깝다는 것을 보여준다.	6. 캅테인과 다른 사람들에 의한 항성 계수는 우리 은하의 지름이 약 10킬로파섹이라는 것을 보여준다.

결론

새플리	커티스
1. 우리 은하의 지름은 약 100킬로파섹이다.	1. 우리 은하의 지름은 약 10킬로파섹이다.
2. 나선 성운의 크기는 우리 은하만큼 크지 않으며, 비교적 가까이 있다.	2. 나선 성운은 우리 은하와 비슷한 은하이며, 거리는 안드로메다 성운의 150킬로파섹부터 더욱 먼 성운의 3000킬로파섹 이상까지이다.

커티스는 우리 은하의 신성의 밝기와 우리 은하의 크기를 계산할 때 실수를 했다. 이 두 가지 계산 값은 너무 작았다. 결과적으로 그는 나선 성운의 거리를 너무 작게 계산했다. 그러나 새플리만큼 많이 틀리지는 않았다. 새플리는 자신의 친구 아드리안 반마넨의 연구 결과 때문에 길을 잃었다. 반마넨은 나선 성운의 회전을 측정하려고 노력했고, 믿을 만한 결과를 내는 데 성공했다. 새플리는 당연히 자기 친구의 자료를 믿었는데, 이 자료는 나선 성운이 커티스가 주장한 것보다 가깝다는 것을 의미했다.

후에 나온 연구가 보여주듯이, 두 사람은 각각 어떤 점에서는 옳았고 어떤 점에서는 틀렸다. 우리 은하에 대한 새플리의 혁명적인 이론은 커티스가 방어했던 보수적인 모형을 밀어냈으나, 나선 성운의 영역에서는 커티스가 우세했다.

우리 은하의 크기와 구조에 대한 논의에 관련된 여러 개의 주제는 토의자들이 간략하게만 언급했다. 이 중의 하나인 성간 흡수는 매우 중요한 문제였으므로 유능한 과학자가 이를 간과하거나 의도적으로 무시했다는 것은 놀랍다.

거리 측정에서 흡수 효과는 특별히 중대하다. 새플리의 상대적 거리가 맞기 위해서는 공간이 투명해야 했다. 만약 흡수가 있다면, 등급 오차는 거리에 따라 변하며, 가장 큰 오차는 가장 먼 별에서 생긴다. 이 오차 효과 때문에 거리를 너무 크게 평가한다. 그러나 가장 먼 천체가 가장 많이 영향을 받는다.

새플리는 선택 흡수 효과를 찾아보았다. 그는 만약 우주 공간에 흡수 물질이 있다면 빛의 파장에 따라 다른 효과가 나타날 것이라고 가정했다. 그리고 구상 성단에 있는 별에서 그런 증거를 찾아보았다.

새플리는 파란 빛에 민감한 사진 건판에 기록된 별의 등급과 평균적인 가시 광선에 민감한 사진 건판에 기록된 별의 등급의 차이를 측정함으로써, 별의 색에 대한 척도를 얻었다(두 등급의 차이는 색지수이다). 새플리는 구상 성단들이 매우 다양한 거리에 있지만, 성단에 있는 별의 색지수 분포는 성단에 따라 별로 변하지 않는다는 것을 알아냈다. 만약 선택적인 흡수가 있다면(다른 파장에 비해 어떤 파장에서 흡수가 더 많은 현상), 색지수 분포는 거리에 따라 다를 것이다. 이런 관측으로부터 새플리는 공간에서 빛의 흡수는 무시할 정도라는 결론을 내렸다. 새플리는 구상 성단에 대한 자신의 거리가 정확하다고 가정하고 선택 흡수가 0.01등급/킬로파섹이라고 계산했다.[19] 따라서 그는 캅테인이 계산했던 큰 값을 버렸다.

우주 공간에서 일어나는 빛의 흡수는 우리 은하의 크기를 결정하는 데 중요한 역할을 했다. 안타깝게도 새플리는 성간 흡수를 과소평가했다. 나중에 밝혀졌듯이 그가 거리 측정에 사용한 구상 성단은 상대적으로 공간 흡수가 적은 방향에 있었다. 그러나 다른 성단들은 상당한 성간 흡수가 있었다.

은하 평면에서 흡수를 고려하지 않았으므로 새플리의 이론에는 여러 가지 어려움이 있었다. 예를 들면, 새플리가 깨달은 구상 성단 분포의 중요한 특징은 구상 성단이 은하수에서 발견되지 않는다는 점이었다. 그 당시에 은하 평면에 가장 가깝다고 알려진 성단은 평면으로부터 수직 방향으로 1,400파섹 떨어져 있었다. 새플리는 이 특이한 점을 설명할 수 없었다.

새플리가 흡수에 대한 증거를 찾아냈으나 이를 무시한 것은 흥미롭다. 1917년 4월에 커티스는 은하 적도에서 2도 안에 있고(실제로는 오늘날 받아들여지는 적도에서 4도), 은하 중심으로부터는 9도보다 작은 거리에서 그가 나선 성운이라고 생각한 천체를 발견했다. 새플리는 곧 이 천체가 먼 구상 성단이라는 것을 깨달았다. 겉보기 등급 때문에 그 성단은 약 70킬로파섹에 있는 것처럼 보였으며, 이는 10만분의 1 각초에서 10만분의 2 각초 사이의 시차에 해당되었다. 두 방법으로 측정한 거리의 차이는 은하 평면에 흡수 물질이 있다고 가정하면 설명할 수 있었다.

새플리는 "별의 등급을 고려할 때 각지름이 보통보다 크다."[20]라고 하면서 이 차이가 존재한다는 것을 깨달았다. 그러나 구상 성단의 지름에는 분명히 분산이 있으므로 이 증거가 흡수의 존재를 결론적으로 증명하는 것은 아니다. 그러므로 새플리는 지름이 우연히 비정상적으로 크다고 가정하는 것을 택했다.

흡수를 이용하지 않고 회피 지역을 설명하기 위해, 논쟁이 있기 여러 해 전에 새플리는 그가 논쟁에서 다루지 않은 가상적 모형을 제안했다. 그는 구상 성단이 (은하의) 적도 지역의 강한 중력장에서 밀집한 계로 만들어질 수 없다고 제안했다. 또한 그는 적도 지역과 충돌하는 성단은 불안정하므로 분해될 것이며, 낮은 은위에서 많이 보이는 느슨한 성단이 된다고 제안했다. 구상 성단의 속도가 크므로 구상 성단이 없어지게 되는 이런 메커니즘이 필요했다. 초속 수백 킬로미터의 속도로 움직이면서 어떤 구상 성단은 마침내 적도 지역과 충돌한다. 그러나 그런 경우는 보이지 않으므로, 구상 성단은 어떻게 해서든지 사라지거나 부서져야 했다.

반면에 커티스는 은하의 원반에서 어두운 좁은 지역(dark lane)을 보여주는 나선 성운의 사진에 바탕을 두어 더욱 합리적으로 설명을 했다. 바깥 지역에서 가리는 물질로 이루어진 고리는 모로 사진 찍은 나선 성운에서 특히 두드러졌다. 커티스는 만약 우리 은하가 나선 성운이라면 평면에는 가리는 물질이 있을 것이라고 추론했다. 가리는 물질이 어두운 천체를 막는다면, 나선 성운이 임의로 분포한다고 해도, 평면에 있는 것들은 보이지 않을 것이다. 따라서 커티스는 우리 은하가 나선 성운이라고 가정함으로써 회피 지역을 설명할 수 있었다. 사실 가리는 물질로 된 성운에 대한 증거가, 별이 없는 것처럼 보이는 은하수에 있는 지역에 대한 연구로부터 인용되었다. 그러나 이 추론은 약간 순환적이었다. 커티스는 자신의 논리에 이러한 결함이 있다는 것을 알고 있었으나, 눈에 보이는 증거가 섬우주론을 강하게 지지한다고 여겼다.

논쟁의 여파

논쟁은 논란을 끝내지 못했다. 각 토의자는 자신의 원래 견해를 굳게 믿었고, 과학계는 의견이 나누어진 채로 있었다. 커티스가 "워싱턴에서 논쟁은 순조롭게 진행되었고, 내가 상당히 앞서서 나갔다는 것을 확신하고 있었다."[21]라고 쓴 것을 보면, 그는 자신이 이 논쟁에서 이겼다고 확신했다.

새플리는 동의하지 않았고, 몇 년 후에 "나는 정해진 주제의 관점에서 보건대 내가 논쟁에서 이겼다고 생각한다."[22]라고 말했다. 천문학자들은 두 진영으로 나누어졌지만, 그 논쟁 때문에 많은 주장들이 명확해졌다. 안타깝게도 중대한 분야에서 연구가 충분히 진전되지 않았으므로 커티스나 새플리가 그 차이점을 조정할 수 없었다.

1921년 4월 21일, 논쟁이 있은 지 일 년 후에 윌리엄 H. 피커링(하버드 천문대의 대장이었던 E. C. 피커링의 형제)이 「우리 항성계의 크기」라는 제목의 긴 논문을 발표했다.[23] 이 뛰어난 논문에서 그는 은하 천문학에 관한 당시의 관측과 이론을 평했으나, 논쟁은 언급하지 않았다. 그는 "새플리는 은하의 중심과 구상 성단들의 중심이 일치한다고 가정했다. 이는 자연스럽고 그럴듯해 보이지만, 그는 이를 증명하기 위해 아무런 시도를 하지 않았다. 아마도 그것은 증명할 수 없었을 것이다."[24]라고 말했다. 거의 기하학적인 계산으로부터(은하가 이중쐐기 모양이라고 가정해) 그는 우리 은하의 지름이 약 10킬로파섹이고, 태양은 중심으로부터 3.8킬로파섹 떨어져 있다라고 결론을 내렸다. 태양이 중심에서 벗어나 있는 새플리의 기본 구조를 옳다고 받아들인 후에, 피커링은 계산으로부터 커티스의 값과 비슷한 거리를 얻었다. 피커링의 평론은 본질적으로 서로 경쟁적인 두 이론을 타협한 것이었다.

논쟁 자체에 대한 당대의 평론은 1921년 12월 28일에 열린 영국 천문학회 학술대회에서 유명한 천문학사가인 피터 도이그(Peter Doig)에 의해 발표되었다. 후에 그것은 수정을 거쳐 발표되었다.[25] 겉으로 보기에는 논쟁이 있은 지 일 년 반이 지나서야 이 과학적 평론 한 편이 나왔다.

도이그는 주장을 항목별로 설명했다. 그리고 비평가로서 "우주가 더 크다는 쪽이 분명히 더 강한 것 같다"라고 말했다. 그는 나아가 그 결론에 대한 자신의 이유를 설명했다. 그러나 그는 새플리가 구상 성단에 바탕을 두고 태양이 중심에서 벗어나 있다는 점에 관해서는 자신의 의견을 말하지 못했다.

헥터 맥퍼슨은 윌리엄 허셜의 '현대 천문학의 관점에서 본 세계관'에 대한 설명에서 다음과 같이 주장했다.

> 새플리는 뒤에 나온 은하계의 범위에 대한 허셜의 이론을 분명히 확증했다. 새플리 박사가 모아 놓은 사실들에 의하면 평면의 지름이 적어도 30만 광년이어야 했다. 그리고 그의 결론은 여러 천문학자, 특히 커티스 박사에 의해 논쟁되었지만, 지지하는 증거가 압도적이었다.[26]

그 다음에 그는 태양이 중심에 있지 않다는 새플리의 견해를 설명했다. 그러나 자신이 동의하는지 아닌지를 명확하게 밝히지 않았다. 그는 단지 새플리의 결론(적어도 거리에 관한)은 명백히 옳다고 말했을 뿐이었다. 그러나 허셜을 끊임없이 찬양하는 논문에서 맥퍼슨이 항성 계수 결과와 반대가 되는 새플리의 은하중심적 견해를 지지했을 것이라는 점은 의심스럽다. 아마도 맥퍼슨은 상충되는 충성심 사이에서 괴로워했을 것이다. 그는 새플리와 천문학적 문제에 관해 많은 편지를 주고 받았으며, 우정이 싹텄다. 그럼에도 불구하고, 맥퍼슨은 분명히 영국의 가장 위대한 천문학자로서의 허셜의 숭고한 역사적 상징에 집착했다. 겉으로 보기에 타협하려는 시도에서 맥퍼슨은, 사실은 서로 반대되지만, 새플리의 결과를 허셜의 결과와 서로 보완하는 것으로 해석했다.

그러나 위에 인용한 세 사람의 견해는 —— 모두가 적어도 새플리의 거리 결정을 지지했다 —— 그 당시에 보편적인 것에서 거리가 멀었다. 많은, 아마도 대부분의, 천문학자들은 항성 계수 결과를 여전히 고수했다. 1920년에 캅테인과 반린(van Rhijn)은 은하수의 항성 밀도에 대해 임시적인 유도 결과를 발표했다. 이 연구는 확장되었고, 1922년에 유명한 「항성계의 배열과 운동에 관한 이론의 첫번째 시도」라는 논문으로 발표되었다.[27] 항성 계수를 사용해, 캅테인은 자신의 초기 모형과 비슷한 우리 항성계 모형을 이끌어냈다 —— 우리 은하는 거대한 성단이지만, 크기는 비교적 작은 것으로 표현되었다. 회전하는 납작한 타원체는 대략적으로(그러나 반드시 정확하게는 아님) 태양이 중심에 있었다. 불가사의한 이유로 새플리나 커티스 누구도 논문에서 언급되지 않았다.

캅테인과 반린은[28] 후에 다음과 같은 이유 때문에 새플리를 비판했다. 그들은 세페이드 별의 고유 운동이 크다는 것은 그 별들이 꽤 가까운 거리에 있다는 것을 보여준다고 믿었다. 따라서 그 별들은 새플리가 가정했던 것처럼 거성이 아니라 왜성이어야 한다. 오늘날 이 별들은 공간 속도가 크고 실제로 멀리 있다는 것이 알려져 있다. 따라서 큰 고유 운동은 거리보다도 속도 때문에 생긴 것이다.

우리 은하와 나선 성운은 그 전과 마찬가지로 1920년대에도 분명히 이해하기 어려웠다. 증거에 대한 평론은 각 저자의 의견을 반영하는 경향이 있다. 우리 은하에 대한 캅테인의 모형을 결론적으로 지지하는 것은 아마도 심리학적으로가 아니면 불가능했다.

구상 성단의 시차와 각지름을 상관시키는 H. 새플리의 그림. (*Astrophysical Journal*, 48, 1918, University of Chicago Press)

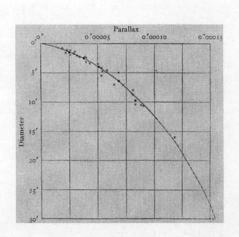

마치며

　제1부에서 우주에 대한 연구는 서로 보완적인 두 개의 길
—— 우리 은하의 연구와 나선 성운의 연구 —— 을 따라서
진화해 왔다. 때때로 이 두 주제를 이해하는 데 있어서 발전이
서로 독립적으로 진행된 것처럼 보이나 어떤 때에는 두 개가
밀접하게 관련되었다. 이 두 영역은 마침내 '대논쟁'에서 합쳐
졌다.

　새플리와 커티스의 대결 직후에 이 연구 분야는 다시 둘로
갈라졌다. 허블이 나선 성운에서 세페이드 변광성을 발견함으
로써 나선 성운이 우리 은하의 바깥에 있다는 것을 명백히 알
게 되었고, 나선 성운이 그 자체로서 연구할 가치가 있다는 것
을 보여주었다.

　제2부와 제3부에서는 이 주제에 대한 역사적이고 논리적인
분리를 다룬다. 제2부는 은하 천문학에서 있었던 문제점과 이
론을 다루는데, 이에는 새플리의 은하중심적 모형과 캅테인의
태양중심적 모형의 충돌에 대한 해결, 그리고 우리 은하에 대
한 자세한 모형의 발전 등이 포함된다. 제3부에서는 외부은하
성운의 연구가 계속된다. 허블과 반마넨의 측정 사이에 있던
충돌이 해결되고, 외부은하계의 연구로부터 환상적인 우주론
적 의미가 나타나기 시작한다. 대논쟁의 두 분야에 대한 연구
를 계속함으로써 제2부와 제3부는 모두 우주의 가까운 영역과
먼 영역을 탐험한다.

인용문헌

들어가며

O. Struve and V. Zebergs, *Astronomy of the 20th Century* (New York : Macmillan, 1962), 416.

P. Van De Kamp, *Publ. Astron. Soc. Pac.* 77 (1965) : 325.

G. Abell, *Exploration of the Universe*, 2nd ed. (New York : Holt Rinehart and Winston, 1969), 608.

제 1 장

M. K. Munitz, ed. *Theories of the Universe* (Glencoe, Illinois : The Free Press, 1957), 230.

T. Wright, *Second or Singular Thoughts Upon the Theory of the Universe*, ed. M. A. Hoskin (London : Dawson's of Pall Mall, 1968).

Ibid., 25.

Ibid., 27.

Ibid., 28-29.

Munitz, *Theories*, 231.

Ibid., 234.

Ibid., 237.

M. A. Hoskin, *William Herschel and the Construction of the Heavens* (New York : W. W. Horton and Co., Inc., 1964).

0. *Ibid.*, 99.

1. *Ibid.*, 38.

2. A. Berry, *A Short History of Astronomy* (reprinted by (New York : Dover Publications, Inc., 1066), 400. Original publication (London : J. Murray, 1898).

제 2 장

. O. Struve and V. Zebergs, *Astronomy of the 20th Century* (New York : Macmillan, 1962), 190 ff.

. "The Draper Catalogue of Stellar Spectra", Harvard College Observatory Annals, 27 (1890). 이 목록은 1886년에 시작되었다. 첫 부분은 1890년에 출판되었고, 남반구 하늘의 별을 포함하는 추가 목록은 1897년에 나왔다. 전체 목록은 1918~24년에 현대적인 별의 분류계에 따라서 수정되었다. A. J. Cannon and E. C. Pickering, "The Henry Draper Catalogue", *Harvard College Observatory Annals* 91-99 (1918-1924).

3. O. Struve and B. Zebergs, *Astronomy of the 20th Century* (New York : Macmillan, 1962), 195.

4. *Ibid.*, 195-196.

5. *Ibid.*, 197.

6. *Ibid.*, 200.

7. H. S. Leavitt, "1777 Variables in the Magellanic Clouds", *Harvard College Observatory Annals* 60(1908), 87-108.

8. H. Shapley, ed. *Source Book in Astronomy 1900-1950* (Cambridge : Harvard University Press, 1966), 253.

제 3 장

1. R. L. Waterfield, A Hundred Years of Astronomy (New York : Macmillan, 1938), 127.

2. J. C. Kapteyn, "First Attempt at a Theory of the Arrangement and Motion of the Sidereal System", *Astrophys. J.* 55 (1922) : 302-327.

3. H. Shapley, "The General Problem of Clusters", *Mt. Wilson Contr. 115* (1915).

4. H. Shapley, "Thirteen Hundred Stars in the Hercules Cluster (M13)", *Mt. Wilson Contr. 116* (1916) : 86.

5. H. Shapley, "Outline and Summary of a Study of Magnitudes in the Globular Cluster Messier 13", *Publ. Astron. Soc. Pac.* 28 (1916) : 174.

6. *Ibid.*, 176

7. Private communication, G. E. Hale to H. Shapley, 14 March 1918 (Harvard University Archives).

8. H. D. Curtis, Progress Report for Mount Hamilton, 1 July 1913-15 May 1914.

9. O. Struve and V. Zebergs, *Astronomy of the 20th Century* (New York : Macmillan, 1962), 411.

10. G. W Ritchey, "Novae in Spiral Nebulae", *Publ. Astron. Soc. Pac.* 29 (1917) : 210.

11. G. W. Ritchey, "Another Faint Nova in the Andromeda Nebula", *Publ. Astron. Soc. Pac.* 29 (1917) 257.

12. H. D. Curtis, "New Stars in Spiral Nebulae", *Publ. Astron. Soc. Pac.* 29 (1917) : 180.

13. Private notes, H. D. Curtis, 1917 (Mount Hamilton Archives).

14. Curtis, "New Stars", 181-182.

15. H. D. Curtis, "Novae in Spiral Nebulae and the Island Universe Theory", *Publ. Astron. Soc. Pac. 29* (1917) : 207.

16. A. van Maanen, "Internal Motion for Spiral Nebula Messier 101", *Astrophys. J. 44* (1916) : 210.

17. H. Shapley, *Through Rugged Ways to the Stars* (New York : Scribners, 1969), 80.

제 4 장

1. Private communication, C. Abbot to G. E. Hale, 3 January 1920(NAS-NRC Archives).

2. *Ibid.*

3. *Ibid.*

4. Private communication, C. Abbot to G. E. Hale, 18 February 1920 (Hale Collection)

5. Private communication, H. Shapley to G. E. Hale, 19 February 1920 (Hale Collection)

6. Private communication, H. D. Curtis to G. E. Hale, 20 February 1920 (Hale Collection)

7. Shapley to Hale, 19 February 1920.

8. Private communication, H. D. Curtis to G. E.Hale, 26 February 1920 (Hale Collection).

9. Abbot to Hale, 18 February 1920.

10. Curtis to Hale, 20 February 1920.

11. H. Shapley, Debate Manuscript (Harvard University Archives).

12. H. Shapley, *Through Rugged Ways to the Stars* (New York : Scribners, 1969) 79.

13. Private communication, H. D. Curtis to H. Shapley, 26 February 1920 (Hale Collection).

14. Private communication, C. Abbot to NAS members, January 1920 (Hale Collection).

15. Private communication, H. D. Curtis to H. Shapley, June 1920 (Harvard University Archives).

16. Ibid.

17. Private communication, H. D. Curtis to H. Shapley, August 1920 (Harvard University Archives).

18. H. Shapley and H. D. Curtis, "The Scale of th Universe", *Bull. Nat. Res. Coun. 2*, pt 3 no. 11 (Ma 1921) : 171.

19. H. Shapley, "Globular Clusters and the Structure of th Galactic System", *Publ. Astron. Soc. Pac. 30* (1918) 42-54.

20. H. Shapley, "Notes on the Distant Cluster NGC 6440 Publ. Astron. Soc. Pac. 30 (1918) : 253.

21. Private communication, H. D. Curtis to his family, 1 May 1920 (Allegheny Observatory Archives).

22. H. Shapley, *Through Rugged Ways to the Stars*, 79.

23. W. H. Pickering, "The Dimensions of our Stella System", *Publ. Astron. Soc. Pac. 32* (1921) : 140

24. *Ibid.*, 156.

25. P. Doig, "The Scale of the Universe", J. Brit. Astror Assoc. 32 (1922) : 111.

26. H. Macpherson, "Herschel's World-view in Light c Modern Astronomy", *Observatory 45* (1922) : 259.

27. J. C Kapteyn, "First Attempt at a Theory of th Arrangement and Motion of the Sidereal System" *Astrophys. J. 55* (1922) : 302-327.

28. J. C Kapteyn and P. J. van Rhijn, "The Proper Motion of Cepheid Stars and the Distances of the Globula Clusters", *Bull Astron. Soc. Neth. 1* (1922) : 37.

제 2 부

은하계 천문학

제 2 부 차례

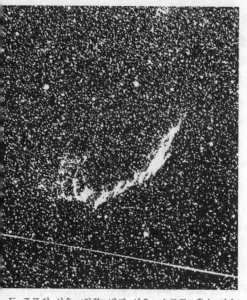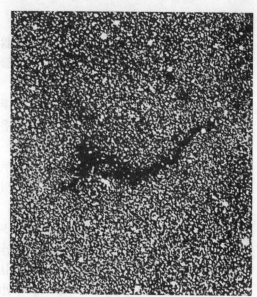

두 종류의 성운. (왼쪽) 발광 성운. (오른쪽) 흡수 성운. 모양이 매우 비슷함에 주목하라. (여키즈 천문대 사진)

들어가며

사람들은 적어도 어느 정도는 항상 환경에 대해 걱정한다. 이 걱정의 대부분은 바로 가까이 있는 주변에 대한 것이다. 다양한 계절 동안에 물, 사냥감, 그리고 과일이 어디에 있는지를 반드시 알아야 한다. 살아 남아야 하기 때문에 가까운 주변을 벗어나 탐험할 시간이 없다.

사고를 할 수 있는 여가 시간이 늘어나면서 문명이 발달되었고, 지평선이 확장되었다. 그러나 그리스 시대가 절정에 이르렀을 때에도 널리 유행되던 관점은 편협했다. 그리스인들은 행성이 동심구에 포함되는 3차원 공간을 생각할 수 있었으나, 그 공간은 아마도 모든 별들이 붙어 있다고 추측되는 천구에 의해 막혀 있었다. 지구의 주변인 태양계는 3차원으로 보일 수 있는 반면에, 별은 구의 2차원 표면에 있는 존재로 그려졌다.

별의 분포를 현대적 관점과 비슷하게 설명한 것은 더럼의 토마스 라이트가 은하수를 설명하는 모형을 발표한 18세기 중엽에 처음으로 나왔다. 그는 별들이 얇은 껍질을 이루고 있는 두 개의 동심면 사이에 임의로 뿌려져 있다고 제안했다. 라이트가 설명한 대로 만약 우리가 껍질의 중심에 가까이 있다면,

우리는 껍질에 수직한 면의 방향보다 나란한 면의 방향으로 더욱 많은 별을 보게 될 것이다. 나란한 면 쪽으로 보이는 많은 별들이 은하수일 것이다.

5년 후에 임마누엘 칸트는 태양계로부터 은하까지 유추해 위와 같은 일반적 이론을 상세히 설명했다. 모든 행성은 거의 같은 평면에서 원에 매우 가까운 궤도를 따라 중심점의 주위를 돈다. 마찬가지로 별들이 같은 평면에서 같은 중심점의 주위를 돌아야 한다고 칸트는 믿었다. 이 모형에서는 운동이 있다는 점을 제외하고는 라이트가 제안한 것과 비슷한 겉보기 구조가 나오게 된다. 행성과 별에 대한 유추를 계속해, 칸트는 우리 은하와 비슷한 은하들이 분명히 많이 있다고 제안했다.

라이트와 칸트의 이론은 단순한 관찰과 많은 추측에 근거를 두었다. 은하의 구조를 이해하기 위한 정말로 과학적인 시도 —— 많은 자세한 관측에 근거를 둔 시도 ——를 한 것은 윌리암 허셀이 최초였다.

독일 하노버 수비대의 오보에 취주자로 있던 허셀은 1757년에 영국으로 이주했다. 그는 직업은 음악가였으나 여가 시간은 하늘을 연구하는 데 사용했다. 그러다가 1781년 3월 13일에 하늘에서 어둡고 뿌옇게 보이는 초록빛 천체를 우연히 발견했다. 그는 처음에 그것이 혜성이나 성운이 있는 별이라고 생각했으나, 곧 자신이 이전에는 발견되지 않은 행성을 찾았다는 것을 깨달았다. 1780년경에 프레데릭 대왕이 과학에서 중요한 것은 이미 모두 발견되었다고 선언했으므로 이 사건은 더욱 극적이었다.

허셀은 새로 이주한 나라의 군주를 기념하기 위해 그 행성을 조지 왕 3세를 따라 명명하기를 제안했다. 나중에 천왕성으로 명명되기는 했지만, 허셀은 자신의 모든 시간을 천문학 연구에 쓸 수 있는 왕립 연구비를 받았다.

천왕성의 발견은 여러 면에서 허셀에게 다행한 사건이었다. 첫째, 조지왕 3세의 후원으로 허셀은 모든 시간에 천문학 연구를 계속할 수 있었다. 또한 발견 때문에 생긴 명성으로 허셀은 당대의 과학 학회들로부터 인정을 받을 수 있었다.

허셀이 생애의 대부분을 바친 연구 분야는 은하수, 즉 우리 은하의 구조를 결정하는 것이었다. 그가 사용한 방법은 다소 단순했다. 허셀은 자신의 큰 망원경을 사용해 주어진 방향으로 볼 수 있는 별들을 세고, 그 숫자를 은하의 가장자리까지의 거리와 상관시켰다. 이 방법은 1) 모든 별들이 대략적으로 같은 밝기이고 공간에 균일하게 분포한다, 2) 망원경으로는 우리 은하의 끝까지 볼 수 있다, 3) 별빛이 성간 물질에 의해 거의 흡수되지 않는다는 가정에 바탕을 두었다. 이 가정 중 어느 한 가지도 맞는 것이 없었지만, 허셸은 최소한 은하의 구조를 결정하는 데 있어서 첫걸음을 내디딜 수 있었다.

후에 20세기에 이르러, 보다 세련된 항성 계수법을 사용한 결과 우리 은하는 허셸의 결과와 대략적으로 같은 구조이고, 단지 훨씬 더 대칭적이라는 것이 밝혀졌다. 또한 성단에 대한 연구로부터 더욱 구에 가깝고 더욱 큰 은하 구조가 제안되었다. 구상 성단이라고 불리는 이 성단들은 거대한 공간에서 서로 멀리 떨어져 있지만, 은하수에 중심을 둔 타원체의 윤곽을 보여주었다. 구상 성단이 우리 은하의 윤곽을 보여준다는 견해는 항성 계수에 바탕을 둔 견해와 상반되었다. 이 두 견해의 발생, 갈등의 해소, 그리고 우리 은하의 구조에 대한 자세한 견해가 제2부에서 기술될 것이다.

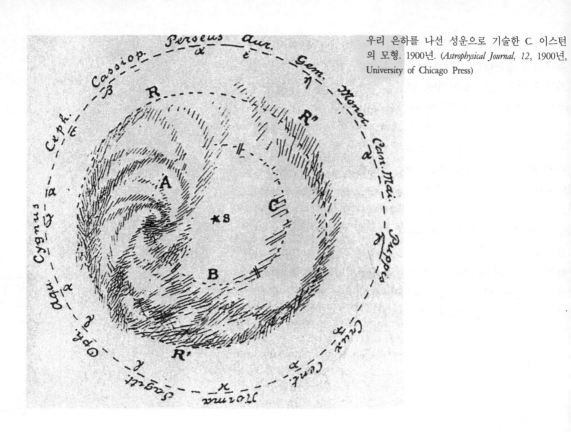

우리 은하를 나선 성운으로 기술한 C. 이스턴의 모형. 1900년. (*Astrophysical Journal*, 12, 1900년, University of Chicago Press)

제1장 은하의 모형(1900~1920)

이스턴의 나선 모형

우리 은하의 모형은 18세기 중반에 이미 철학자들에 의해 고안되었으나, 천왕성 발견으로 유명한 통찰력이 있는 영국의 천문학자 허셸이 우리 은하의 구조를 추론하기 위해 처음으로 천문학적 관측에 수학적 분석을 적용했다. 허셸은 우리 은하가 은하수 방향으로 늘어나 있으며 불규칙한 윤곽을 갖고 있다고 결론지었다. 그의 분석에는 많은 오류가 있었지만, 허셸의 모형은 최초로 우리 은하계의 모양을 사실과 비슷하게 나타냈다.

윌리엄 허셸의 아들인 존 허셸은 우리 은하가 길게 늘어난 것은 계가 회전하기(빠르게 회전하는 유체나 탄성체가 납작해지는 것은 잘 알려진 현상이다) 때문이라고 최초로 제안한 천

학자로 알려져 있다.[1] 그의 상식적인 추리는 옳았으나 많은
문학자들은 회전 효과를 무시했다.

1900년경 코넬리스 이스턴(Cornelis Easton)은[2] 우리 은하가
나선 성운이라고 제안했다. 그는 은하수의 외관이 나선 구조
에 의해 설명될 수 있다고 가정했다. 나선 성운에 대한 최신
사진은 그의 추론을 고무시켰으며, 그는 매우 비틀어진 나선
에서 태양의 위치를 보여주는 대략적인 약도를 만들었다. 그
는 약도에 대해 다음과 같은 말로 완곡하게 이야기했다. "나
는 이 약도가 은하수를 근사적으로라도 나타내지 않는다고 주
장하고 싶다."[3](이스턴의 강조).

1913년에 그는 몇 가지 빈틈없는 추론을 한 논문을[4] 발표했
다. 그는 증명 없이, 은하수가 조지 리치와 다른 사람들이 사
진 찍은 성운들과 같은 나선 성운이라고 가정하고, 하늘의 모
습이 나선 구조에 의해 설명될 수 있는지 물었다. 그는 나선
팔을 다른 평면에 두고, 태양을 중심과 가장자리의 중간쯤에
있는 나선 팔에 둠으로써 자신의 모형이 관측과 일치되게 할
수 있었다. 사실, 나선 성운에 대한 유추에 의해 고무된 이스
턴은 자신이 옳다고 자신에 차 있었다. 현대 이론과 비교해도
이스턴의 추측은 —— 태양의 위치에 대한 것도 —— 크게 틀
리지 않았다.

이스턴은 또 하나의 훌륭한 추측을 했다. 남반구 하늘에는
마젤란 운(Magellanic Clouds)으로 알려진 밝은 성운이 있다. 아
무도 이 별 구름(star clouds)의 정체가 무엇인지 또는 이것과

20인치 반사 망원경으로 1889년에 찍
은 나선 성운 M51의 사진. (I. Roberts,
Celestial Photographs, Universal Press:
London, 1893)

휴고 폰젤리거. (여키즈 천문대 사진)

은하수의 관계는 무엇인지에 대해 모르고 있었다. 이스턴은 "마젤란 운은 로시 경의 나선 성운 M51에 있는 작은 성운과 비슷하다고 생각하는 것이 자연스럽다."[5] 오늘날 우리는 마젤란 운이 우리 은하에 중력적으로 연결되어 있다는 것을 알고 있다.

그러나 이스턴의 추측이 모두 옳았던 것은 아니다. 그는 작은 나선 성운이 외부 은하라는 생각을 하지 않았고, 작은 나선 성운의 존재가 그의 이론과 어떤 관련이 있다는 것을 받아들이지 않았다. "나는 큰 소용돌이의 회선에서 많은 수의 작은 소용돌이가 보이기 때문에 소용돌이의 존재를 아무도 부인하지 않을 것이라는 점을 지적하고 싶습니다."[6]

항성 계수 모형

허블 이후에 우리 은하의 일반적 모형을 알아내기 위해 항성 계수를 이용한 최초의 사람들 중의 한 사람은 뮌헨의 휴고 폰젤리거였다. 그는 별의 수가 등급의 증가에 따라, 단위 체적당 별의 개수, 즉 별의 밀도가 일정할 때 예상되는 비율로 늘어나지 않는다는 것을 알았다. 1등급이 변할 때, 별이 보이는 한계 거리는 $\sqrt{2.51}$, 즉 1등급의 차이가 나는 광도의 비의 제곱근만큼씩 늘어난다. 한계 거리까지의 부피는($\sqrt{2.51^3}$), 즉 약 4배 늘어나야 한다. 따라서 만약 별의 밀도가 일정하다면, 밝기가 1등급이 변할 때 4배의 별을 볼 수 있다. 폰젤리거는 비율이 약 3이라는 것을 알았다.[7] 그는 이 발견을 은하의 밀도가 태양으로부터 멀어질수록 감소하는 것으로 해석했다. 이 감소는 은하수 방향으로보다 은극 방향으로 더욱 심했는데 이는 우리 은하가 은하수 방향으로 늘어나 있다는 것을 나타냈다.

1900년까지, 그리고 그 이후에 네덜란드 천문학자인 야코부스 캅테인도 또한 항성 계수로부터 우리 은하의 구조를 결정하려고 시도하고 있었다. 폰젤리거보다 더욱 실제적인 모형을 이끌어내기 위해 캅테인은, 단위 절대밝기당 별의 공간 밀도가 알려지지 않았지만, 절대 등급에 따른 상대적 개수는 국부 지역이나 나머지 모든 지역이나 같다고 가정해야 했다. 캅테인은 우리 은하의 모양이 폰젤리거의 결과와 비슷하다는 것을 알아냈다. 캅테인은 자신의 연구에서 매우 정확했고 결과에 대해서 자신이 있었다. 그러나 그는 은하 구조 연구에 사용한 방법의 통계적 정확성을 높이기 위해 보다 좋은 자료가 더욱 많이 필요하다는 것을 깨달았다. 따라서 1904년에 그는 유명한 '선정 지역 계획' Plan of Selected Areas[8]을 제안했

다. 그의 계획은 전 하늘에 흩어져 있는 206개의 특정한 지역
에 있는 별을 사진 찍기 위해 전세계에 있는 천문대에 협력을
요청하는 것이었다. 각 협력 천문대에는 어떤 한계등급보다
밝은 모든 별의 등급, 색지수, 고유 운동, 시선 속도, 그리고
분광형을 결정하기 위한 지역이 한 개씩 할당되었다. 이 방대
한 국제적 노력의 결과로 후에 캅테인이 우리 은하의 결정적
인 모형을 만들기 위해 사용한 자료가 나왔다.

　캅테인은 두 가지 이유 때문에 자신의 목적을 이루기 위한
국제 협력이 필요했다. 첫째는, 네덜란드의 궂은 날씨 때문에
천문학자들은 많은 비용, 시간, 그리고 불편을 감수하면서 다
른 천문대로 관측을 가거나, 다른 사람들의 자료에 의존해야
했다. 둘째는, 필요한 자료의 양이 너무 많아서 천문학자 한두
명이 웬만한 시간에 얻을 수가 없었다. 따라서 많은 관측자가
필요했다.[9]

　우리 은하에 있는 별의 분포에 대한 자세한 분석은 캅테인
이 세상을 떠난 1922년이 되어서야 발표되었다. 그러나 그는
그 이전에 자신의 예비 결과를 다른 천문학자들에게 개인적으

J. C. 캅테인. (여키즈 천문대 사진)

로 알려주었다. '캅테인 우주'로 알려진 그의 모형은 축비가 5
대 1이고, 장축이 약 16킬로파섹인 타원체였다. 밀도는 중심으
로부터 멀어질수록 감소했고, 8킬로파섹에서의 밀도는 태양
인근지역의 100분의 1이었다.

캅테인 모형에 있어서 가장 바람직하지 못한 점은 태양의
위치였다. 계산에 의하면 태양이 거의 중심에 있다는 결과가
나왔는데, 이 때문에 어떤 천문학자들은 모형의 유효성에 대
해 의문을 갖게 되었다 —— 인간 중심에 반대하는 코페르니
쿠스적 전통은 특별히 선호되는 위치에 반대했다. 안타깝게도
캅테인은 태양이 중심에 있다는 단순한 가정 하에 자신의 모
형을 유도했는데, 이 때문에 어떤 천문학자들은 철학적인 근
거에서 그를 비난했다. 사실 캅테인은 태양이 중심에 있지 않
는 모형에 대한 더욱 자세한 결과를 강조했다 : " …… *계의
중심의 위치는, 가정한 것처럼 태양이 아니고, 아마도 은경 77
도, 은위 −3도인 방향으로 650파섹 떨어진 점에 있을 것이
다……*"[10] (캅테인의 강조). 그럼에도 불구하고 태양이 거의
중심에 있다는 점은 캅테인을 포함해 많은 사람들의 의심을
불러일으켰다.

캅테인은 자신의 계산이 별의 밀도가 태양으로부터 멀어질
수록 줄어드는 것처럼 보인다는 것을 밝혔다는 점에 대해 자
신하고 있었지만, '캅테인 우주'가 아닌 다른 설명도 가능하다
는 것을 알고 있었다.

> …… 만약 태양으로부터 멀어질수록 별들이 줄어든다면, 태양
> 으로부터의 모든 방향으로 그럴 것이라고 결론을 내릴 수 있다.
> 이는 항성계에서 매우 특별한 위치, 즉 최대 밀도 지점에 태양이
> 있다는 것이다.
> 한편 별의 감소가 단순히 겉보기일 뿐이고 빛의 흡수에 의한
> 것이라면, 임의의 어떤 방향으로의 겉보기 감소는 너무나도 당연
> 하다.[11]

캅테인은 우리 은하계의 구조에 대해 관심이 있었으므로,
위에 기술한 효과가 진짜인지 아니면 단순히 겉보기인지 매우
알고 싶어했다. 만약 진짜라면, 우리는 계의 중심에 가까이 있
는 것이다. 만약 흡수가 일어난다면, 다른 추론은 합당하지 않
았다.

후에 자세히 논의하듯이, 캅테인은 흡수를 찾아보았으나,
별의 겉보기 감소가 사실이 아니라고 제안할 만한 양의 흡수
를 찾지 못했다. 결과적으로 그는 우리 은하는 타원체이고 지
름이 16킬로파섹이라고 결론 내릴 수밖에 없었다.

구상 성단의 분포에 바탕을 둔 새플리의 모형

제1부에서 기술했듯이, 할로우 새플리는[12] 구상 성단의 분포를 연구하면서 성단이 물리적으로 우리 은하와 연관되어 있고 성단의 거리는 은하계의 범위를 보여준다는 결론에 도달했다. 새플리가 주로 세페이드 변광성의 주기-광도 관계를 이용해 구한 거리는 캅테인이 추정한 은하의 지름과 매우 달랐다. 사실 새플리가 구한 우리 은하의 크기 값은 캅테인이 구한 값의 약 10배였다. 당연히 이 두 모형의 불일치는 천문학자들 사이에 대단한 관심을 불러일으켰다.

이 관심에는 여러 가지 이유가 있었다. 우선, 우리 국부(항성)계의 구조를 알고자 하는 요망이 있었다. 아마도 더욱 중요한 것은 우주에서 우리의 위치를 알려고 하는 생각이 있었다는 점이다. 우리 태양계가 큰 항성계의 중심으로부터 멀리 떨어져 있는가? 아니면 작은 항성계의 중심 가까이 있는가? 우리 은하는 새플리의 결과가 보여주듯이 우주에서 독특한가? 아니면 우주에 흩어져 있는 나선 성운과 비슷한가? 이런 의문들은 제1부에서 논의된 '대논쟁'이 있었던 1920년경에 점점 절박해지고 있었다.

위에 열거한 우주론적 질문에 대한 답은 정확한 거리 결정에 달려 있었다. 캅테인의 모형은 초기에 확정된 별의 상대적 거리에 근거를 두고 있었기 때문에 확고한 천문학적 기초 위에 서 있었다. 그리고 그 모형의 크기는 가까운 별의 거리로부터 유도할 수 있었다. 이 거리는 정확하게 결정되었다. 반면에 새플리의 거리는 매우 컸고, 따라서 직접적으로 얻을 수 없었다. 새플리는 거리가 커짐에 따라 한 방법에서 다른 방법으로 바꾸어야 했다. 가장 먼 성단의 거리는 겉보기 지름을 비교해 가까운 성단에 대해 상대적으로 결정했다. 가까운 성단의 거리는 한 종류의 대표적인 것으로 생각되는 별들의 겉보기 등급으로부터 추론했다. 불확실성은 두 가지에 있었다. 첫째, 새플리가 선택한 별이 가정한 종류에 속하는가? 둘째, 가정한 그 종류의 절대 등급이 옳은가? 이런 불확실성 때문에 어떤 천문학자들은 새플리의 모형을 받아들이기 꺼려 했다.

게 성운으로 알려진 초신성 잔해의 사진.
G. W. 리치가 1909년에 찍었음.
(헤일 천문대 사진)

제 2 장   은하의 회전

수수께끼의 발전 : 고속도별

별의 특이한 성질에 대한 관측이 나오면서 우리 은하에 대한 캅테인 모형의 결정적인 문제점들이 나타났다. 이 특이한 별인 고속도별은 일찍이 19세기 후반부터 알려졌으나, 이 이상한 현상이 캅테인 우주에 대해 의미하는 바는 1920년대에 이르러서야 알게 되었다.

20세기에 벤저민 보스는 처음으로 고속도별의 운동 방향에서 매우 비대칭적인 분포가 있다는 것을 깨달았다.[1] 비대칭성은 분광 시차 방법 개발로 유명한 천문학자 월터 애덤스와 아놀드 콜슈터가 이 비대칭성을 확인하였다. 1914년에 그들은 "특이한 사실은 큰 음의 속도의 절대값이 큰 양의 속도에 비해 매우 크다는 점이다. …… 관측된 큰 속도의 75퍼센트는 영보다 작다."라고 했다.[2] 음의 속도는 천체가 태양에 다가오고 있다는 것을 의미하고, 양의 속도는 천체가 태양으로부터 멀어지고 있다는 것을 의미한다. 이런 크기의 비대칭성은 확실하게 알 수 있었다.

애덤스와 다른 사람들은 윌슨 산 천문대에서 고속도별을 계속 조사했고, 1919년에 비대칭성의 존재에 대한 추가적인 증거를 찾았다. 개선된 시차 결정, 고유 운동, 그리고 시선 속도 측정으로부터 그들은 큰 시선 속도 때문에 선택된 37개 별의 실제 공간 속도를 알 수 있었다. 별들은 많은 방향으로 움직였지만, 은경 131도와 322도 사이의 반구 지역으로는 거의 없었다.[3]

7년 정도 지난 후에, 초기의 논문을 찾아 본 결과, 고속도별 운동의 비대칭적 분포는 실제로 이미 1871년에 길덴이라는 스웨덴의 천문학자가 발견하였으며, 그가 고유 운동이 하늘의 어떤 부분에서 한 방향으로 흐르는 경향이 있다는 것을 알았다는 것이 밝혀졌다. 더욱이 고유 운동이 가장 큰 지역에 수직인 방향에는 표류가 없었다. 그의 자료는 매우 정확하지는 않았지만, 길덴은 이 효과가 우리 은하의 회전에 의한 것이라고 올바르게 생각했다.[4] 안타깝게도 그의 연구 결과는, 그 효과가 다시 발견되고 개선된 자료로 더욱 정확하게 확인된 후에야 알려졌다.

네덜란드의 그로닝겐에서 캅테인의 지도를 받으면서 공부하고 있던 얀 오트(Jan H. Oort)는 자연스럽게 은하계에 관심을 갖게 되었다. 그의 초기 연구는 물리적으로 우리 은하와 연관된 것처럼 보이는 고속도별에 관한 아주 재미있는 문제를 다루었다. 1922년에[5] 그는 초기의 연구결과를 확인해 준 시선 속도와 공간 속도에 관한 자료를 모았다. 은경 162도와 310도 사이에서 큰 속도값은 모두 양수였으며, 반대쪽에서는 모두 음수였다.

오트가 새로이 발견한 것은 비대칭성이 속도에 매우 많이 의존한다는 점이었다. 62킬로미터/초 이하에서는 시선 속도가 임의의 방향을 갖고 있으나, 임계 속도보다 크면 운동 방향이 매우 비대칭적이다. 오트는 동역학적 이론을 이용해 임계 속도를 설명하려고 했는데, 이 이론은 우리 은하에 대한 캅테인의 모형에 기초를 둔 국부(항성)계를 포함하고 있었다. 오트가 인정하듯이[6], 그는 국부 항성계에 대한 믿음 때문에 만족스러운 설명을 할 수 없었다. 1926년에 제출된 오트의 박사학위 논문은[7], 고속도별이 은하역학과 관련되었다는 것이 분명하게 밝혀지기 전에 나온 고속도별에 관한 최후의 연구 중의 하나였다. 한 별이 캅테인의 우주와 같은 항성계로부터 탈출하는 데 필요한 속도를 계산함으로써, 오트는 고속도별이 계로 들어온 침입자임에 틀림없다는 결론을 내렸다. 62킬로미터/초가 캅테인이 제안한 계와 같은 항성계로부터의 탈출 속도라고 가정해, 오트는 별의 평균 질량이 캅테인이 가정한 대로 1.0태양질량이 아니라 0.65태양질량이라고 계산했다.

월터 S. 애덤스. (여키즈 천문대 사진)

그렇지 않다면, 탈출 속도는 62킬로미터/초보다 클 것이다. 오트는 우리 은하의 중력계에 의해 잡힌 모든 별들이 임의의 운동을 보이기 때문에 62킬로미터/초의 대칭 경계는 별들이 계 안에 있을 수 있는 한계 속도를 나타낸다고 추론했다. 그러나 평균 시선속도가 15킬로미터/초인 역학적 평형에 있는 같은 항성계는 별의 평균 질량이 5태양질량이어야 했다.[8] 오트는 이 차이를 알고 있었으나 이를 설명할 수 없었다.

오트는 자신의 논문에서 우리 은하계가 국부적인 별의 무리보다 더욱 클 가능성을 생각했다. 이전에 그는 발표된 논문들에 있는 주제를 언급하지 않았다. 그러나 오트는 자신의 논문에서 새플리가 제안했던 것과 같은 확장된 계를 믿을 만한 이유를 열거했다.[9] 그 중에는 구상 성단이 은하 평면 방향과 은경의 한 방향으로 집중되어 있다는 점이 있었다. 그는 다른 종류의 천체들도 같은 집중 경향을 보인다고 언급했다. 그는 또한 구상 성단이 고속도별과 같은 체계적 운동을 갖고 있다는 것을 알았다.

오트가 논의했던 다른 한 가지도 구상 성단의 관측과 관련이 있었다. 그가 학위 논문을 쓸 때, 19개의 구상 성단의 속도가 알려져 있었고, 평균 속도는 대략 92킬로미터/초였다.[10] 오트는 그렇게 큰 속도를 가진 천체는 캅테인이 제안한 것과 같은 계에 의해 중력적으로 묶여 있지 않을 것이라는 점을 알았다. 따라서 분명히 그 성단들은 훨씬 더 큰 계, 캅테인 우주보다 200배 이상 무거운 계에 속함이 틀림이 없다. 이 중요한 점은 오랫동안 대부분의 천문학자들에 의해 무시되어 왔다. 또한 오트는 있을 것이라고 추정되는 나머지 물질이 아마도 은하 평면에 의해 가려지기 때문에 천문학자에게 보이지 않을 것이라는 점도 알았다.[11] 가리는 물질의 문제는 물론 추론적이지만, 후에 은하계 천문학에서 주요 논제가 되었다.

구상 성단이 가진 큰 체계적 속도는 구상 성단이 가장 많이 보이는 방향으로부터 100도의 방향에 있는 우리 은하계의 중심에 대해 우리가 빠르게 움직이고 있다는 것을 나타낸다고 오트가 생각하면서 우리 은하의 개념에 있어서 중요한 진전이 있었다.[12] 그의 모형에 따르면, 고속도별은 국부 항성계로 들어온 침입자이며, 더욱 큰 은하계에 분명히 연관되어 있고, 은하를 중심으로 회전하고 있다.

"고속도별이 …… 더욱 큰 은하계의 구성원이라고 가정하려면, 고속도별이 이 큰 계의 중심에 대해 움직이고 있다고 가정해야 한다. 왜냐하면 고속도별이 구상 성단과 거문고 자리 RR 변광성

(RR Lyrae)에 대해 큰 체계적 속도를 가지고 있기 때문이다. 이 고속도별로 이루어진 계가 회전한다고 생각할 수도 있다. 그러면 우리가 속한 항성운은, 약간 더 큰 속도로, 거의 이 회전 방향으로 움직일 것이다.”[13]

오트는 자신의 이론이 많은 관측을 설명했지만 맞는지에 대해서는 완전히 확신하지 못했으므로, “……나는 앞에서 말한 내용이 설명이 아니라 단지 유용할 수도 있는 작업 가설이라는 점을 강조하고 싶다.”[14]라고 덧붙였다.

린드블라드-오트의 은하 회전 이론

고속도별 연구는 우리 은하가 회전한다는 결론을 보여주었다. 그러나 개개의 관측을 하나의 큰 체계로 만들기 위해서는 은하 역학에서 이론적 발전이 필요했다. 이 일을 이룬 이론천문학자가 스웨덴의 버틸 린드블라드였다.

린드블라드는 우리 은하에 대해 회전 모형을 제안했는데, 이 모형은 각 부분이 다른 각속도로 회전하는 특징을 포함했다. 결과적으로 항성계는 은하의 중심을 타원 궤도로 돌게 된다. 가장 많이 늘어난 타원 궤도에는 원은점(apogalaxion, 은하의 타원 궤도에서 은하 중심으로부터 가장 멀리 떨어진 점 : 옮긴

이 주)에서 가장 느리게 움직이는 별들이 있을 것이다. 따라서
린드블라드의 모형은 관측적 사실을 자세히 매우 잘 설명했
고, 오늘날 본질적으로 정확하다고 증명되었다.

린드블라드는 자신의 모형과 계산의 중요성 외에도 다른
천문학자들에게 직접 영향을 미쳤다. 젊은 연구원인 오트는
그가 린드블라드에게 쓴 편지에서 보이듯이, 분명히 린드블라
드에 의해 영향을 받았다.

> "저는 이 주제에 관한 당신의 최근 논문 중 한 편에 있는 설명
> 을 읽으면서 당신의 이론의 참된 중요성을 간파했다는 점을 말씀
> 드려야 하겠습니다.…… 제가 당신의 이론에 대해 주로 반대하는
> 점은 제가 언제나 은하계에 대한 캅테인이나 진즈의 이론에 대해
> 느꼈던 것과 같은 것입니다. 즉 그것은 서로를 파고들어 가고, 서
> 로에 대해 회전하는 계를 의미합니다. 제가 *당신의* 가설에서 필요
> 한 다른 회전 속도가 매우 자연스러운 방법으로 생겨날 수 있다는
> 것을 알게 된 것은 한참 후입니다. 그리고 저는 비대칭성 수수께
> 끼를 인위적이지 않은 방법으로 설명할 수 있기 때문에 당신의 제
> 안은 *옳아야 한다*고 단번에 확신했습니다."[15](오트의 강조)

린드블라드가 이전에 자신의 이론을 설명했으나, 오트는 매
우 간단한 이유 —— 추상적 세계에 비해 진짜 세계에 대해서
는 가끔씩 관심을 덜 가지는 이론가들과 마찬가지로, 린드블
라드의 수학적 방법은 매우 모호했다 —— 때문에 그 이론의
의미를 이해하지 못했다. 그럼에도 불구하고 물리, 천문학, 그
리고 수학을 철저하게 교육받은 오트는 역학에 대한 직관적
감각이 있는 관측자였다.

오트는 회전하는 하위계에 대한 린드블라드의 개념을 받아
들인 후에 다른 방법으로 회전하는 은하의 결과에 대해 계산
했다.[16] 그가 논문에서 썼듯이, 시선속도는

$$V_r = rA\sin 2(l - l_0)$$

으로 나타낼 수 있다는 것은 '쉽게 증명할 수 있다'(여기서 A
는 상수이고, r은 별의 거리이며, l는 은경 l_0인 은하 중심
으로부터의 각거리이다). 그 당시에 오트 밑에 있던 한 학생은
이 방정식의 유도에 관한 약간 다른 이야기를 기억하고 있다.
그 이야기에 따르면, 오트가 강의에서 역학 문제를 냈고, 학생
들이 여러 날 동안 풀어서 간단한 표현을 얻었다. 여기서, 다
른 많은 과학 논문에서처럼, '쉽게 증명할 수 있다(it is easily
seen)'의 앞에 '해를 찾기만 하면(once the solution had been
found)'이 놓인다.

고유 운동에도 또 하나의 상수 B를 가진 비슷한 표 현이 적용된다. 그리고 두 방정식으로부터 은하 역학 에 관련된 인자들을 결정할 수 있다. 특히 은하 중심 까지의 거리 R_0를 계산할 수 있다. 원래 오트가 구한 $_0$의 값은 5.1에서 5.9킬로파섹이었다. 그가 찾아낸 은 하 중심의 방향은 은경이

$$l_0^I = 323 \pm 2.4 [17]$$

이었다. 이후 1927년 9월에 오트는 다른 자료를 사용 해 다시 거리를 결정했고, 그 결과는 비슷했다.

$$R_0 = 6.3 \pm 2.0 킬로파섹 [18]$$

오트의 결과와 섀플리의 결과가 비슷하다는 것은 충격적이었다 —— 둘 다 은하 중심의 방향이 2, 3도 이내로 일치했으며, 은하의 크기도 대략적으로 같았다. 그러나 차이점도 드러났다. 은하 중심까지의 거리에 대한 오트의 값은 섀플리의 값의 삼분의 일이다. 정확 한 자료를 얻기가 어렵기 때문에 천문학적 이론의 초 기 단계에서 2, 3배의 차이는 종종 대수롭지 않았지만, 이 경우에는 그 차이가 중요했다. 왜냐하면 이론에서 근본적으로 빠진 것이 있어서 생겨난 차이였기 때문이 다 —— 즉 흡수 효과가 무시되었다.

린드블라드의 이론이 오트로 하여금 은하의 차등 회전에 대해 자세한 것을 알아내고 관측적 증거를 찾 아내도록 고무시킨 것과 마찬가지로, 발표된 오트의 논문도 다른 천문학자들로 하여금 같은 분야의 연구를 하도록 고무시켰다. 특히 캐나다 브리티시 콜롬비아의 빅토리아에 있는 도미니언 천문대의 플라스켓(J. S. Plaskett)은 고무되어 린드블라드-오트의 은하 회전 이 론을 계속 확인하기 위해 뜨거운 O형과 B형의 별에 대한 자신의 자료를 적용하게 되었다. 원래의 확증이 발표된 직후에 플라스켓이 오트에게 다음과 같이 썼 다. "당신이 최근에 발표한 은하 회전에 관한 훌륭하 고도 매우 재미있는 연구 때문에, 저는 당신의 분석을 이곳에서 최근에 관측한 어두운 B형 별의 시선 속도에 적용하게 되었습니다……"[19] O형과 B형 별은 오트 상 수 A를 결정하는 데 매우 적합했다. 전에 언급한 바와 마찬가지로, 시선 속도로부터 결정할 때의 상대적 정 확도는 거리에 따라 커진다. O형과 B형 별은 본질적으 로 매우 밝기 때문에, 매우 먼 거리까지 찾을 수 있다.

캐나다, 브리티시 콜롬비아 주의 빅토리아에 있는 도미 니언 천문대의 72인치 반사 망원경. (H. C. King, *History of the Telescope*, Sky Publishing Co.: Cambridge, Mass., 1955)

J. S. 플라스켓. (여키즈
천문대 사진)

어스와 플라스켓은[20] 은하의 회전에 관해 오트가 발표하기
전에 O형과 B형의 별을 연구하고 있었으며, 많은 별의 시선
속도를 얻었다. 곧 오트의 분석을 적용할 수 있었으며, 은하
의 중심 방향과 A의 값을 결정할 수 있었다. 그가 얻은 결과
는 오트의 결과에 가까웠다. l_0에 대해서 플라스켓은 오트의
값에서 1도만 다른 324±1.8도의 값을 얻었다. 상수 A에 대하
서는 플라스켓이 15.5±0.7킬로미터/초/킬로파섹의 값을 계산
했다. 오트가 결정한 값은 19±3킬로미터/초/킬로파섹이었다.
오트는 플라스켓의 논문 때문에 놀랐으며 기분이 매우 좋
았다.

　저는 고속도별의 운동의 설명에 대한 린드블라드의 제안을 일
게 되어 기쁩니다. 그 제안 때문에 여태까지 이해되지 않았던 많
은 사실들이 아름답게 서로 연결되었고 다른 곳에서도 이해되게
되었습니다.
　……저는 당신의 어두운 B형과 O형의 별에 대한 많은 균일한
자료가 확인시켜 준 회전 효과의 정확도에 대해 매우 놀랐다는 점
을 말씀드려야 하겠습니다. 저는 그렇게 중요한 자료가 곧 나오리
라고는 예상하지 못했습니다.[21]

플라스켓과 피어스가 모은 O형과 B형의 별에 대한 방대한 양의 분광학적 자료는 오트가 비교적 몇 개 안되는 별에 대해 적용했던 분석 결과를 확인시켜 주었다.

은하 회전에 대한 린드블라드-오트 이론과 플라스켓과 피어스가 이어서 이 이론을 확증한 것이 새플리의 모형이 너무 크고 캅테인의 모형이 옳지 않을지도 모른다는 것을 보여주었으나, 크기에 대한 차이는 계속 남아 있었다. 1920년에 오트가 은하 역학에 대한 분석을 발표할 때까지 새플리는 거리 측정 오차를 줄이기 위해 연구해야 했다. 결과적으로 많은 천문학자들은 새플리의 모형을 인정할 준비가 되어 있었다. 그럼에도 불구하고 오트의 분석을 보완한 빅토리아의 방대한 양의 자료에서 나온 결과는 풀리지 않는 대립을 제시했다. 다시 한번 거리 측정에 사용된 여러 가지 방법의 정확도가 매우 중요하게 되었다.

존 플라스켓 John S. Plaskett : 1865~1941

J. S. 플라스켓의 천문학 경력은 그의 인생에서 늦게, 그가 약 40세 되었을 때, 시작되었다. 그러나 전에 받은 교육 때문에 자기 역할을 잘 수행했다. 그가 받은 초기 교육은 기계학이었고, 토론토 대학에서 물리 실험실의 기계학 조교로서 여러 해 동안 일했다. 1903년에 그가 오타와에 새로 세워진 천문대에서 일하기 시작했을 때, 천문학자로서가 아니라 기기 관리자로서 일을 시작했다. 그러나 2, 3년 후에 별의 스펙트럼에 대한 연구 때문에 연구 능력을 인정받았다. 1910년까지 그는 태양 연구 협력을 위한 국제천문연맹의 위원회 3개에 임명되었다. 1913년에 그는 캐나다 정부를 위해 큰 반사망원경을 건설하는 일을 위임받았다.

플라스켓이 받은 기계학 교육은 망원경 계획을 세울 때 그 가치를 헤아릴 수 없을 정도로 중요했으며, 1918년에는 72인치 반사 망원경이 브리티시 콜롬비아의 빅토리아에서 작동하기 시작했다. 분광학적 연구를 위해 고안된 기기는 매우 잘 작동했으며, 이 기기를 사용해 매년 막대한 수의 스펙트럼을 얻었다.

플라스켓은 대단한 이론가는 아니었다. 그러나 효율적이고, 끈기가 있었으며, 신중한 관측자였다. 그는 매력 있는 연구 분야를 추구하지 않았다. 대신 1920년대에 매우 중요한 것으로 판명이 된 필수적인 기계적 목록 만들기에 만족해 했다. 플라스켓의 스펙트럼은 성간 칼슘에 대한 수수께끼를 푸는 데 촉진제를 제공했을 뿐만 아니라, 은하 회전에 대한 오트의 이론을 빨리 확증하는 데 있어서 기초를 제공했다.

외뿔소 자리에 있는 어두운 성운과 밝은 성운. (헤일 천문대 사진)

제 3 장 흡수와 은하 크기 문제의 해결

흡수에 대한 초기 증거

제1장에서 본 바와 같이, 캅테인은 우리 은하에 대한 자신의 모형이 우주 공간에서 빛의 흡수가 전혀 없을 때만 타당하다는 것을 깨달았다. 만약 킬로파섹당 1에서 2등급의 흡수가 있다면, 태양으로부터 멀어질수록 별 분포의 밀도가 줄어드는 것처럼 보이는 것을 실제의 물리적 감소를 가정하지 않고도 설명할 수 있었다. 또한 의심되는 태양의 중심 위치도 쉽게 설명할 수 있었다. 그러므로 캅테인은 흡수량의 결정에 특히 관심을 가지고 있었다. 성간 흡수 물질의 존재에 대한 초기 증거는 은하수에 대한 방대한 사진 탐사에 의해 제공되었다.

1889년에 에드워드 에머슨 바너드는 처음에는 6인치, 다음에는 10인치 사진기 렌즈를 써서 은하수에 있는 별구름에 대해 사진을 찍기 시작했다. 이 별구름은 실제로 은하수를 따라 있는 지역인데, 이곳에서는 별들이 꽉 들어차서 별들을 일일이 구분하기 어려웠다. 이 별구름에서 보이는 어두운 지역이 존재한다고 알려진 것은 윌리엄 허셸의 시대까지 거슬러 올라가는데, 그는 이 지역을 별이 없는 것처럼 '하늘의 구멍'이라고 부른 것으로 알려져 있다. 바너드가 연구를 시작한 1889년에는 이 구멍이 실제로 무엇인지 확실하지 않았다. 이것은 별이 드문드문 있는 지역이거나 무언가가 별들을 보이지 않게 가리는 지역일 수도 있었다.

바너드는 이 어두운 지역에 흥미를 느끼고 여러 해 동안 은하수의 별구름에 대한 자신의 사진에서 이 지역을 연구했다. 가리는 물질이 진짜로 존재한다는 가장 믿을 만한 증거 중의 하나는 1905년에 바너드가 발견한 하늘에서 검게 보이는 좁은 지역과 잘 보이는 성운 사이의 관계였다. "여러 해 동안 나는 성운 중에서 많은 것들이, 그것들이 어떤 식으로 별이 거의 없는 것에 대한 원인인 것처럼, 빈 지역을 차지한다는 사실에 대해 여러 번 관심을 촉구했다."[1]

그럼에도 불구하고, 같은 논문에서 말했듯이, 바너드는 아직 확신하지 못했다. "두세 가지 경우에 이것이 사실일지 모르지만 …… 나는 그것들이 진짜 진공이라는 가정으로 더욱 쉽게 설명될 수 있다고 생각한다. ……모양 때문에 다른 생각을 하게 되는 몇 가지 경우에 …… 증거는 아직 강력하지 않다."[2]

1907년에 바너드는 황소 자리에 있는 매우 어두운 좁은 지역과 관련된 성운을 보여주는 놀라운 사진을 연구한 후에 자신의 실수를 깨달았다. 그러나 그때 어두운 지역이 모두 가리는 물질(차폐 물질) 때문이라는 이론을 받아들이지 않았다. "처음에 나는 이 빈 지역이 차폐 물체 때문이라는 이론을 받아들이려고 하지 않았다. 그러나 이 특별한 경우 때문에 이 이론을 거의 사실로 받아들여야 했다. …… 이것이 사실이고 주관적인 효과가 아니라는 것은 의문의 여지가 없었다."[3]

사진 증거가 쌓이면서 바너드는 차폐 물질의 존재를 점점 받아들이게 되었지만, 여전히 자신의 사진이 보여주는 물질의 거대한 규모는 받아들이기 어려웠다.[만약 물질이 존재한다면, 그것은 널리 퍼진(diffuse) 성운과 밀접하게 관련되어 있을 것이라고 생각했다.][4] 그러나 1919년에 바너드는 자신

E. E. 바너드. 1885년. (여키즈 천문대 사진)

의 견해를 뒤집었다. "나는 공간에 차폐 물질이 있다는 사실을 주장하는 것이 필요하다고 생각하지 않는다. 이는 전에 나온 이 주제에 관한 나의 논문에 명백하게 증명되어 있다."[5]

오늘날 대부분의 천문학자는 차폐 물질로 된 큰 구름이 진짜 존재한다는 것에 동의한다 —— 널리 퍼진 물질이 우주에서 많은 양이 발견된다. 그러나 물질의 분포는 논쟁의 문제가 되었다 —— 널리 퍼진 물질이 모두 구름에 모여 있는가? 아니면 모든 은하 공간에 얇게 퍼져 있는 성분이 있는가? 이 문제에 대한 답을 찾아야 우리 은하계의 구조에 대한 결과가 명백해지게 되었다.

캅테인은 일반적 흡수를 직접적으로 결정하는 것은 어렵다는 것을 깨닫고 다른 방법을 제안했는데, 이 방법에서 가장 중요한 것은 파장에 따라 변하는 산란 때문에 생기는 빛의 적색

에드워드 에머슨 바너드 Edward Emerson Barnard : 1857~1923

릭 천문대의 36인치 굴절 망원경 옆에 서 있는 E. E. 바너드. 1900년. (릭 천문대 사진)

아버지가 죽은 후에 테네시 주의 내슈빌에서 태어난 바너드는 어릴 때 극심한 가난과 고생을 겪었다. 남북 전쟁 때 그와 가족은 강물에 떠다니는 군인용 건빵을 먹고 살았다. 그는 어린 나이에 일을 시작해야 했으므로 공식적인 교육은 거의 받지 못했다. 그는 아홉 살의 나이에 내슈빌에 있는 사진관에 일자리를 구했으며, 거기서 얻은 경험은 후에 매우 유용했다.

천문학에 대한 그의 관심은 토마스 딕 박사의 『실제적인 천문학자』 Practical Astronomer (관측천문학자라는 뜻 : 옮긴이 주)의 일부를 읽은 1876년에 시작되었다. 다음해에 그는 작은 망원경을 사고 하늘을 공부하기 시작했다. 1881년에 혜성 한 개를 발견하고, 그 후에 여러 개를 더 발견했다.

바너드는 공식 교육을 받지 못했으나, 독학을 해서 밴더빌트 대학교에서 천문학 분야 장학금을 받았다. 거기서 언어, 수학, 그리고 자연 과학을 공부했다. 또한 그는 작은 천문대에서 천문학 연구를 계속했으며, 천문학자로서의 명성은 점점 높아졌다. 바너드는 자신의 연구 결과로 캘리포니아주의 해밀턴 산에 최근에 세워진 릭 천문대의 창립 천문학자 중의 하나로 뽑혔다.

바너드는 한 종류의 천체만 관측하는 데 그치지 않았다. 그는 혜성, 이중성, 행성, 그리고 성운을 연구했다. 아마도 그의 가장 유명한 업적은 은하수에 있는 별구름에 대한 사진첩일 것이다. 별구름에서 나타나는 어두운 지역에 대한 연구를 통해 바너드는 많은 양의 차폐 물질이 우주에 존재한다는 것을 알아냈다.

화를 찾는 것이었다. 1909년에 캅테인은 "스펙트럼의 보라색 쪽이 굴절이 덜 되는 빛보다 영향을 더욱 많이 받을 것임에 틀림없다"라고 썼다.[6] 아마도 파장의 1/4제곱에 반비례하는 레일레이 산란 효과를 생각했을 것이다. 그 당시 천문학자들은 이 함수를 잘 이해하고 있었으므로 이런 생각은 자연스러운 것이었다.

이후 1909년에 캅테인은 안시적으로 얻은 별의 등급과 사진으로 언은 등급을 비교했다.[7] 사진 건판은 눈보다 푸른 빛에 더욱 민감하다. 따라서 두 등급의 차이는 별의 색에 대한 척도이다. 그는 별에 대해 적은 양의 적색화가 거리에 따라 늘어난다는 것을 알아냈다. 적색화가 레일레이 산란 때문이라고 가정하고 결과를 분석한 결과, 흡수는 안시 등급에서 약 0.3킬로파섹이었다.[8] 그러나 이 값은 가정의 타당성에 달려 있었다.

여러 해 동안 캅테인은 그 문제를 연구했으나 나쁜 날씨와 시원찮은 건강 때문에 시달렸다.[9] 그러나 별의 스펙트럼에서 적색화를 찾아보라는 그의 조언에 따라 다른 천문학자들이 그 일을 맡아서 상당한 양의 자료를 모았다. 1914년까지 그는 다른 천문학자들의 연구를 평하고 흡수의 존재에 대해 발표할 준비를 했다. 더욱이 조지 헤일이 캅테인에게 보내는 편지에서 말했듯이, 시기적으로 그런 논문이 나오기에 적합한 때였다. ── "발표할 '심리학적인 순간'에 도달한 것 같으므로, 나는 당신이 이제 나온 새로운 자료를 가지고 일반적인 공간 흡수 문제에 관한 당신의 논문을 완성할 수 있

은하 연구에 관여한 천문학자들. (왼쪽에서 오른쪽으로) A. S. 에딩턴, J. S. 플라스켓, W. S. 애덤스, J. H. 오트, H. N. 러셀, 밀러 (플리머스 상업회의소의 소장), F. 다이슨, F. 슬로컴, 그리고 B. 린드블라드. 사진은 국제천문연맹의 1942년 매사추세츠의 플리머스 소풍 때 찍었음. (Sky Publishing Co. 사진)

황소 자리에 있는 성운 영역
—— 차폐 물질이 배경 별들
을 가리고 있다. (E. E. 바너드
의 사진, 1907)

기를 바랍니다."[10] 헤일은 천문학자들이, 전에는 대부분이
무관심했지만, 성간 흡수를 천문학적 계산에 중요한 것으
로서 이제는 받아들일 준비가 되었다는 점을 알았다. 나와
있는 자료를 평한 후에,[11] 캅테인은 결과를 다음과 같이 요
약했다.

1. 평균적으로 어두운 별은 밝은 별보다 더욱 붉다.
2. 겉보기 등급과 분광선이 같다면, 별은 멀수록 더욱 붉
   다.[12]

겉으로 보기에 어두운 별이 밝은 별보다 붉다면, 세 가지
설명이 가능하다.

1. 만기 분광형 별, 즉 붉은 별은 대부분 어두운 별이다.
2. 별의 절대 밝기는 색지수에 영향을 미친다. 즉 별의 절대
   광도는, 특징적인 분광선의 세기는 덜 밝은 별과 같지만,
   스펙트럼의 여러 파장으로 나오는 빛의 양에 영향을 미
   칠 것이다.
3. 파장에 따라 선택적인 흡수는 별의 스펙트럼을 적색화할
   수 있다. 즉 푸른 파장의 빛은 붉은 파장의 빛보다 더욱
   많이 산란될 수 있다.

멀리 있는 별이 더욱 붉다면, 겉보기 등급과 분광선의 특징
이 같은 별에 대해, 마지막 두 가지 설명밖에 가능하지 않다.
캅테인은 그 증거가 두 가지 관측적 효과가 사실이고 분광

베급의 상대적 빈도가 설명을 판별하는 열쇠라는 결론을 내렸다. 상대적 빈도는 결정적으로 알려져 있지 않았으므로, 캅테인은 명백하게 자신의 입장을 밝히지는 않았다. 그러나 다른 연구들이 물질이 공간에 존재하고 빛을 산란시킨다는 것을 보여준다는 점을 언급함으로써 흡수를 믿는다는 것을 암시했다. 물론 답해야 할 가장 중요한 문제는 '흡수가 얼마만큼 존재하는가?'였다.

앞에서 설명한 바와 같이 캅테인이 흡수에 관심을 갖는 주된 이유는 우리 은하계의 구조를 연구하고자 하는 그의 소망 때문이었다. 그가 처음에 계산한 흡수량은 태양이 우주에서 특별한 위치에 있다는 점을 보여주었다. 그 당시에(1904년) 캅테인은 우리가 특별한 위치를 차지하고 있다는 것을 믿으려 하지 않았고, 자신의 믿음을 합리화하기 위해서는 1.6등급/킬로파섹에 달하는 흡수량이 있어야 한다고 계산했다. 그러나 후에 1909년에 나온 그의 연구 결과는 흡수계수가 단지 0.3등급/킬로파섹에 불과했다. 그 후에 나온 그의 연구 결과에서도 일정한 별의 밀도를 가진 우주와 일치하는 데 필요한 계수 증가는 없었다.

1915년에 헤일에게 보내는 편지에서 캅테인은 별의 밀도가 태양으로부터 멀어지면서 줄어드는 것처럼 보이는 현상이 실제라고 믿을 수밖에 없다고 인정했다.

놀라운 결과 중의 하나는 우리 태양계가 우주의 중심에, 아니

백조 자리에 있는 가는 실 같은 성운. (헤일 천문대 사진)

면 적어도 어떤 국부적 중심에, 또는 이에 가까이 있어야 한다는 것을 인정해야 한다는 것입니다. 20년 전이라면 이것에 대해 나는 매우 회의적이었을 것입니다. 지금은 그렇지 않습니다 —— 폰젤리거, 슈바르츠쉴트, 에딩턴 그리고 나 자신은 별의 수가 태양 근처에서 더 많다는 것을 알아냈습니다. 나는 가끔 이 결과에 대해 편치 않음을 느낍니다. 왜냐하면 유도할 때, 빛의 공간에서의 산란을 무시했기 때문입니다. 아직도 산란은 너무 적고 겉보기 밀도의 변화를 설명할 수 있는 것과는 성격이 어느 정도 다른 것처럼 더욱 보입니다. 따라서 그 변화는 분명히 실제입니다.[13]

할로우 섀플리가 선택적 **흡수**, 즉 적색화량이 0.1등급/킬로파섹보다 적다는 것을 보여주는 구상 성단 연구의 결과를 발표한 후에 상황은 급격히 바뀌었다.[14] 많은 천문학자들에게 **흡**수는 아무 문제가 안되었다. 예를 들면, 섀플리는 이에 속하는 사람으로서 캅테인, 헤일, 그리고 헤르츠스프룽 —— 당시의 가장 유명한 세 명 —— 을 들었다.[15] 섀플리가 **흡**수가 전혀 없다고 구한 것은 성간 **흡**수의 개념을 사라지게 만들었다. **흡**수를 찾아내지 못한 캅테인은 섀플리의 증거를 결정적인 것으로 받아들였다.

묘하게도, 섀플리가 **흡**수가 0이라고 결정한 것은 '캅테인 우주'를 지지하는 캅테인의 주장을 강화했다. 일찍이 그는 자신의 은하 모형에서 불편한 태양중심적인 면을 없애기 위해 **흡**수를 이끌어냈었다. 이제 그는 자신의 항성 계수 결과를 우리 은하가 섀플리가 보여준 것보다 10배 작은 것으로 해석할 수밖에 없었다.

섀플리의 **흡**수 결과는 일반적으로 받아들여졌음에도 불구하고 공간의 투명성은 받아들여지는 데 어려움이 있었다. 주된 어려움은 은하 적도 지역에 구상 성단과 나선 성운이 없다는 점이었다. 그런 천체들이 정말로 이 지역에 없거나 아니면 숨어서 보이지 않는 것이었다. **흡**수를 이용하지 않고 관측을 설명하기 위해서 섀플리는 은하 평면에서 가상의 파괴하는 힘이 있다고 제안해야 했다.[16] 섀플리는 추론적인 시도를 했다고 비판을 받았다. 조지 엘러리 헤일은 섀플리에게 지지하는 증거가 없이 대담한 가설을 만드는 것은 위험하다고 주의를 주었다.[17] 그리고 섀플리의 친구이자 지도 교수였던 헨리 노리스 러셀은 "양은 필요 이상으로 늘려서는 안된다 *Entia non multiplicanda praeter necessitation*"라고 훈계했다.[18]

다른 천문학자들, 특히 (제1부의 설명에서 중요한 역할을 한) 헤버 커티스는 회피 지역을, 모로 보이는 나선 성운의 사진에서 흔히 보이는 어두운 적도 띠와 관련시키기 위해 차폐 물질을 이용했다. 어두운 적도 띠로 유추해 커티스는 차폐 물질이 우리 은하의 외곽 지역에서 고리나 소용돌이 모양으로 존재한다고 결론을 내렸다. 그는 이 차폐 물질 때문에 은하 적도에서 구상 성단이 보이지 않는다고 생각했다.[19]

바너드가 사진 찍은 것과 같은 암흑 성운 때문에 회피 지역이 있다고 제안되었다. 러셀은[20] 특히 이 제안을 좋아했고, 성간 물질과 흡수의 문제에서 뛰어난 직관을 보여주었다. 섀플리에게 보내는 편지에서 그는 성간 물질의 여러 가지 특성에 대해 올바르게 추측했다.

> ……티끌(먼지)이나 연기 같은 물질이 기체보다 훨씬 강력한 흡수체이다. 그리고 만약 화학 조성이 적어도 별과 같다면 성간 공간에 있는 물질의 대부분은 고체임에 틀림없다. 그러나 잘게 나누어져 있을 것이다.[21]

섀플리는 러셀의 생각에 동의하지 않았다. 섀플리는 구상 성단의 공간 분포가, 회피 지역이 거의 두께가 일정한 얇은 층이라는 것을 보여준다고 주장했다.[22] 만약 차폐 물질 때문에 적도 지역에 구상 성단이 안 보이는 것이라면, 회피 지역은 쐐기 모양이어야 한다. 이 주장을 지지하기 위해 섀플리는 기하학적 문제를 보여주는 구상 성단의 위치에 대한 그림을 만들었다. 그러나 러셀은 믿지 않았고, "그 그림은……회피 지역의 실제에 대해 지지나 반대를 나타내는 충분한 증거가 아니다. …… 당신은 각기 다른 은하의 위도를 구별 없이 함께 섞어버렸다."라고 썼다.[23]

러셀의 비판을 만족시키기 위해 섀플리는 은하 경도가 70도인 지역에 있는 구상 성단의 위치를 대략적으로 보여주는 또 하나의 그림을 보냈으며, 우연히 회피 지역과 관련이 있는 세페이드 변광성과 산개 성단의 위치를 포함시켰다. 그 그림에서 구상 성단은 50킬로파섹 이상의 거리까지 퍼져 있었다. 섀플리는 그 그림의 여백에 "태양에서 먼 지역에서는 왜 산개 성단이 안 보이겠습니까???"라고 의미심장하게 썼다.[24]

러셀은 차폐 물질을 보여주는 섀플리 그림의 중요성을 곧 깨닫고, 답장에서 "은하 평면에서 흡수 물질을 거의 볼 수 있으며, 이 물질 때문에 멀리 있는 산개 성단이 안 보인다"라고 썼다.[25] 회피 지역에 대해 답하지 못하는 문제가 아직도 많이 있었지만, 천문학자들이 성간 흡수를 무시할 수 없다고 확신하기에는 충분한 증거가 있었다.

새플리가 구상 성단의 연구를 기초로 해서 성간 흡수는 0이라고 발표한 지 여러 해 후에, 흡수 분야의 연구는 드물었으며 별 사건이 없었다. 천문학계는 흡수의 견해에 관해 계속 나누어져 있었다. 새플리의 해석을 믿은 사람들은 자연스럽게 투명한 공간의 개념을 받아들였다. 다른 천문학자들은 아직도 투명한 공간이 회피 지역과 같은 관측과 양립할 수 있는지에 대해 의심했다.

흡수의 간접 증거

차폐, 그리고 입자 산란에 의한 빛의 적색화가 흡수의 존재를 확인하기 위해 사용된 유일한 효과는 아니었다. 기체 물질에 대한 산란 과정, 즉 레일레이 산란이 잘 알려져 있었으므로, 일반적 흡수를 이론적으로 계산할 수 있는 가능한 방법으로서 성간 기체의 검출도 있었다. 1908년에 캅테인은 이 접근 방법을 고려했다.

> 태양이 잃어버린 코로나 기체, 다른 별들이 비슷하게 잃어버린 기체, 혜성이 잃어버린 기체 등 때문에, 성간 공간에는 언제나 상당한 양의 기체가 있음이 틀림없다. 두께가 수백 광년이나 되는 이 기체가 빛을 상당히 흡수하는 것은 아닐까? ……
> 일반적 흡수보다 더욱 중요한 것은 …… *공간 분광선* *space-line* (우주 공간에 있는 물질에 의해 생기는 분광선 : 옮긴이 주)을 만들어내는 기체 흡수이다. …… 만약 공간 분광선이 있다면, 별 자체의 운동에 의한 시선 운동에 영향을 받지 않아야 한다. ……
> 그러나 그런 선이나 띠가 실제로 일어난다는 증거가 없으므로, 현재는 그것들에 관해 더 이상 말할 필요가 없다.[26] (캅테인의 강조)

캅테인은 몰랐지만 실제로 공간 분광선은 이미 발견되었다. 1904년에 천문학자 요하네스 하트만은 쉽게 분해되는 쌍성인 오리온 자리 델타 별에서, 강한 전리된 칼슘 선이 수소선과 헬륨 선이 보이는 도플러 이동에 의한 진동을 보이지 않는다는 것을 관측했다. 만약 칼슘 선이 오리온 자리 델타 별을 구성하는 두 별의 대기에서 생겼다면, 두 별이 서로 공전할 때 그 선도 진동했어야 한다. 하트만은 또한 칼슘 선이 다른 선들보다 두드러지게 좁다는 것을 알았다. 그는 이 진동하지 않는 선을 '정지선(stationary lines)'이라고 이름지었다. 캅테인이 공간 분광선에 대해 예측한 직후에 베스토 슬라이퍼는 쌍성인 전갈자리 베타 별의 스펙트로그램에서, 다른 선들은 넓은 반면에 전리된 칼슘 K선은 매우 좁다는 것을 알

천문학자의 모임. (앞에서 왼쪽에서 오른쪽으로) 맥브라이드 박사, J. C. 캅테인, K. 슈바르츠쉴트, V. M. 슬라이퍼. (여키즈 천문대 사진)

아냈다. 더욱이 K선은 다른 선들이 보여 주는 진동을 보여주지 않았다. 슬라이퍼는 하트만의 비슷한 경우를 기억하고 있었으므로, 그는 조사를 다른 별로 확장했다. 곧 슬라이퍼는 '정지된' 좁은 칼슘 선을 포함하는 쌍성 스펙트럼을 여러 개 발견했다. 이 모든 스펙트럼에서 태양의 운동과 지구의 운동을 보정하고 도플러 이동으로부터 결정한 칼슘의 절대 속도는, 그것이 국부 항성계에 대해 실제로 정지해 있다는 것을 보여주었다.

슬라이퍼는 자신이 모은 자료로부터, 이렇게 관측되는 칼슘은 명백히 태양계의 바깥에, 그리고 겉으로 보기에는 성간 공간에 있다고 결론지었다. 그는 칼슘 기체 구름이 별과 지구 사이에 끼여 있다고 제안했다. "캅테인이 자신의 연구로부터 예측한 '공간 분광선'을 우리는 이 칼슘 선에서 관측하고 있고, 또한 이 현상은 공간에서 일어나는 빛의 선택적 흡수 때문이지 않은가?"[27] 물론 캅테인은 슬라이퍼의 결과에 기뻐했으며, 그에게 따뜻한 축하를 보냈다.[28]

슬라이퍼의 조사와 해석은 대부분 옳았다. 안타깝게도 그것들은 당연히 받아야 할 관심을 받지 못하고 곧 잊혀지게 되었다.

1920년에 브리티시 콜롬비아의 빅토리아에 있는 천문학자 R. K. 영은 정지선이 오직 뜨거운 별, 대개 B3형 또는 이보다 조기형의 별에서만 보인다는 것을 알아냈다. ['조기형(early)'이란 용어는 주계열성이 O형과 B형 별에서 시작하고 A형, F형,

빅토리아에서 72인치 거울을 새로 은도금 하는 것을 감독하고 있는 J. S. 플라스켓. (*Popular Astronomy, 28,* 1919)

G형을 거쳐 K형과 M형으로 내려가는 진화 경로라고 믿었던 시절의 잔재이다.] 그는 또한 그 현상이 오직 분광학적 쌍성, 즉 서로 가까운 거리에서 빨리 회전하는 쌍성에만(이들은 분광선이 특징적으로 이동하는 점을 이용해 찾아낸다) 관련이 있다는 것도 알아냈다. 영은 선들이 쌍성을 둘러싸고 있는 전리된 기체 구름 때문에 생긴다고 결론지었다. 영은 공간 분광선과 별의 선 사이의 차이는 측정 오차의 탓이라고 돌렸다.

영의 가정과 결론은 오래가지 않았다. 같은 해에 역시 빅토리아에 있던 플라스켓이 반대되는 증거를 찾아냈던 것이다. 무거운 쌍성계를 조사하는 동안에 그는 정지선이 쌍성의 평균 운동으로부터 거의 40킬로미터/초나 다른 속도를 보여준다는 것을 알았다.[29] 그렇게 큰 차이가 측정 오차 때문일 가능성은 전혀 없었다. 또한 플라스켓은 쌍성이 특징적으로 좁은 칼슘 선을 보여주는 유일한 별이 아니라는 것을 알아냈다. 일반적으로 B3형보다 조기형 별들은 분광선을 가지고 있었으며, 종종 40킬로미터/초까지 달렸다.[30] 모든 것은 칼슘 기체 구름이 공간의 어디에나 있고, O형과 B형 별은 구름 사이로 빠르게 움직인다는 것을 보여주는 것 같았다. 더욱이 슬라이퍼의 결과가 전에 보여주었듯이, 칼슘 구름은 거의 정지된 것처럼 보였다. 결과적으로 플라스켓은 자료를 분광선들에 대해 성간 기원을 보여주는 것으로 해석했다. 그는 칼슘이 뜨거운 O형과 B형 별에 가까워지면서 전리되었고, 따라서 전리된 칼슘(CaII) 흡수선이 생긴다고 제안했다. 여키즈 천문대에 있던 오토 스트루베가 발표한 일련의 논문 때문에 이 문제에 약간의 혼동이 있었다.[31] 그는 균일한 자료를 신중하게 분석하고 논리적인 결론을 내렸다. 그러나 분광학적 결과는 그로 하여금 길을 잃게 만들었다. 이전의 연구자들은 진폭은 별보다 작았지만, 어떤 분광학적 쌍성과 관련된 성간 칼슘 선은 겉보기에 진동한다는 것을 알아냈다. 플라스켓은 이 결과는 가짜이며, 항성 대기에서 나오는 선으로부터 성간 선을 구별하는 것이 어려웠기 때문에 생겼다고 주장했다. 스트루베는 동의하지 않았고, 나아가 회전하는 쌍성이 성간 기체 구름에서 소용돌이를 만들어낸다고 가정했다.

1920년대 중반에 성간 매질에 대한 관심이 쌓이자, 아더 S. 에딩턴은 성간 흡수선과 관련된 문제에 관심을 집중했다. 그는 쓸 수 있었던 자료를 신중하게 생각하고, 두세 가지 가정을 해 선의 움직임에 대해 예측하는 데 쓸 수 있는 이론을 만들어냈다.

1926년 왕립학회에서 있었던 베이커 강연에서 에딩턴은 성

1918년에 많이 쌓인 눈. 밤에 일을 하기 위해 여키즈 천문대로 가고 있는 한 천문학자. (*Popular Astronomy, 26,* 1919)

간 공간에 있는 널리 퍼진 물질의 물리적 조건을 이론적으로
□했다. 그는 많은 천문학적 연구에서 공간에 있는 물질의 효
□를 무시했지만, 그것이 존재한다는 명백한 증거가 있음을
□적했다. 첫째, 그는 널리 퍼진 물질을 분명히 포함하고 있는
□운에 주목했다. 둘째, 어떤 별에서는 칼슘 선과 나트륨 선이
□정된 현상이 공간에 있는 널리 퍼진 구름에 의한 흡수 때문
□ 것이라고 말했다.[32]

에딩턴은 강연에서 칼슘 구름이 각 별에 대해 빠르게 움직
□고 있으나, 국부 지역에 있는 별의 평균 운동에 대해서는 속
□가 작다는 것을 증명한 플라스켓의 연구 결과에 대해 언급
□다. 에딩턴은 칼슘 구름이 별과 같이 움직이지 않는다는 플
□스켓의 주장에는 동의했으나, 플라스켓의 다른 해석에는 동
□하지 않았다. 플라스켓은 커다란 칼슘 구름이 존재해야 하

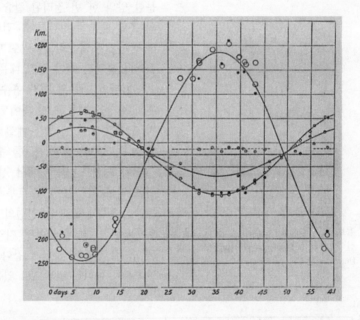

며, 별들이 이 구름을 통과한다고 가정했다. 반면에 에딩턴은
칼슘이 전 은하계에 퍼져 있는 연속적인 구름에 있으며, 별의
평균 운동에 대해 거의 정지해 있다는 결론을 내렸다.

에딩턴은 천문학적 문제를 공격할 때 물리적 개념을 최대
한 이용했다. 성간 공간에 있는 별의 복사 에너지 밀도를 계산
함으로써, 널리 퍼진 기체의 온도와 다양한 전리 상태에 있는
칼슘의 상대적 비율을 계산할 수 있었다. 그는 칼슘의 온도가
매우 높아서 대부분의 칼슘은 두 번 전리되었다고 결론을 내
렸다.

에딩턴의 이론은 O형과 B형의 별에서 나오는 빛이 칼슘 원

쌍성의 시선속도 곡선. 큰 빈 원과 작은
빈 원은 각각 주성과 반성의 시선 속도
를 나타낸다. 검은 점은 별에 있는 칼슘
자료를 나타내며, 점으로 연결된 원은 성
간에 있는 칼슘 자료를 나타낸다.
(*Publications of the Dominion Astrophysical Observatory*, 5, 1933)

자를 한 번 전리시킨다고 하는 이론에 종지부를 찍었다. 기체
는 별에 가깝기 때문에 뜨거워서 칼슘 원자의 거의 모두가 두
번 전리된다 —— 한 번 전리된 원자는 거의 없기 때문에 관
측할 수 있을 정도의 흡수선을 만들어내지 못한다.

에딩턴 이론이 거둔 또 하나의 승리는, 성간 흡수선이 B3형
또는 조기형 별에서만 보인다는 관측 결과를 설명했다는 것이
다. 그는 만기형 별에서 흡수선들이 안 보이는 세 가지 이유를
제시했다.[33] 첫째, 별의 대기에서 나오는 칼슘 선들이 만기형
별에서는 넓기 때문에 성간 선들을 가린다. 둘째, 관측되는 만
기 형 별은 큰 시선 속도를 가지고 있지 않다(시선 속도가 크
지 않으면, 별의 흡수선과 성간 흡수선이 분리되지 않는다).
셋째, 만기형 별은 본질적으로 어둡고 따라서 먼 거리에서는
보이지 않는다(별이 멀리 있지 않으면, 별과 관측자 사이에 충
분한 양의 한 번 전리된 칼슘 원자가 없다). 이 세 가지 이유
의 조합 때문에 성간 선을 검출하는 것이 불가능하지는 않다
—— 속도가 충분히 큰 별도 멀리 있으면 성간선을 보여준다.
그러나 분광의 기기 한계 때문에 이 검출은 매우 어렵다.

에딩턴의 이론은 성간 흡수선에 대해 처음으로 확고한 이
론적 설명을 제공한 것 외에도 많은 연구를 자극했다. 그때까
지 모여진 자료는 성간 매질을 자세히 조사하기에 충분하지
않았다. 더욱 완전한 연구를 수행해야 했다.

전에 여키즈 천문대에서 성간 칼슘 선에 관해 연구를 수
행한 적이 있는 오토 스트루베는 베이커 강연 후에 여러 해
동안 그 주제에 관한 일련의 논문을 발표했다. 1927년에 스
트루베는[34] 하늘에서 어떤 지역은 다른 지역에 비해 성간 선
을 더 잘 만들어내는 것 같다고 생각했다. 그는 이 생각으로
연속적이 아니라 낱낱으로 있는 칼슘 원자 구름이 공간에 널

겉보기 등급의 함수로 나타낸 성간 칼슘 K
선의 세기. (*Astrophysical Journal*, 65, 1927,
University of Chicago Press)

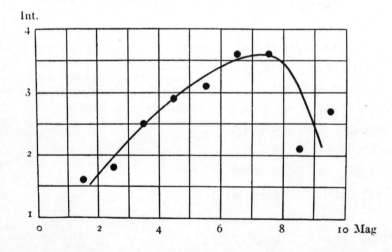

1893년에 시카고 세계박람회에서 전시된 여키즈 40인치 망원경. (여키즈 천문대 사진)

리 존재한다는 가설을 지지하였다. 왜냐하면 어떤 방향에서는 다른 지역에 비해 더욱 많은 구름이 존재하고, 이 때문에 세기가 더 강한 흡수선이 생기기 때문이다. 스트루베는 또한 칼슘 선의 세기가 약 7등급까지 별의 등급에 따라 늘어난다는 것을 알아냈다. 그 이후에는 세기가 다시 줄어드는 것처럼 보였다. 조사하고 있던 모든 별이 거의 같은 절대 등급을 가지고 있었으므로, 그 자료는 선의 세기가 약 600파섹까지는 거리에 따라 늘어나고 그 이후에는 다시 줄어든다는 것을 나타냈다. 스트루베는 "600파섹보다 먼 거리에서 세기가 줄어드는 것이 사실이라면, 에딩턴의 가설과 반대가 된다. 7등급보다 어두운 많은 별에 대한 자료를 얻으면 흥미로울 것이다. 왜냐하면 그 자료는 이 문제를 명백하게 해결해 줄 것이기 때문이다."[35]

스트루베는 위에 언급한 것 외의 다른 이유 때문에 에딩턴

40인치 렌즈 옆에 있는 앨번 클라크와 칼 런딘. (*Astrophysical Journal*, 6, 1897, University of Chicago Press)

의 이론을 받아들이지 않았다. 그는 칼슘 선이 B3형에서 갑자기 사라진다는 것을 알아냈다. 선의 세기는 B2형에서 줄어들기 시작해 B3형 또는 이보다 만기형에서는 빠르게 줄어들었다. 스트루베는 에딩턴의 이론에서 세기가 점차적으로 줄어든다고 믿었다. 따라서 갑자기 사라지는 것은 그 이론에 치명적이었다.[36] 스트루베는 플라스켓의 원래 이론과 흡수가 오직 뜨거운 별 주위에서만 일어난다는 가정을 선호했다. 그런 가정으로부터 스트루베는 칼슘 구름의 밀도가 600파섹의 거리까지는 늘어나고 그 이후부터는 다시 줄어든다는 결론을 내렸다.

스트루베가 실수한 주된 이유는 그의 자료가 어떤 명백한 결론을 보장할 정도로 충분하지 않았기 때문이며, 이는 그가 자신의 논문의 끝 부분에서 깨달았다.

현재의 관측 자료로는 어느 가설도 명백하게 받아들일 수 없다. 그러므로 물리적 설명을 당분간 구체화하지 않고, 거리, 분광형, 하늘의 지역 등의 효과를 칼슘 구름의 특성으로서 받아들일 것을 권장한다.[37]

다음해에 스트루베는 더욱 방대한 자료를 발표했으며, 여기에서는 에딩턴의 이론에 대한 자신의 반대 의견 중 여러 개가 제거되었다. 의미심장하게도 스트루베는 그가 보고한 600파섹보다 먼 거리에서는 세기가 줄어든다는 것이 사실이 아니라는 것을 알아냈으며, 새 자료는 에딩턴이 예측한 대로 세기가 변한다는 것을 보여주었다. 스트루베는 "우리의 마지막 결론은 …… 현재의 관측 자료가 에딩턴의 이론적 생각에 어긋나지 않으며, 어떤 점에서는 오히려 그것을 지지한다는 것이다."[38]라고 했다. 그러나 그는 아직도 에딩턴의 가설에 대해 반대 의견을 가지고 있었으며, 자신이 과거에 반대했던 이유를 B3형 별에서 세기가 갑자기 줄어든 탓으로 돌렸다.

스트루베는 자신의 연구에서 또 다른 현상을 알게 되었다. 그의 자료는 태양 운동을 보정한 후의 칼슘 선의 시선속도가 흥미롭다는 것을 보여주었다. 각주에서 그는 "J. H. 오트가 지지한 은하의 회전은 …… 그리고 최근에 J. S. 플라스켓에 의해 확인된 …… 이 특이한 속도를 적어도 부분적으로는 만족하게 설명할 것이다."[39]

아마도 오트는 성간 흡수선을 자신의 이론을 확인하는 방법으로서 관심을 가지고 있었으므로, 연구의 발전에 적극적

인 역할을 했다. 스트루베의 1926년 논문이 발표된 직후에 오
트는 스트루베에게 편지를 써서[40] 성간 칼슘 흡수선에 대해 거
리-세기 관계를 조사하기 위해, 세기 자료를 고유 운동과 연
관시키는 데 쓸 수 있는 허가뿐만 아니라 그의 연구에 대한
러 많은 정보를 요청했다. 스트루베는 요청한 자료를 보내면
서 자신의 연구 상태에 대해 설명했다.

당신은 게라시모비크 박사와 내가 칼슘 문제를 더욱 이론적으
로 분석했다는 것에 흥미를 느낄 것입니다. 그 결과는 성간 구름
에 대한 에딩턴의 생각에 우호적으로 나왔습니다. 나는 또한 나트
륨에 대해 나와 있는 모든 증거를 분석했습니다. 마지막으로 우리
는 당신의 회전 효과에 대해 새로운 계산을 해 칼슘 시선 속도의
진동 폭이 거의 별의 1/2에 가깝다는 결과를 얻었습니다. 이것은
섞음(blending) 효과 때문일 수는 없습니다. 왜냐하면 이 효과는 O
형 별에서 가장 큰데, 이 별에서는 섞음 효과가 전혀 없어야 하기
때문입니다.[41]

오토 스트루베 Otto Struve : 1897~1963

오토 스트루베가 천문학자가 된 것은 놀라운 일이 아니다. 그의 아버
지는 러시아의 카르코브에서 천문학 교수였고, 한 아저씨는 프러시아의
쾨니스베르크 천문대의 대장이었으며, 다른 아저씨는 베를린-바벨스베
르크 천문대의 대장이었다. 그리고 그의 증조부는 러시아에서 가장 유명
한 천문학자 중의 한 사람이었다. 그러나 러시아에서 오토의 전문적인 활
동은 제1차 세계대전에 의해 중단되었다. 그는 제국 군과 백러시아 군에
서 근무했으며, 1920년에 그들이 붕괴한 후에는 콘스탄티노플로 도망가야
했다. 그때의 많은 러시아 피난민처럼 그는 어려움을 많이 겪었다. 그러
나 스트루베는 자신의 이름이 천문학계에 널리 알려져 있다는 점에서 운
이 좋았고, 여키즈 천문대의 대장이 그에게 조수 자리를 제공해서 미국으
로 갈 수 있었다.
여키즈에서 스트루베는 박사학위를 받았고, 후기 연구의 많은 부분을
마쳤다. 그가 성간 칼슘 구름의 여러 가지 면을 연구한 것은 여기에서였다.
스트루베의 열정이 천문학이었다는 것은 처음부터 명백했다. 그는 엄
청난 속도로 일했으며, 열정이 적은 사람에게는 참지 못했다. 그는 열정
때문에 천문학에서 다른 많은 분야에 기여할 수 있었다. 그러나 그는 덜
중요하지만, 그럼에도 불구하고 필수적인, 세세한 내용을 밝히는 평범한
일에 집중하는 것에 만족을 느끼는 경우가 드물었다. 이 습관과 그의 관
측을 설명하기 위한 추론적인 이론 —— 가끔씩은 얼토당토않은 이론
—— 을 발표하는 경향 때문에 다른 천문학자들이 여러 번 흥분했었다.
그러나 그의 연구에 대한 창의적인 접근 방식이 천문학에 많은 기여를
했다는 점은 아무도 부인할 수 없다.

여키즈 천문대의 건축 단계.
1896년 4월 4일, 돔 완성 직전.
G. E. 헤일의 개, 시리우스가 앞에
앉아 있다.

40인치 망원경 돔의 건설.
(여키즈 천문대 사진)

그들의 공동 연구에서 가장 중요한 결과는 성간 흡수선이 은하의 회전 효과와 관련이 있다는 것을 알아낸 점이었다. 이 결과는 오트의 차등 회전 이론을 다시 검증했고, 나아가 성간 기체가 은하수 전역에 균일하게 존재한다는 증거를 제시했다. 게라시모비크와 스트루베는 기체에 대해 rA의 값이 별의 반에 라는 것을 결정했다(기체에 대해 그들은 rA가 5.3±1.3킬로미터/초라고 결정했다. 별에 대해서는 12.0킬로미터/초 —— 앞의 값에 비해 거의 정확하게 두 배라고[42] 결정했다). 만약 A가 일정하다면, 연속적인 기체 매질의 경우에 예측되듯이 기체는 평균적으로 별의 거리의 1/2이다.

게라시모비크와 스트루베의 공동 논문이 나온 직후에, 스트루베는 오트에게 J. A. 피어스와 J. S. 플라스켓이 자신들의 결과를 다시 확인했다는 것을 미국 천문학회의 오타와 학술회의에서 발표했다고 편지를 썼다.

…… 그들은 이제 성간 칼슘 이온이 공간 어디에나 있다는 생각이 옳다는 것을 확신합니다. 그들은 나의 결과를 매우 명백하게 확인하고, 그것을 위해 은하 회전 방법을 이용합니다. 당신의 rA 인자는 칼슘 시선 속도보다 별에 대해 정확히 두 배 크게 나옵니다. …… 이 일의 정밀성은 대단합니다.[43]

플라스켓과 피어스는 스트루베와 게라시모비크의 발표 전에 오트가 유도한 대로 칼슘이 은하 회전에 관여한다는 것을 보여주는 자료를 실제로 가지고 있었다. 아마도 플라스켓의 천문대를 자주 방문했던 스트루베는 플라스켓 자신으로부터 은하 회전에 대해 들었을지도 모른다. 플라스켓은 스트루베가 발견한

102

대한 공로를 가로챈 것을 결코 용서하지 않았다.

앞장에서 언급한 것처럼 O형과 B형의 별을 연구하고 있었 던 플라스켓은, 오트가 시선 속도에 대해 예측한 회전 효과를 즉시 확인할 수 있었다. 또한 플라스켓과 피어스는 별과 성간 기체에 대한 rA의 비 값을(그들의 평균값은 2.01이었다) 확인 하기 위해 O형과 B형의 별을 이용할 수 있었다.

······ 별과 구름의 rA를 비교하면 ······ 별에 대한 값이 구름에 대한 값의 거의 정확히 두 배가 된다는 놀라운 관계가 다시 나온 다 ······ 이 관계가 600파섹과 1600파섹 사이의 거리에 있는 별무 리에 대해 성립한다고 생각하면, *성간 물질이 균일하게 분포한다 는 에딩턴의 가설이 완전히 확인되었다는 것에 대해 의심할 여지 가 없다.*[44] (강조는 원문에 있는 대로.)

원래 슬라이퍼가 발견한 기체의 성간 분포가 1929년까지 분 경히 보여졌으나, 성간 기체량을 계산한 결과 그것이 일반적 흡수의 주요 흡수원이 될 수 없다는 것이 밝혀졌다. 따라서 캅 테인의 은하 크기, 오트의 은하 크기, 그리고 섀플리의 은하 크기 사이의 불일치는 풀리지 않은 채로 남아 있었다. 우리 은 하의 크기는 여전히 불확실하게 남아 있었던 것이다.

40인치 망원경의 가대 설치.(여기즈 천문대 사진)

일반적 흡수의 확인

일반적 흡수에 대한 결정적인 증거가 1920년대에는 전혀 발 견되지 않았고, 섀플리의 연구가 흡수는 무시할 정도라는 것을 보여주었지만, 어떤 천문학자들은 흡수가 분명히 존재한다고 확신하고 있었다. 오트는[45] 최근에 회피 지역 때문에 성간 흡 수의 존재에 대해 확신한다고 말했으며, 이는 그의 논문에 나

성간 칼슘 K선과 오트의 회전항 rA 의 관계. (Publications of the Dominion Astrophysical Observatory, 5, 1933)

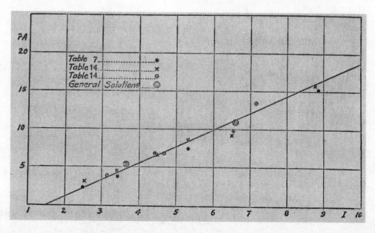

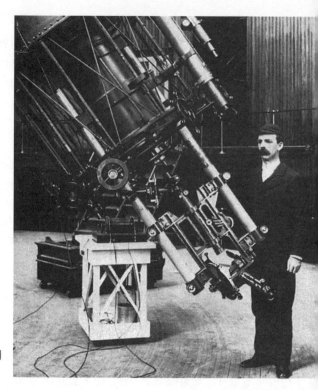

릭 천문대의 36인치 굴절 망원경 옆에 서 있는 W. W. 캠벨. (릭 천문대 사진)

타나 있다. 1927년에 오트는 자신이 이끌어 낸 은하 중심의 거리와 캅테인의 우리 은하 모형에 나오는 거리가 일치하지 않는 것에 대해 평했다.

　가장 적당한 설명은 은하 평면에서 거리가 멀수록 밀도가 감소하는 것이 주로 어두운 물질이 가리기 때문이라는 것이다. 그런 가설은 구상 성단이 은하 평면에서 두드러지게 안 보인다는 사실 —— 이 현상에 대해 현재까지 다른 좋은 설명이 제안되지 않았다 —— 이 상당히 지지하고 있다.[46]

　오트는 흡수가 새플리의 모형에 미칠 효과는 언급하지 않았다.
　찰스 D. 셰인은 흡수가 새플리의 모형에 미칠 효과에 대해 처음으로 깨닫고 논의한 사람 중의 하나였다. 1928년경 그는 흡수 때문에 새플리가 제안한 거리가 상당히 작아질 것이라고 가르쳤다.[47] 많은 천문학자들의 태도는 흡수가 사실이라는 쪽으로 변하기 시작했다. 로버트 트럼플러의 예비 연구 결과가, 흡수가 명백히 존재한다는 것을 보여주었다는 이야기가 돌았다.
　일반적 흡수의 개념에 대한 반대는 줄지 않았다. 예를 들면, 새플리는 공간의 투명성에 대한 자신의 믿음을 버리지

104

않았다. 1929년에 그는 은하 적도 평면을 따라서 몰려 있는 완전히 불투명한 천체가 공간에 존재한다는 사실을 인정했지만, 완전 차폐 지역은 쉽게 찾아낼 수 있고, 잘 정의된 경계를 가질 것이라고 제안했다. 섀플리는 이 지역 바깥에서는 공간이 투명하다고 말했으며, 투명성을 시험하는 방법을 제안했다.

다행히도 우리는 외부 은하 성운을 이용해 어떤 방향으로든지 우리 은하의 투명성을 시험할 수 있다. …… 외부 은하가 보이는 지역에서는 겉보기 등급이 일반적 흡수나 차등 공간 흡수에 의해 많이 어두워지지 않는다.
요약하면, 쉽게 관측되는 차폐 물질이 효과적으로 중심 방향에 있는 은하의 별 구름을 일부 가리고, 또 중심 자체를 안 보이게 하지만, 우리 은하는 이 차폐 성운의 경계를 벗어나면 완전히 투명하다.[48]

안타깝게도 섀플리의 외부 은하 성운 자료는 불완전했다.
앞에서 간단히 언급한 트럼플러의 결과는[49] 1930년에 발표되었다. 트럼플러가 에이트켄에게 보내는 편지에 나타나 있듯이, 그의 연구는 많은 천문학자의 관심을 끌었고, 사람들은 그 논문이 발표되기를 간절하게 기다렸다.[50] 트럼플러가 마침내 널리 퍼진 차폐 물질의 존재에 대한 명백한 증거를 제공했으므로, 그의 연구에 대한 흥분과 관심은 당연한 것이었다.
트럼플러는 여러 해 동안 은하계 성단, 즉 보통 은하 적도(은하수 : 옮긴이 주)에 가까운 산개 성단에 대해 연구했다. 트럼플러는 연구를 하면서 성단 거리를 결정하는 두 가지 방법을 개발했다. 첫번째 방법은 H-R도에서 절대 등급을 알 수 있는 별

겉보기 등급과 분광형으로 결정한 산개 성단의 거리(가로축)와 각지름으로 구한 거리(세로축)의 비교. 점으로 된 직선은 흡수가 없을 경우에 예상되는 관계를 나타낸다. 점으로 된 곡선은 일반적 흡수가 0.7등급/킬로파섹인 관계를 나타낸다. (*Publications* of the Astronomical Society, 42, 214, 1930)

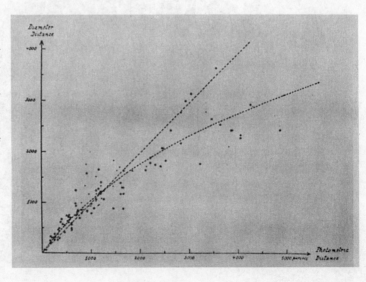

릭 천문대의 기증자, 제임스 릭.
(릭 천문대 사진)

의 겉보기 등급을 이용하는 것이었다. 두번째 방법은 성단의 거리와 겉보기 크기 사이의 반비례 관계를 이용했다.

두 가지 방법으로 결정한 거리가 일치하지 않는다는 것이 분명해졌다. 가장 먼 성단의 각지름은 가까운 성단을 표준으로 사용할 때의 예상값보다 크다. 트럼플러는 태양계로부터 멀어질수록 겉보기 지름이 커지는 것을 설명하기 위해 가능한 관측 오차를 찾아보았으나, 어떤 오차로도 성단의 관측 사실을 설명할 수 없었다. 그 다음에는 단지 두 가지 가능성만 남았다. '산개 성단의 크기가 거리에 따라 실제로 변한다는 것을 받아들이거나, 아니면 우리의 항성계 안에 빛의 흡수가 존재한다고 가정하는 것'[51]. 그는 명백히 두번째 대안을 선호했으며, 성단의 색에 대한 관측이 자신의 견해를 지지한다고 덧붙였다. 사진 등급에서 0.67 등급/킬로파섹의 흡수가 있다면 위에 간단히 설명한 두 가지 방법으로 결정한 거리의 불일치가 사라지게 된다.

트럼플러의 연구는 일반적 흡수량을 결정하기 위해 수행된 이전의 연구에 비해 더욱 방대하고 완전했다. 그러나 이 말이 그가 초기의 연구자들의 노력으로부터 도움을 전혀 받지 않았다는 것을 의미하지는 않는다. 1930년 이전의 연구는 결정적이지는 않았으나 그 중 많은 연구가 흡수를 완전히 무시할 수 없다는 것을 보여주었다. 따라서 일반적 흡수의 개념이 쉽게 받아들여질 수 있는 분위기가 만들어졌다. 회피 지역에 대한 커티스의 추측

릭 천문대로 선정된 부지.
(릭 천문대 사진)

과 같은 생각도, 오트의 말에 나타난 것과 같이 일부 천문학자들이 일반적 흡수의 존재를 받아들이도록 설득한 것 같았다.

트럼플러는 구상 성단의 관측과 관련된 여러 가지 문제에 부딪혔다. 흡수에 대한 값을 받아들이는 데 주된 장애는 구상 성단에서 적색화가 없다는 점이었다. 트럼플러는 설명을 제시하는 데 어려움이 전혀 없었다.

'그런 빛의 흡수가, 훨씬 더 멀리 있는 구상 성단의 지름에 대한 논의에서 왜 발견되지 않았는가'라는 문제와 '어떤 구상 성단은 매우 멀리 있음에도 불구하고 어떻게 작은 색지수(푸른 색)를 가지고 있는가'라는 문제를 여기서 제기하는 것은 당연하다. 이 곤경에서 빠져 나오는 유일한 방법이 있다. 흡수 매질이 산개 성단과 같이 은하 평면 쪽으로 집중되어 있다는 가설 …… 아마도 이 흡수 물질은 은하 평면에 매우 집중되어 있는 성간 칼슘 또는

널리 퍼진 성운과 관련이 있을 것이다.[52]

그의 논문의 나머지 부분은 산개 성단의 공간 분포를 기술했고, 우리 은하의 구조 모형을 논의했다.

트럼플러의 결과는 은하계 천문학에 매우 중요했다. 캅테인과 섀플리의 이론은 다시 생각해야 했다. 왜 캅테인이 태양으로부터 멀어질수록 별의 개수 밀도가 줄어든다는 것을 찾아냈는지, 그리고 왜 태양이 계의 중심인 것처럼 보이는지를 흡수로 설명했다. 1909년에 캅테인이 관측된 분포의 실제성에 대해 가지고 있었던 의심은 타당하다고 밝혀졌다 —— 그 분포는 실제가 아니고, 흡수에 의해 생겨난 겉보기 현상이었다. 캅테인이 결정한 우리 은하의 크기는 더 이상 받아들일 수 없었다.

프레이저(왼쪽)는 릭 천문대를 위한 부지 탐사자였다. 허버드(말 탄 사람)는 천문대 부지로 선정된 지역에 살고 있던 노인이었다. 그는 사냥총사격에서 6단이었다. (릭 천문대 사진)

로버트 트럼플러 Robert J. Trumpler : 1886~1956

로버트 트럼플러는 1886년 스위스에서 열 명의 자녀를 둔 가정에 셋째로 태어났다. 그는 스위스의 취리히에서 처음으로 교육을 받았는데, 성적은 별로 뛰어나지 않았다. 후에 김나지움에 들어갔을 때 천문학에 대한 흥미가 일어나기 시작했고 공부가 매우 향상되었다.

성공한 실업가였던 그의 아버지는 경제적인 이유 때문에 천문학을 직업으로 허락하지 않았으므로, 젊은 트럼플러는 천문학을 취미로만 할 수 있었고, 실업 교육으로 돌렸다. 그러나 이 과정이 잘 되지 않았고, 그는 천문학, 물리, 그리고 수학을 공부하기 위해 취리히 대학에 들어갔다. 1910년에 박사학위를 받은 독일의 괴팅겐에서 교육을 마쳤다. 그 다음해에 그는 바젤의 스위스 측지학 위원회의 천문학자 자리를 수락했다.

1913년에 천문학회 학술회의에서 트럼플러는 알레게니 천문대의 프랭크 슐레진저를 만났다. 그들은 연구에서의 공동 관심사를 논했다. 두세 달 후에 슐레진저는 트럼플러에게 천문대의 자리를 제안했다. 측지학 위원회에서 제공하는 기회는 제한되어 있었으므로, 트럼플러는 기꺼이 받아들였다. 불행하게도 자세한 내용을 준비해 트럼플러가 미국으로 여행할 수 있게 되기 전에 유럽에서 전쟁이 일어났다. 스위스는 충돌에 바로 관련되지는 않았지만, 있을지도 모르는 침입에 대한 준비를 하느라고 온 나라가 동원되었다. 스위스에 있는 모든 사람은 일반 동원에 의해 영향을 받았으므로, 트럼플러는 곧 스위스 군의 장교로서 알프스에 배치되었다.

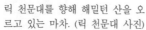

릭 천문대를 향해 해밀턴 산을 오르고 있는 마차. (릭 천문대 사진)

슐레진저가 그의 자리를 공석으로 무한정 남겨둘 수 없었으므로 그는 미국으로 갈 기회를 잃어버릴 뻔했다. 운 좋게도 전쟁 중에 중립국은 양편에 유용했고, 스위스의 중립은 존중을 받았다. 총 동원에 대한 필요가 더 이상 없었으므로 트럼플러의 미국 출국 신청이 허락되었다.

슐레진저 밑에서 트럼플러는 산개 성단을 조사하기 시작했고, 그의 연구는 릭 천문대 대장의 관심을 끌게 되었다. 1918년에 그는 릭 천문대로 오라는 초청을 받아들였으며, 거기서 여생 동안 머물렀다. 그는 산개 성단에 대한 자세한 연구를 계속했으며, 마침내 이로부터 성간 공간의 흡수 물질을 명백하게 확인했다. 이 업적은 은하계 천문학에 크게 이바지했다.

산개 성단과 구상 성단의 분포에 대한 로버트 트럼플러의 비교. 어둡게 칠한 타원형이 은하 성단(산개 성단)의 영역(캅테인 우주)을 나타낸다. 점들은 구상 성단의 위치를 나타낸다. 검게 칠한 두 개의 원은 마젤란 은하를 나타낸다. (릭 천문대 회보, 1930)

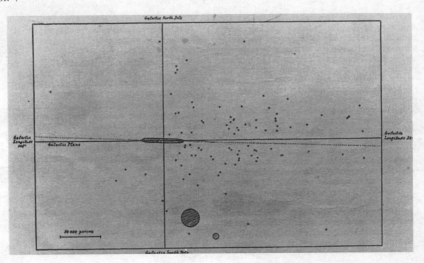

새플리의 모형은 무효가 되지는 않았으나 트럼플러의 결과 때문에 수정되었다. 낮은 은위에 있는 가장 먼 구상 성단의 겉보기 거리는 흡수에 의해 어마어마하게 영향을 받았다. 마침내 새플리 모형의 지름은 세 배로 줄어들었고, 구상 성단계는 타원체가 아니라 거의 구형이라고 밝혀졌다. 구상 성단과 나선 성운의 회피 지역은 흡수 물질이 납작하게 분포한 결과로서 쉽게 설명되었다.

트럼플러의 연구는 은하 이론에 매우 큰 영향을 미쳤다. 그러나 놀랍게도 그는 이 모든 결과를 알지 못하고 있었던 것으로 보인다. 흡수 결과가 캅테인 모형을 사라지게 만들었으나, 그는 여전히 캅테인 모형을 믿었다. 트럼플러는 새플리의 모형을 신랄하게 공격하기까지 했다.

아마도 트럼플러가 캅테인 모형에 충실했던 이유는 우리

릭 천문대와 천문학자 숙소. 1900년.
(릭 천문대 사진)

은하가 나선 성운이고, 캅테인의 지름이 허블이 1924년에 결정한 안드로메다 성운과 M33의 지름과 비슷하다고 믿었기 때문이다. 허블은 이 성운들의 지름이 각각 13킬로파섹과 4.6킬로파섹이라고 결정했다, 캅테인은 우리 은하의 지름이 10~15킬로파섹이라고 추정한 반면에, 트럼플러는 산개 성단을 지름이 10~12킬로파섹인 지역에서 찾아냈다. 트럼플러는 섀플리의 큰 거리 값을 우리 은하가 나선 성운이라는 자신의 믿음에 맞추어서 생각할 수 없었다. 제3부에서 보듯이 섀플리가 수정한 거리는 올바른 거리를 결정하기만 하면 나선 성운의 지름과 모순이 없었다.

트럼플러는 오트의 최신 결과를 더욱 긴 은하에 대한 증거로 받아들이지 않았다.

　궁수 자리에 있는 중심의 주위로 은하가 회전한다는 증거는 주로 별과 성간 칼슘의 관측된 시선 속도의 2차 조화(the second harmonic)를 바탕으로 한다. 물론 관측되는 것은 차등 효과이며, 이에 대한 해석은 반드시 회전 운동의 본질에 대한 어떤 가정이 필요하다. 또한 관측은 회전 중심의 방향은 제공하지만, 거리는 제공하지 않는다.[53]

　또한 그는 구상 성단이 은하계와 밀접하게 관련이 있다는 섀플리의 결론을 받아들이지 않았고, 타당한 반대 의견을 한 가지 제시했다.

　구상 성단계는 모양이 거의 구형이지만, 은하계가 매우 납작하다는 것은 의문의 여지가 없다. …… 구상 성단의 대부분은 은하계의 별 층(은하수 : 옮긴이 주)의 바깥에 존재하며, 이런 의미에서

1907년에 릭 천문대를 향해 해밀턴 산을 오르는 길. (릭 천문대 사진)

외부 은하계이어야 한다. ……[54]

트럼플러는 구상 성단과 은하계의 모든 관련성을 부인하지
는 않았다. 대신에 그는 구상 성단계를, 자신이 한 개의 나선
성운, 두 개의 마젤란 구름, 그리고 수백 개의 구상 성단을 포
함하는 초은하단(supercluster)이라고 부른 지역의 외곽 지역에
포함시켰다.
흡수의 결과가 곧 알려졌으므로 그의 모형은 인정받을 거
를이 없었다.

36인치 망원경의 받침대 밑에 매장되는
제임스 릭. (릭 천문대 사진)

마치며

제2부에서는 우리 은하에 대한 캅테인 우주와 새플리 모형의 대립이 해결되었다. 그리고 우리는 1920년대에 생겨난 천문학 연구의 여러 주제와 그 시기의 발전 때문에 더욱 자극을 받은 다른 주제들을 조사했다. 은하 회전, 일반적 흡수, 성간 흡수선, 그리고 은하계 성단이 제2부에서 논의된 주된 관심 영역이었다.

천문학 연구에 사용된 사진 때문에 하늘에 대한 우리의 지식이 크게 늘어났다. 현대 천문학의 탄생은 사진 건판 없이는 불가능했다. 분광학, 시선 속도, 고유 운동, 그리고 성단의 연구들은 모두 사진에 크게 의존했다. 사진이 제공하는 기본 자료가 없었다면 우리 은하에 대한 현대 이론은 그렇게 빨리 발전되지 않았을 것이다.

캅테인의 우주는 사진으로 결정한 기본 자료를 수학적으로 세련되게 이용한 이론의 한 가지 예이다. 안타깝게도 캅테인은 성간 흡수량에 대한 부정확한 결정 때문에 실수했다.

린드블라드와 오트는 우리 은하의 역학에 대해 새로운 이론을 개발했다. 그들은 별들이 같은 중심의 주위로 돈다고 가정했다. 우리에게 가까이 있는 별들은 거의 원형 궤도에서 움직이는 반면에, 다른 별들은 매우 타원적인 궤도를 따라 움직인다. 이 두 사람이 독립적으로 개발한 모형은 이전에 천문학자들에게 어려운 수수께끼였던 고속도별의 본질을 설명했다. 그 모형은 또한 차등 은하 회전의 효과가 우리 주변에 있는 별의 시선속도와 고유 운동의 양상에서 보일 것으로 예측했다. 오트는 이 효과를 찾아보았고, 결국 찾아냈다. 오트는 자신이 모은 자료로부터 우리 은하의 중심까지의 거리를 예측할 수 있었는데, 이는 새플리가 구상 성단 연구로부터 결정한 거리보다 매우 작았다. 이 괴리의 해결은 성간 흡수량의 결정에 달려 있었다.

트럼플러는 은하 성단에 대한 자신의 연구에서, 일반적으로 흡수하는 성간 매질의 존재에 대한 명백한 증거를 최초로 제시했다. 그는 얇은 층의 흡수 물질이 은하 평면에 존재한다고 가정함으로써 설명할 수 있는 체계적 이탈을 찾아냈다. 겉으로 보기에 트럼플러는 그 사실을 깨닫지 못한 것 같지만, 그가 찾아낸 흡수로 우리 은하에 대한 캅테인의 모형과 새플리의 모형 사이에 생긴 불일치뿐만 아니라, 우리 은하 중심까지의 거리에 대한 오트의 거리와 새플리의 거리 사이에 보였던 불일치도 설명했다. 성간 흡수량을 결정하면서 수수께끼에 대한 모든 단서가 제자리를 찾았다. 모순이 사라진 것이다.

1920년대와 1930년대에 있었던 우리 은하에 대한 초기 연구는 중요했고, 항성 관측을 설명할 수 있는 최초의 기본적인 모형을 제시했으나 그것은 단지 시작에 불과했다. 오늘날 우리는 우리 은하에 대해 결코 완전하다고는 할 수 없지만 더욱 잘 알고 있다. 1950년대의 전파 관측은 사람들이 여러 해 동안 추론했던 것 ── 우리 은하가 나선 구조를 가지고 있다는 증거를 보여준다 ── 을 확인해 주었다. 성간 매질의 편광도와 흡수도를 파장의 함수로 연구함으로써 공간에 분명히 존재하는 입자의 종류에 대해 더욱 잘 알게 되었다. 입자에 대한 여러 가지 모형이 제시되었으나, 어떤 모형도 모든 관측을 설명할 수 없는 것으로 보인다. 흡수를 일으키는 성간 입자의 완전한 본질은 아직도 명백하지 않다. 또한 균일한 성간 흡수 매질에 대한 트럼플러의 모형은 오늘날 실제로 존재하는 것에 대한 대략적인 근사로 알려져 있다. 흡수 물질은 공간 상에 많이 흩어져 있는 작은 구름들에 속해 있다는 증거가 있다. 그러나 먼 거리에서는 많은 구름의 흡수 효과가 상쇄되어 마지막 결과는 완전히 균일한 분포의 경우와 크게 다르지 않다. 그러나 하늘의 어떤 지역은 다른 지역에 비해 흡수를 더욱 많이 겪는다. 1920년대와 1930년대에 제안된 초기 은하 모형의 세세한 내용은, 후에 개발된 더욱 세련된 방법을 사용해 비로소 알게 되었다.

인용문헌

1 장

R. L. Waterfield, *A Hundred Years of Astronomy* (New York: Macmillan, 1938): 318.

C. Easton, "A New Theory of the Milky Way", *Astrophys. J.* 12 (1900): 36.

Ibid., 157.

C. Easton, "A Photographic Chart of the Milky Way and the Spiral Structure of the Galactic System", *Astrophys. J.* 37 (1913): 105-118.

Ibid., 118.

Ibid., 116.

A. Pannekoek, *A History of Astronomy* (London: George Allen and Unwin Ltd., 1961): 470.

J. C. Kapteyn, *Plan of Selected Areas* (Groningen: Hoitsema Bros., 1906).

J. C. Kapteyn, "First Attempt at a Theory of the Arrangement and Motion of the Sidereal System", *Astrophys. J.* 55 (1922): 302-328.

Ibid., 302.

J. C. Kapteyn, "On the Absorption of Light in Space", *Astrophys. J.* 29 (1909): 47.

H. Shapley, "Studies Based on the Colors and Magnitudes in Stellar Clusters", *Astrophys. J.* 45 (1917): 118-141 and 164-181; 46 (1917): 64-75; 48 (1918): 89-124, 154-181, and 270-294; 49 (1919): 24-41, 96-107, 249-265, and 311-336; 50 (1919): 42-49 and 107-140.

2 장

G. Stromberg, "The Motions of the Stars and the Existence of a Velocity Restriction in a Universal World-Frame", *Sci. Mon.* 9 (1924): 470.

W. S. Adams and A. Kohlschutter, "The Radial Velocities of One Hundred Stars with Measured Parallaxes", *Astrophys. J.* 39 (1914): 348.

W. S. Adams and A. Kohlschutter, "The Motions in Space of Some Stars of High Radial Velocities", *Astrophys. J.* 49 (1919) : 183.

R. L. Waterfield, *A Hundred Years of Astronomy* (New York: Macmillan, 1938): 318, 324-325.

J. H. Oort, "Some Peculiarities in the Motions of Stars of High Velocity", *Bull. Astron. Inst. Neth.* 1 (1922): 133-137.

J. H. Oort, "The Development of Our Insight in the Structure of the Galaxy Between 1920 and 1940", talk at N. Y. Academy of Sciences, September 1971.

J. H. Oort, *The Stars of High Velocity* (Thesis, Rijks-Universiteit te Groningen, 1926).

8. *Ibid.*, 63.
9. *Ibid.*, 63-64.
10. *Ibid.*, 64.
11. *Ibid.*, 64-65.
12. *Ibid.*, 65.
13. *Ibid.*, 66.
14. *Ibid.*
15. Private communication, J. H. Oort to B. Lindblad, 8 April 1927 (in possession of P. O. Lindblad).
16. J. H. Oort, "Observational Evidence Confirming Lindblad's Hypothesis of a Rotation of the Galactic System", *Bull. Astron. Inst. Neth.* 3 (1927): 275-282.
17. *Ibid.*, 279.
18. J. H. Oort, "Investigation Concerning the Rotational Motion of the Galactic System, Together with New Determinations of Secular Parallaxes, Precession and Motion of the Equinox", *Bull. Astron. Inst. Neth.* 4 (1927): 88.
19. Private communication, J. S. Plaskett to J. H. Oort, 28 November 1927 (Leiden Observatory).
20. J. S. Plaskett, "The Rotation of the Galaxy", *Mon. Not. R. Astron. Soc.* 88 (1928): 395-403.
21. Private communication, J. H. Oort to J. S. Plaskett, 22 December 1927 (Leiden Observatory).

제 3 장

1. E. E. Barnard, "The Bruce Photographic Telescope", *Astrophys. J.* 21 (1905): 46.
2. *Ibid.*, 47.
3. E. E. Barnard, "On a Nebulous Groundwork in the Constellation Taurus", *Astrophys. J.* 25 (1907): 221.
4. E. E. Barnard, "On a Great Nebulous Region and on the Question of Absorbing Matter in Space and the Transparency of the Nebulae", *Astrophys. J.* 31 (1910): 13.
5. E. E. Barnard, "On the Dark Markings of the Sky with a Catalogue of 182 Such Objects", *Astrophys. J.* 49 (1919): 1.
6. J. C. Kapteyn, "On the Absorption of Light in Space", *Astrophys. J.* 29 (1909): 3.
7. J. C. Kapteyn, "On the Absorption of Light in Space", *Astrophys. J.* 30 (1909): 163-196.
8. 캅테인은 원래 흡수에 대해 약 0.5등급/킬로파섹의 값을 보고했다. 그는 자신이 사용한 평균 거리에서 1.7배의 오차를 발견했으며, 이를 G. E. 헤일에게 보고했다 (캅테인이 헤일에게 보낸 개인 서신 참조, 1919년 11월 7일, Hale microfilm collection, Pasadena). 그가 원래 보고한 흡수가 타당하려면 1.7배로 나누어야 한다.

9. Private communication, J. C. Kapteyn to G. E. Hale, 14 January 1913 (Hale Collection).

10. Private communication, G. E. Hale to J. C. Kapteyn, 6 January 1914 (Hale Collection).

11. 캅테인이 논의한 연구들: E. A. Fath, "The Integrated Spectrum of the Milky Way", *Astrophys. J.* 36 (1912): 362-367; E. S. King, "Photographic Magnitudes of 153 Stars", Ann. Harvard Coll. Obs. 8 (1912): 157-186; H. H. Turner, "Interstellar Space", *Mon. Not. R. Astron. Soc.* 99 (190?): 61-71; E. C. Pickering, *Harvard Circular No. 170*; F. H. Seares, *Mt. Wilson. Cont. 81* (1913); W. S. Adams, "Note on the Relative Intensity at Different Wavelengths of the Spectra of Some Stars Having Large and Small Proper Motion", *Astrophys. J. 39* (1914): 89-92; and several unpublished works by Barnard, Hertzsprung, and van Rhijn.

12. J. C. Kapteyn, "On the Change of the Spectra and Color Index with Distance and Absolute Brightness, Present State of the Question", *Astrophys. J. 40* (1914): 187-204.

13. Private communication, J. C. Kapteyn to G. E. Hale, *23 September 1915* (Hale Collection).

14. H. Shapley, "Studies Based on the Colors and Magnitudes in Stellar Clusters, First Part: The General Problem", *Astrophys. J. 45* (1917): 130.

15. Private communication, H. Shapley to F. Moulton, 7 January 1916 (Harvard University Archives).

16. H. Shapley, "Globular Clusters and the Structure of the Galactic System", *Publ. Astron. Soc. Pac. 30* (1918): 50.

17. Private communication, G. E. Hale to H. Shapley, 14 March 1918 (Harvard University Archives).

18. Private communication, H. N. Russel to H. Shapley, 13 March 1919 (Harvard University Archives).

19. H. D. Curtis, "Absorption Effects in the Spiral Nebulae", *Proc. Nat. Acad. Sci. USA 3* (1917): 678.

20. Private communication, H. N. Russel to H. Shapley, 13 March 1919.

21. *Ibid.*

22. H. Shapley and M. B. Shapley, "Studies Based on the Colors and Magnitudes in Stellar Clusters, Fourteenth Paper: Further Remarks on the Structure of the Galactic System", *Astrophys. J. 50* (1918): 118.

23. Private communication, H. N. Russell to H. Shapley, 20 March 1919 (Princeton University Archives).

24. Private communication, H. Shapley to H. N. Russell, 18 May 1919 (Princeton University Archives).

25. Private communication, H. N. Russell to H. Shapley, 9 June 1919 (Harvard University Archives).

26. J. C. Kapteyn, "Absorption of Light", *Astrophys. J. 29* (1909): 48, 54.

27. V. M. Slipher, "Peculiar Star Spectra Suggestive of Selective Absorption of Light in Space", *Lowell Obs. Bull. 2, 1* (1909): 2.

28. Private communication, J. C. Kapteyn to V. M. Slipher, October 1909 (Kapteyn Laboratorium, Groningen).

29. J. S. Plaskett and J. A. Pearce, "The Problems of Diffuse Matter in the Galaxy", *Publ. Dominion Astrophys. Obs.* (1933): 169.

30. *Ibid.*

31. O. Struve, "On the Calcium Clouds", *Popular Astronomy* (1925): 639-653; 34 (1926): 1-14.

32. A. S. Eddington, "Diffuse Matter in Interstellar Space", *Proc. R. Soc. Lond. Ser. A, 3* (1926): 424.

33. *Ibid.*, 445.

34. O. Struve, "Interstellar Calcium", *Astrophys. J. 65* (1928): 174-175.

35. *Ibid.*, 197.

36. *Ibid.*, 198.

37. *Ibid.*

38. O. Struve, "Further Work on Interstellar Calcium", *Astrophys. J. 67* (1928): 390.

39. Ibid., 383.

40. Private communication, J. H. Oort to O. Struve, November 1928 (Leiden Observatory).

41. Private communication, O. Struve to J. H. Oort, December 1928 (Leiden Observatory).

42. B. P. Gerasimovic and O. Struve, "Physical Properties of Gaseous Substratum in the Galaxy", *Astrophys. J. 69* (1929): 31.

43. Private communication, O. Struve to J. H. Oort, 29 Aug 1929 (Leiden Observatory).

44. J. S. Plaskett and J. A. Pearce, "The Motions and Distribution of Interstellar Matter", *Mon. Not. R. Astron. Soc. 90* (1930): 267.

45. Private communication, 23 December 1969.

46. J. H. Oort, "Observational Evidence Confirming Lindblad's Hypothesis of a Rotation of the Galactic System", *Bull. Astron. Inst. Neth. 3* (1927): 281.

47. Private communication with Nicholas Mayall, 13 April 1970.

48. H. Shapley, "Studies of the Galactic Center IV. On Transparency of the Galactic Star Clouds", *Proc. Nat. Acad. Sci. USA 15* (1929): 175, 177.

49. R. Trumpler, "Preliminary Results on the Distance Dimensions and Space Distribution of Open Star Clusters", *Lick Obs. Bull. 14* (1930): 154-188.

50. Private communication, R. Trumpler to R. Aitken, January 1930 (Lick Observatory).

51. Trumpler, "Preliminary Results", 163.

52. *Ibid.*, 166-167.

53. *Ibid.*, 186-187.

54. *Ibid.*, 187.

제 3 부 지하

제 3 부

외부 은하 성운

제 3 부 차례

들어가며

에드윈 허블과 그의 고양이, 니콜루스 코페르니쿠스. (*Colliers* Magazine, 1949)

우주의 크기와 구조에 대한 초기 주장은 1920년 커티스-섀플리 논쟁에서 조사되었고, 극적인 논쟁의 초점이 되었다. 논쟁에는 두 가지 논점이 있었다. 은하수의 본질(제2부의 주제)과 성운 같은 천체, 특히 나선 성운의 본질(제3부의 주제)이 그것이다.

나선 성운의 본질은 나선 성운의 거리를 측정해야만 밝혀질 수 있었다. 만약 나선 성운의 거리가 매우 크다면, 나선 성운은 은하수의 바깥에 있을 뿐만 아니라 크기도 은하수와 비슷함에 틀림없다.

1925년까지는 고유 운동 연구를 이용한 거리 측정 결과가 겉으로 보기에는 유일하게 믿을 만한 결과였는데, 이 결과는 섬우주론에서 요구하는 바와 같이 나선 성운이 먼 거리에 있을 수 없다는 것을 보여주었다. 그러나 1925년 이후에는 나선 성운 안에 있는 별에 대한 연구로부터 나선 성운의 거리가 알려지게 되었다. 이 결과는 나선 성운이 태양으로부터 매우 먼 거리에 있다는 것을 보여주었다. 따라서 이 두 가지 관측 결과(아드리안 반마넨의 고유 운동 연구 결과와 에드윈 허블의 세페이드 변광성 연구 결과)는 상반되었다.

대부분의 천문학자들은 허블의 결과가 옳다는 것을 바로 확신했으나, 1935년에 반마넨의 결과는 체계적인 오류를 포함하고 있기 때문에 의미가 없다고 허블이 증명할 때까지 논란은 계속되었다. 칸트가 처음으로 제창한 지 180년이 지나서 섬우주론이 받아들여지게 되었다. 흥미롭게도 칸트로부터 허블까지의 기간이 코페르니쿠스로부터 뉴턴까지의 기간보다 길었다! (코페르니쿠스의 『변혁』 *De Revolutionibus*과 뉴턴의 『원리론』 *Principia* 사이의 기간은 144년인 반면에, 칸트의 『보편적 자연사』 *Universal Natural History*와 허블의 나선 성운 세페이드 변광성의 발견 사이의 기간은 170년이었다.)

모로 보이는 나선 은하 NGC 4565. (헤일 천문대 사진)

제1장   나선 성운의 시선 운동

나선 성운의 시선 속도의 발견

현대 천문학에서 가장 중요한 발견 중의 한 가지 —— 나선 성운은 시선 속도가 매우 크고 나선 성운의 거의 대부분이 우리 은하로부터 멀어지고 있다는 발견은 1912년에 베스토 슬라이퍼(Vesto M. Slipher)에 의해 처음으로 이루어졌다.

그러나 이 발견을 이루게 된 동기는 퍼시벌 로웰(Percival Lowell)에게서 나왔다. 슬라이퍼가 1901년에 미국 애리조나 주의 플랙스태프 천문대의 연구원이 되었을 때, 로웰은 이 천문대의 대장이었다.[1] 로웰은 빌려온 18인치 망원경을 가지고, 1894년에 이 천문대를 세웠다. 화성은 로웰이 가장 많은 관심을 갖고 있던 천체 중의 하나였기 때문에 화성에 대한 관측이 곧 시작되었다. 그는 화성에 관해 많은 논문을 씀으로써 대중들의 관심을 불러일으켰다. 로웰의 적극적인 성격 때문에 천문대는 빠른 속도로 커지게 되었다. 1897년에 24인치 앨번 클라크(Alvan Clark) 굴절 망원경이 설치되었고, 1900년에는 브래쉬어(Brashear) 분광기를 주문했다.

로웰은 나선 성운이 태양계로 진화한다는 챔벌린-물턴(Chamberlain-Moulton) 가설에도 많은 관심을 가지고 있었기 때문에, 슬라이퍼에게 분광기를 설치하고 나선 성운이 회전한다는 증거를 조사하는 임무를 맡겼다. 나선 성운은 매우 어두웠기 때문에 이러한 측정은 극도로 어려웠다. 따라서 슬라이퍼는 행성의 회전을 먼저 측정하기로 했고, 그 측정 프로그램을 대단히 성공적으로 수행했다. 1912년에 그는 마침내 안드로메다 성운의 스펙트럼을 확보했는데, 이 스펙트럼에 있는 분광선들은 도플러 이동을 보여주었다.[2] 이 결과는 매우 놀라운 것이었다. 이 결과는 안드로메다 성운이 초속 300킬로미터의 속도로 태양 쪽으로 다가오고 있다는 것을 보여주었는데, 이 속도는 그 당시 천문학에서 관측된 속도 중에서 가장 컸다.

슬라이퍼는 관측을 계속 수행했고, 1914년에 처음으로 연구 결과를 발표했다. 에반스톤에서 열린 미국 천문학회에서 그의 발표는 기립 박수를 받았는데,[3] 이는 과학 학회에서 매우 드문 일이었다. 이 업적으로 그는 파리 학술원, (영국) 왕립 천문학회, 태평양 천문학회로부터 금메달을 받았다. 그의 발표가 이루어진 후에 곧 여러 다른 천문학자들이 슬라이퍼의 결과를 확인하는 결과를 얻었다. 그럼에도 불구하고, 이 연구는 거의 슬라이퍼 한 사람에 의해 계속되었다. 1925년까지 알려진 45개의 속도 중에서 5개를 제외한 나머지 전부가 슬라이퍼가 측정한 것이었다(이 중 10개는 다른 사람들에 의해 독립적으로 확인되었지만).

다른 천문학자들도 나선 성운에 관한 좋은 스펙트럼을 얻기 위해 노력하고 있었다. 슬라이퍼가 최초로 성공한 것은 아니지만, 분광선을 가능한 한 정확하게 측정할 수 있는 기술을 처음으로 완성했다. 로웰처럼 슬라이퍼도 대학원을 다니지 못했으나(두 사람 모두 주로 독학을 하는 아마추어 천문가로서 시작했다), 수학적 배경이 매우 강했고, 기술적인 문제를 잘 이해하고 있었다. 슬라이퍼는 약간 비정상적인 상황에서 이학 박사학위를 받았다. 그는 화성의 스펙트럼에 관한 논문을 발표하고, 이에 관한 구두 시험에 합격한 후에 시카고 대학으로부터 박사학위를 받았는데, 시카고 대학은 그에게 대학원 필수 과정을 면제해 주었다.

성운의 본질에 대한 의미 (1)

나선 성운은 시선 속도가 비정상적으로 크기 때문에, 많은 천문학자들은 나선 성운이 우리 은하 안에 있을 리가 없다는 것을 확신했다. 슬라이퍼가 처음으로 연구 결과를 발표한 지 몇 주 후인 1914년 3월 14일에 헤르츠스프룽(E. Hertzsprung)은 슬라이퍼에게 다음과 같이 썼다.

애리조나 주의 플랙스태프에 있는 로웰 천문대의 설립자이며 대장(1894~1916년)이었던 퍼시벌 로웰의 초상화. (여키즈 천문대 사진)

"어떤 나선 성운들의 시선 속도가 매우 크다는 것을 알아낸 당신의 놀라운 발견에 대해 진심으로 축하합니다. 저는 이 발견이, 나선 성운이 우리 은하계에 속하는지 안 속하는지에 관한 매우 중요한 문제에 대해 거의 확실한 답을 주고 있다고 생각합니다. 즉 나선 성운은 우리 은하계에 속하지 않는다고 말입니다."[4]

슬라이퍼 자신도 우리 은하가 나선 성운에 대해 움직이고 있다는 이론을 가정할 때, 나선 성운은 우리 은하의 바깥에 있다고 제안했다.[5] 그는 어떤 나선 성운은 우리 은하 쪽으로 다가오고 있는 것처럼 보이고, 대부분의 다른 나선 성운은 우리 은하로부터 멀어지고 있다는 의문을 설명하기 위해 이 생각을 구체화했다. 대중조차도 이 문제에 관심을 갖게 되었고, 『뉴욕타임즈』는 나선 성운의 큰 시선 속도는 나선 성운이 매우 먼 거리에 있다는 것을 암시한다는 글을 1921년에 실었다.[6]

어떤 천문학자들은 슬라이퍼의 결과에 대해 확신하는 것처럼 보였지만, 이 결과가 섬우주론을 증명한 것은 아니었다. 왜냐하면 나선 성운의 거리를 알 수 없었기 때문이다. 나선 성운의 거리를 알지 않고서는 나선 성운과 우리 은하의 관계를 결정할 수가 없었다. 시선 속도 결과로부터 그 당시 추론할 수 있었던 것은 나선 성운이 특이한 성질을 보여주고 있다는 것뿐이었다.

비록 슬라이퍼의 시선 속도가 나선 성운의 본질을 밝혀주지는 못했지만, 제4부에서 자세히 논의되듯이, 이 결과는 후에 천문학에 큰 영향을 미치게 되었다.

안드로메다 자리에 있는 나선 성운, M31(NGC 224). (헤일 천문대 사진)

베스토 멜빈 슬라이퍼 Vesto Melvin Slipher : 1875~1969

대니얼 클라크와 해너 앱 슬라이퍼는 베스토 M. 슬라이퍼와 얼 C. 슬라이퍼(1883~1964년) 두 아들을 두었는데, 두 아들 모두 유명한 천문학자가 되어 행성에 관한 중요한 연구를 했으며 로웰 천문대를 운영했다. 그러나 분광학 기술을 완성하고 은하 천문학에서 위대한 진보를 이룩한 사람은 형이었다.

베스토 M. 슬라이퍼는 인디애나 대학에서 학사(1901), 석사(1903), 이학박사(1909) 학위를 받았으며, 애리조나 대학(과학박사, 1923), 인디애나 대학(법학박사, 1929), 토론토 대학(과학박사, 1935), 북애리조나 대학(과학박사, 1965) 등에서 명예 박사학위를 받았다.

슬라이퍼의 주요 연구 업적은 분광학에서 이루어졌으며, 그는 분광학에서 중요한 발견을 이룩했을 뿐만 아니라, 기기적 기술을 처음으로 개발하기도 했다. 그의 연구는 크게 세 분야로 나눌 수 있다 ── 행성 대기와 자전, 널리 퍼진 성운과 성간 물질, 그리고 나선 성운의 회전과 시선 속도.

슬라이퍼는 1903년까지 금성과 화성의 자전 주기를, 그리고 1912년까지는 목성, 토성, 천왕성의 자전 주기를 결정했다. 또한 목성 대기의 화학적 조성의 일부를 발견하는 데 있어서도 뛰어났다. 영국의 왕립 천문학회는 1933년에 슬라이퍼에게 행성 분광학에서의 업적으로 금메달을 수여했다.

1912년에 그는 어떤 널리 퍼진 성운은 반사광에 의해 빛나고 있다는 사실을 보임으로써, 성간 공간에 입자로 이루어진 물질이 존재한다는 것을 명백히 증명했다.

그러나 슬라이퍼의 연구 중에서 가장 중요한 분야는 나선 성운 분야였다. 그는 나선 성운의 시선 속도와 회전 속도를 최초로 발견한 사람이었고, 이 분야에서 선두주자였다.

슬라이퍼의 다른 연구 분야는 구상 성단의 시선 속도 측정, 혜성과 오로라의 분광학적 연구, 그리고 야천 스펙트럼에서 나타나는 밝은 분광선과 분광띠의 관측 등을 포함했다.

슬라이퍼는 또한 비범한 능력을 가진 행정가이기도 했다. 그는 연구원으로서 뿐만 아니라 행정가로서의 능력도 인정받아 1935년에 태평양 천문학회로부터 브루스 메달을 받았다.

슬라이퍼가 행정에서의 경험을 처음으로 쌓게 된 것은 1915년에 퍼시벌 로웰이 그를 천문대의 부대장으로 임명했을 때이다. 1916년에 로웰이 사망하자 천문대장 대리가 되었으며, 1926년에 대장이 될 때까지 직무를 계속 수행했다. 그는 대장직을 1952년에 명예 대장이 될 때까지 계속 맡았다.

그가 대장으로 있는 동안 해왕성보다 멀리 있는 행성의 탐사를 지휘했는데, 이는 1930년에 로웰 천문대의 연구원으로 있던 클라이드 톰보가 명왕성을 발견함으로써 결실을 맺었다.

슬라이퍼의 행정 경험에는 이외에도 국제 천문 연맹의 성운 분과 위원회(28번)의 회장직 수행(1925년과 1928)과 미국 과학발전 위원회의 부회장직 수행(1933) 등도 포함된다.

제 2 장   나선 성운의 회전 운동

분광학적 결과

나선 성운의 본질 문제에 대해 보다 큰 영향을 미친 슬라이퍼의 또 하나의 발견은 나선 성운이 회전한다는 것이었다.[1] 막스 울프에[2] 의해 확인된 이 결과는 나선 성운 안에서의 고유 운동을 측정할 수 있고, 나아가서는 나선 성운의 거리를 측정할 수 있을지도 모른다는 것을 보여주었다.

고유 운동 결과

나선 성운의 고유 운동 문제는 커티스가 1914년에 처음으로 자세히 토의하였다.[3] 그 해에 릭 천문대가, 유명한 크로슬리 반사망원경을 사용해, 16년 전에 제임스 킬러가 시작하였던 성운 사진 관측 프로그램을 반복하기 시작했기 때문에, 천문

나선 성운 M101. (왼쪽) 로시 경의 72인치 망원
경을 이용해 1851년에 S. 헌터가 그린 그림.
(오른쪽) H. D. 커티스가 찍은 사진. 1915년.
(*Adolfo Stahl Lectures in Astronomy*, Stanford
University Press, San Francisco, 1919)

학자들은 나선 성운에서의 고유 운동이나 내부적인 변화를
측정하기를 바랐다. 커티스에 따르면 "고유 운동이나 이 천
체들이 가지고 있을지 모르는 회전 운동에 대한 지식은 성
운의 크기와 거리, 그리고 나아가서 보이는 우주에서의 성운
의 위치를 연구하는 데 매우 중요하므로" 이 일은 가치가 있
었다.[4]

커티스의 논문이 나왔을 때 이 과제는 완성되지 않았으나,
커티스는 이미 수행한 관측으로부터 "약 13년 동안 측정한 성
운에서 회전 운동이든 다른 종류의 운동이든 내부 운동에 대
한 증거를 전혀 찾아낼 수 없었다."는 일반적인 결론을 이끌어
낼 수 있다고 생각했다.[5]

커티스는 또한 울프와 슬라이퍼가 분광학적 연구로부터 나

(위와 아래) 반마넨이 나선 성운의 내부 운동을 측정하기 위해 사용한 윌슨 산의 스테레오 비교측정기의 두 모습. (R. Berendzen, 1972)

선 성운의 회전을 보고했으므로 나선 성운이 매우 멀리 있다고 결론지었다. 그는 "나선 성운은 의심할 바 없이 회전하고 있으므로 —— 나선 성운의 형태를 다른 식으로 설명하는 것은 불가능한 것 같다 —— 회전에 대한 아무 증거를 찾지 못했다는 점은 나선 성운이 실제로는 거대하며, 우리로부터 매우 먼 거리에 있다는 것을 보여준다."[6]라고 썼다.

그러나 아드리안 반마넨의 노력으로 훨씬 더 영향력이 있는 또 다른 증거가 곧 나왔다. 1912년에 반마넨은 윌슨 산의 연구원으로 임명되었으며 거기서 별의 고유 운동과 시차를 측정하기 시작했다. 그는 그의 학위 논문이(페르세우스 성단과 그 근처에 있는 별 1418개의 고유 운동 The Proper Motions of 1418 Stars in and near the Clusters h and X Persei, 우트레히

, 1911) 고유 운동에 관한 것이기 때문이 아니라, 1911년에
ㅣ 1912년까지 여키즈 천문대에서 그런 측정을 한 경험이 있
ㅣ 때문에 그 일에는 이상적인 적임자였다.

1915년까지 여러 성운에서 운동이 발견되었으며, 어떤 성
에서는 회전 운동과 방사상 운동이 발견되었다. 따라서 그
ㅣ 12월에 조지 리치가 반마넨에게 나선 성운 M101에 고유
동이 있는지 결정해 달라고 부탁한 것은 놀라운 일이 아니
다. 리치는 윌슨 산 60인치 반사망원경을 써서 5년 간격으
(1910년과 1915년) 찍은 자신의 건판 중에서 두 장을 스테
오 비교측정기로 연구할 것을 제안했다. 반마넨은 내부 운
에 대한 증거를 찾아냈으나 더 많은 건판을 조사해야 한다
ㅣ 느꼈다. 그는 커티스가 릭 천문대에서 구체적으로 성운의
ㅣ유 운동을 찾는 과제를 수행했으므로 커티스에게 추가적인
판을 부탁했다. 반마넨은 1916년 초반에 찍은 건판을 받았
며 이를 이용해 자신의 초기 결과를 확인했다. 이어서 나
ㅡ 논문들은 3월에 『천체물리학지』로, 그리고 6월에 국립과
원으로 보냈다.[7]

아드리안 반마넨의 초기 초상화.
(*Porträtgallerie der Astronomischen Gesellschaft,*
Budapest, 1931)

반마넨은 건판을 짝지어 조사하기 위해 스테레오 비교측정
를 이용했다 —— 이는 그가 전에 별의 고유 운동을 조사하
위해 사용한 방법이었다. 이 방법은 상들이 움직였는지를
아내기 위해 같은 지역에 대한 사진 건판을(여러 해를 사이에
고 찍은 사진 건판) 교대로 보는 것이었다. 그의 결과는 1년
의 평균적인 회전 운동이 0.022각초(왼쪽 방향으로)이고, 방사
ㅏ 운동이 0.007각초(바깥 방향으로)라고 보여주었다. 이 관측으
부터 세 가지 중요한 결론이 나왔다. 첫째, 나선 성운은 분명
ㅣ 회전한다. 둘째, 나선 성운에서 천체는 바깥 방향으로 움직
다. 즉 풀려나가는 것처럼. 셋째, 회전 운동이 크므로 나선

스테레오 비교측정기의 앞면에 붙어
있는 글. (R. Berendzen, 1972)

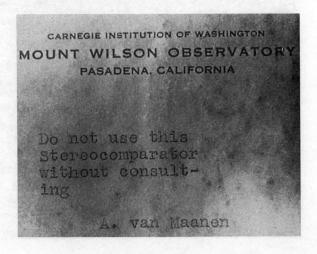

성운이 우리 은하에 가깝거나 또는 우리 은하의 안 쪽에 있어야 한다.

성운의 본질에 대한 의미 (2)

이 마지막 결론은 고유 운동(μ), 거리(d), 그리고 회전 속도(v) 사이의 간단한 관계를 생각해 보면 명백하다.

$$v \sim \mu d$$

μ는 매우 작지 않으므로, v가 어느 정도로 작으면(예를 들면 초속 200킬로미터) 거리가 작아야 한다. 또한 d가 매우 크면 (섬우주론에 맞게) v의 값은 매우 커진다.

1921년에 반마넨은 세 개의 나선 성운(M33, M51, M81)에 대한 측정 결과를 발표했다.[8] 1916년 중반까지 그는 존 던컨이 슬라이퍼에게 M101의 결과와 일치한다고 보고했던 M81에 있는 운동에 대해 예비 결정을 했다.[9] 반마넨은 1921년 6월에 섀플리에게 편지를 써서 M81에 대한 연구가 완료되었으며 M81이 '다른 성운과 같은 운동'을 보여주었다고 알렸다.[10]

월슨 산 천문대의 60인치 반사 망원경. (헤일 천문대 사진)

표 2·1 나선 성운 7개의 내부 운동에 대한 반마넨의 결과 요약

천체	발표년도[16]	평균회전운동 [각초/년]	평균 방사상 운동 [각초/년]
M 101	1916	0.021±0.001	0.003±0.001
M 33	1921	0.020±0.003	0.006±0.002
M 51	1921	0.019±0.001	0.008±0.001
M 81	1921	0.020±0.004	0.017±0.003
NGC 2403	1922	0.015±0.001	0.014±0.001
M 94	1922	0.020±0.002	0.010±0.002
M 63	1923	0.019±0.001	0.004±0.001
M 33	1923	0.020±0.001	0.003±0.001

반마넨은 종종 편지를 통해 자신의 일을 헤일에게 설명했다. 1917년에 —— M101에 관한 그의 논문이 나온 지 일 년밖에 안되는 —— 쓴 한 편지에서[11] 그는 나선 성운 M51의 시차에 대한 예비 결과를 보냈다. 그가 처음에 알아낸 것은 ●=0.000±0.010각초였다 —— 분명히 그는 자신이 갖고 있는 자료의 측정 한계까지 측정하려고 했다.

마찬가지로 안드로메다 자리의 거대한 성운에 대해 그가 측정한 것은 믿을 만하지 못했다.[12] 1917년 말엽에 그는 자신이 알아낸 것에 관해 헤일에게 썼다.

저는 안드로메다 성운의 시차 측정을 이제 막 끝냈습니다. ……
[p]=+0.004±0.005각초. 따라서 이 성운이 섬우주인지는 아직 모릅니다! 저는 고유 운동을 마침내 찾아내기 위해서, 별처럼 보이는 점원이 많이 있는 지역에 대한 사진 건판을 얻으면 좋겠다고 생각합니다.[13]

이와 같이 1917년까지는 반마넨이 자신의 측정이 섬우주론에 대해 가지는 의미를 깨닫거나 적어도 인정하기 시작했다. 그는 동료들과 시차를 논했고, 위에 인용한 편지에서는 이론을 구체적으로 언급하기까지 했다. 그러나 그는 1921년에 M33에 관한 자신의 논문에서(그 논문은 1920년 11월에 제출되었다) 내부 운동이 "'섬우주' 가설에 대한 강한 반대를 불러일으킬 것"이라고 주장할 때까지 이 의미에 대해 공식적으로 말하지 않았다.[14] 그는 "만약 나선 성운이 우리 은하와 비슷한 크기라면, 멀리 있기 때문에 나선 성운의 각 구성체가 움직이는 정상적인 속도는 2, 3년의 짧은 기간에 생긴 변위로써는 측정

윌슨 산에서 1910년에 G. W. 리치가
찍은 M101의 사진. (헤일 천문대 사진)

할 수 없을 것이다."[15] 그는 이 논문에서 만약 M33이 우리 은
하와 비슷하다면, 매우 멀리 있어야 하고, 측정된 변위는 광속
에 가깝게 빨리 움직이는 회전을 의미한다고 주장함으로써 결
론을 맺었다.

반마넨은 자신이 가지고 있던 초기의 건판을 모두 끝낸
1923년까지 측정을 계속했다. 그때까지 그는 나선 성운 7개에
대한 결과를 가지고 있었다. 1923년 나선 성운에 있는 운동에
관한 새로운 자료를 보여주는 자신의 마지막 논문에서 다음과
같은 결론을 내렸다.[17]

1. 측정 결과는 망원경, 사진 건판의 질, 측정 기기, 또는 측
   정 오차에 의한 것일 수 없다. 측정 결과는 실제 내부 운
   동을 나타낸다.
2. 이 결과는 진즈의 이론적 결과와 일치한다(제3장을 보라)
3. 나선 성운의 시차는 1000분의 2, 3 각초이며, 이는 겨우

130

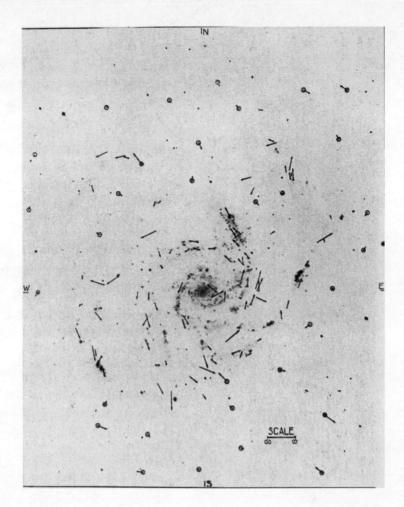

2000~3000파섹의 거리에 해당된다.
4. 나선 성운의 크기는 우리 은하에 비해 작다.

나선 성운 M101의 내부 운동의 발견을 설명한 반마넨의 1916년 논문에 있는 사진. 비교성은 원으로 표시했다.
(*Astrophysical Journal,* 44, 1916, University of Chicago Press)

대논쟁에 대한 영향

1919년에 섀플리는 섬우주론에 대한 지지 주장과 반대 주장을 요약하는 논문을 발표했다.[18] 그는 M101의 내부 운동에 대한 반마넨의 측정 결과를, 이 이론을 반대하는 여러 주장 중의 하나로서 열거했으며, 이 이론을 지지하는 증거는 확실하지 않다고 결론을 내렸다.

커티스-섀플리 대논쟁의 출판된 내용에는 이 이론을 반대하는 섀플리의 주장이 포함되어 있다. 그는 M101과 M81에 대한 반마넨의 결과를 반대 주장에서 세번째로 실었다. 그러나 논쟁 자체에서는 섀플리가 이론에 관해 실제적으로 언급을 하지 않았다. 후에 섀플리는 단순히 그것에 특별히 관심이 없었고, 또한 주제에 적당하다고 생각하지 않았기 때문에, 그 문제를 논하지 않았다고 주장했다.[19] 그럼에도 불구하고 1920년 3월 31일에

러셀에게 보내는 편지에서 그는 "나는 시간도 없고 *매우 좋*
주장도 없기 때문에[20](강조 추가했음) 다가오는 논쟁에서 나선
성운에 대해 별로 많이 말하지 않을 것입니다."라고 썼다. 새플
리는 나중에는 반마넨이 한 것을 전적으로 믿는다고 말했지만
겉으로 보기에 처음부터 반마넨의 결과에 대해 어느 정도 회의
적이었으므로, 이 말은 아마도 새플리에게 그때까지도 남아 있
던 의심을 보여준다. 예를 들면, 그는 러셀에게 다음과 같이 썼
다. "선생님은 가끔씩 M101의 내부 운동을 의심합니까? V. M
(반마넨)은 조금 의심하고, 헤일은 조금 더 의심하고, 저는 많이
의심합니다."[21]

그러나 러셀은 다음과 같이 응답했다. "현재 나는 내부 운
동이 실제라는 것을 믿게 되었고, 따라서 섬우주론을 의심하
게 되었네."[22] 러셀은 새플리의 박사학위 지도교수였고, 계속
가까운 친구였기 때문에 그가 반마넨의 결과를 받아들임으로
써 고의가 아니게 새플리에게 영향을 주었다는 것은 역설적이
지만 가능한 일이다.

이유가 무엇이든지 간에 1920년 말까지 새플리는 반마넨의
측정 결과의 가치에 대해 완전히 확신하게 된 것 같다(아마도
반마넨의 가까운 친구이고 동료였기 때문에, 새플리는 반마넨
이 나선 성운의 회전에 대해 한 더 많은 일을 알고 있었고, 따
라서 그것을 확신하게 되었을 것이다). 논쟁 학술회의집이 나
오기 전에 원고 교환의 부분으로서 커티스에게 보낸 편지에서
그는 "당신이 알다시피 나는 [섬우주]론에 대한 반대에서 조
금도 물러서지 않았습니다. (당신이 전혀 고려하지 않았다는
내가 믿는) M33과 다른 나선 성운의 회전이 나를 물러서게 하
지 않을 것입니다. ……"[23]라고 썼다.

논쟁 후에, 논쟁에 관해 커티스와 새플리가 교환한 23통의
편지에서(1920년 6월 9일부터 1921년 7월 10일까지), 나선 성
운의 운동에 대한 것은 위에 인용한 한 통뿐이었다. 새플리는
반마넨의 측정 결과를 받아들였으나 아마도 그 결과가 중대하
다고 여기지 않았던 것 같다.

그러나 반마넨의 결과에 대한 그의 태도는 1910년대 후반의
그저 그런 관심에서 1921년 중반에는 열정적인 지지로 바뀌었
다. (M81의 결과를 알려준) 반마넨의 편지에 대한 답장에서 새
플리는 다음과 같이 응답했다.[24]

성운 결과에 축하합니다! 우리 둘은 섬우주론에 흠집을 낸 것
으로 보입니다 —— 당신은 나선 성운을 가깝게 가져오고 나는 우
리 은하를 멀리 밀어냄으로써. 우리는 정말로 현명합니다, 정말로

그 나선 성운들이 측정될 만한 운동을 가지고 있다는 것은 참으로 다행입니다.[25]

러셀은 반마넨을 계속 굳게 지지했고, 1920년에 반마넨의 ~~지에[26]~~ 대해 다음과 같이 응답했다.

당신이 M33에서 운동을 찾아낸 것에 대해 진심으로 축하합니다. 나는 많은 관심을 가지고 당신이 더 많은 나선 성운에 대해 얻을 결과를 알기 위해 기다려 왔고, 당신의 초기 발견을 확인하는 이 결과는 매우 만족스럽습니다.
머지않아 당신과 피즈는 스테레오 비교측정기와 분광경으로 성운의 회전을 구하고, 성운이 얼마나 멀리 떨어져 있는지에 대해 말해 줄 수 있을 것으로 생각합니다. 그러면 섬우주와는 작별입니다.[27]

나선 성운에 대한 반마넨의 내부 운동 측정 결과는 섬우주 ~~론~~을 반대하는 유력한 증거로 보였다. 그러나 관측와 이론에 ~~서~~ 다른 발견들이 이루어지고 있었다. 처음에는 이것들이 반 ~~마~~넨을 지지하는 것처럼 보였으나 곧 반마넨과 직접적으로 대 ~~립~~하게 되었다.

예제 : 나선 성운의 내부 운동

내부 운동에 대한 반마넨의 결과는 섬우주론을 반대하는 유력한 증거였다. 이 주장을 보이기 위해 다음을 생각해 보자.

나선 성운의 연당 평균 회전 운동에 대한 반마넨의 값이 약 0.02각초이다(그는 측정한 일곱 개의 나선 성운 각각에 대해 본질적으로 이 값을 —— 놀랄 정도로 일관성 있는 결과를 얻었다).

고유 운동 (μ), 회전 속도 (v), 그리고 나선 성운의 거리 (d) 사이의 관계로부터

$$v(킬로미터/초) = 4.74\mu(각초/년) \, d(파섹)$$

만약 회전 속도를 알면 거리를 알 수 있다. 또는 거리를 알면 회전 속도를 결정할 수 있다. 따라서 나선 성운이 매우 멀리, 예를 들어 10^6파섹에, 있다고 가정하면, 회전 속도는

$$v = 4.74(0.02)10^6 = 9.48 \times 10^4 킬로미터/초,$$

이고, 이는 광속의 상당한 부분에 해당한다. 즉,

$$c = 3 \times 10^5 킬로미터/초$$

$$\therefore v \approx 1/3c$$

만약 회전 속도를 가정하면 —— 적당한 값은 슬라이퍼와 피즈가 측정한 대로 200킬로미터/초 —— 거리에 대한 계산 값은 아래와 같다.

$$200 = 4.74(0.02)d$$

$$d \approx 2 \times 10^3 파섹$$

이 거리 값은 나선 성운이 비교적 가까이 있고 따라서 크기가 작다는 것 ——'섬우주'라고 불릴 수 있는 종류의 천체는 분명히 아니라는 것 —— 을 보여준다.

릭 천문대의 크로슬리 망원
경과 H. D. 커티스.(릭 천문
대 사진)

제 3 장 나선 성운에 대한 대립

분광학적 문제

나선 성운이 회전한다는 것을 보여준 반마넨의 연구와 슬라
이퍼의 분광기 결과는 조엘 스테빈스가 회전 방향이 반대라는
것을 지적할 때까지는 서로 보완하는 것처럼 보였다. 스테빈스
는 1924년 초에 커티스에게 편지를 써서 슬라이퍼가 분광학적으
로 찾아낸 회전 방향이 반마넨이 찾아낸 방향과 반대라고 말했
다.[1] 슬라이퍼의 결과는 팔이 '감기는' 방향으로 회전한다고 보
여준 반면에 반마넨의 결과는 팔이 '풀리는' 방향이었다.

커티스의 답장은 그가 이 불일치를 알고 있었다는 것을 보여
준다.

134

나는 당신이 편지에서 지적한 겉보기 운동의 불일치를 알고 있었습니다. 그러나 다른 저자들 또는 나 자신의 영어 실수라고 여기고 넘어 갔었습니다. 그러나 나는 다시 슬라이퍼의 표현을 반마넨의 사진 중의 하나와 비교했습니다. 그리고 운동 방향이 반대라는 결론을 내릴 수밖에 없었습니다.[2]

슬라이퍼는 성운에서 어둡게 보이는 좁은 지역이 태양에 가까운 쪽을 나타낸다고 가정하고 방향을 결정했다. 나선 팔의 운동 방향은 가정한 성운의 경사각으로부터 결정했다. 따라서 만약 어두운 좁은 지역이 사실은 성운의 먼 쪽이라면, 회전 방향은 반대가 된다. 이와 관련해 커티스는 "그러면 좁은 지역이 우리로부터 더 멀리 있다고 가정하지 않는 한, 분광학적 결과는 반마넨의 결과와 반대가 된다고 말할 수 있다고 생각한다."[3]라고 언급했다.

그리고 나서 커티스는 슬라이퍼에게 편지를 써서 겉보기 운동의 모순에 관해 물어보았다. 그는 정말로 그것이 존재하는 것 같다고 응답했다.[4] 커티스는 섬우주론의 주된 지지자였으므로, 많은 천문학자들은 그것에 관해 물어보는 편지를 썼다. 적어도 한 경우에 그는 답장을 했다. "오늘날 그 이론에 반대하는 유력한 주장은 윌슨 산 천문대에서 반마넨이 측정한 회전 운동이다. 이 운동은 비록 작기는 하지만 섬우주에게는 너무 크다."[5] 그러나 겉보기 운동의 모순을 확인하는 슬라이퍼의 편지를 받은 후에 커티스는 질문에 다음과 같이 답했다.

운동에 관해, 만약 이것이 반마넨의 결과대로 사실로 드러나면, 섬우주론은 버려야 한다. 그러나 대개 보수적인 우리 영국 형제들이 완전히 무시한 사실은 슬라이퍼와 다른 사람들의 분광학적 결과가 나선 용수철이 감기는 것과 같이, 즉 전체적으로 안쪽으로 나선 성운이 운동한다는 것을 보여주는 반면에, 반마넨의 결과는 나선 팔을 따라 전체적으로 바깥쪽으로 운동한다는 것을 보여준다. 이 어려운 문제에서 나 자신은 반마넨의 결과를 받아들일 수 없고, 분광기로 얻은 결과를 더욱 믿을 만한 것으로서 지지하고 싶다.[6]

나선 성운의 회전 방향 문제는 그 자체로서도 충분히 어렵지만, 반마넨이 찾아낸 것과 같은 바깥 방향의 운동을 요구하는 버틸 린드블라드의 이론적 연구 때문에 더욱 복잡해졌다. 이 골치 아픈 문제는 한참 후에 허블과 다른 사람들의 결정적인 연구를 통해서야 해결이 되었다.[7]

허블이 M31에 있는 세페이드의 발견 —— 이는 나선 성운이 매우 멀리 있다는 것을 분명하게 보여주었음(제4장을 보라)—— 을 공식적으로 발표한[8] 지 3일 후에, 커티스는 에이트켄에게 다음과 같은 편지를 썼다.

당신이 알다시피 나는 나선 성운이 섬우주라는 것을 언제나 믿어 왔습니다. 그리고 비록 나 자신은 확인이 필요 없지만, 허블의 최근 결과는 이에 대해 결말을 지을 것으로 보입니다. 나는 반마넨의 결과를 절대로 받아들일 수 없었습니다. 주된 이유는 슬라이퍼와 피즈의 분광 결과가 정확히 반대 방향의 운동을 보여주었기 때문입니다. 그리고 나는 분광기에 관한 한 언제나 '근본주의자'였습니다.[9]

반마넨도 슬라이퍼의 결과가 자신의 결과와 일치하지 않는다는 것을 알았다. 그리고 그는 이 모순을 커티스나 스테빈스보다 훨씬 먼저 깨달았다. 1921년에 그는 새플리에게 편지를 썼다.

나는 M81을 끝냈습니다. 그것은 매우 아름답습니다. 운동은 다른 성운과 비슷했습니다. 그러나 만약 미국 천문학회 기록에 있는 슬라이퍼의 방향이 옳다면, 내 측정 결과는 틀려야 합니다. 그는 안쪽으로의 운동을 찾아냈습니다. 그러나 나는 그가 흡수 띠에 지나치게 의존하고 있다고 생각합니다. 아니면 M81이 중심으로부터의 거리에 따라 운동이 늘어나는 것을 보여주듯이, 중심 근처에서는 운동이 역전될 수도 있습니다!!![10]

그러나 이 문제는 더 이상 진행되지 않았다. 그리고 실제로 반마넨은 시간이 지나면서 자신의 결과를 더욱 믿게 되었고, 모순은 무시한 것처럼 보인다.

던컨이[11] NGC 4594에 대한 피즈의 결과와 M81과 M101에 대

제임스 호프우드 진즈 James Hopwood Jeans : 1877~1946

제임스는 윌리엄 탤럭 진즈(의회의 저널리스트)의 아들로 1877년 9월 11일에 영국의 사우스포트에서 태어났다. 그는 머천트 테일러스 학교에서 초기 교육을 받았으며(1890~96), 케임브리지에 있는 트리니티 대학으로 가서, 1898년에 졸업을 했다. 1900년에 아이작 뉴턴 장학금을, 그리고 1901년에 트리니티 대학 장학금을 받았으며, 1904년에는 대학 수학 강사로 임명되었다. 뉴저지에 있는 프린스턴 대학의 응용수학 교수였으나(1905~09), 케임브리지로 돌아온 1910년부터 건강이 나빠서 사임한 1912년까지 스토욱스 강사로 있었다. 1912년 이후에 가르치는 자리를 갖지 않았으나 1935년에서 1946년까지 왕립연구소의 천문학 교수였으며, 1923년부터 계속 윌슨 산 천문대의 연구원이었다.

진즈는 응용수학 분야에서 중요한 공헌을 한 것 외에도 [예를 들면, 『이론 역학』(1906), 『기체 역학 이론』(1919), 『우주론과 항성 역학 이론』(1919), 『천문학과 우주기원론』(1928) 등과 같은 책들], 매우 성공적인 대중 작가였다. 『우리 주위의 우주』(1929), 『신비한 우주』(1930),

유명한 영국의 이론 천문학자이며 물리학자인 제임스 진즈 경. (*Proceedings of the Physical Society of London*, 44, 1932, Copyright The Institute of Physics)

한 반마넨의 예비 연구에 대해 편지를 썼던 1916년 중반까지는, 슬라이퍼가 반마넨의 결과를 알게 되었을 것이다. 그러나 슬라이퍼가 회전 방향 차이에 대해 커티스의 편지에 답했던 1924년까지, 그의 발표 논문과 현재 존재하는 미발표 논문에서, 반마넨이 전혀 언급되지 않았다.

만약 슬라이퍼가 반마넨의 결과를 알고 있었다면 (분명히 그랬을 것이다), 그가 자신의 연구에 대한 최초의 확인이나 회전 방향의 불일치에 대해 전혀 언급하지 않았다는 것은 놀랍다. 합리적인 설명은 슬라이퍼의 기질 때문에 —— 이 때문에 그는 공공 장소에 가지 않았으며 과학적인 학술대회에 참석하지 않았다 1914년 미국천문학회 학술회의는 드문 예외였다) —— 반마넨을 공개적으로 비판하지 않았을 것이라는 것이다.

이론적 문제

반마넨은 자신을 지지하는 것처럼 보이는 이론적 계산들을 정리했다. 그러나 그것들도 궁극적으로 반대되는 것으로 밝혀졌다. 이 일의 대부분에 원인이 된 이론가는 제임스 진즈였다. 분명히 반마넨은 1921년에 진즈의 성운 진화 이론을[12] 생각하기 시작했다. 그 해 중반까지는 반마넨이 4개의 나선 성운에 대해 내부 운동 측정을 마쳤으며, 이 결과를 두 번에 걸쳐 새플리에게

그리고 『과학과 음악』(1938) 등의 책은 폭넓은 대중의 찬사를 받았으며, 이 때문에 수많은 강연과 BBC(영국방송국) 방송을 하게 되었다.

진즈는 또한 음악 —— 특히 오르간 음악 —— 에 대한 사랑과 지식으로 잘 알려졌으며, 그 자신도 성공한 오르간 연주자였다. 그가 1907년에 결혼한 첫번째 부인 샬롯 티파니는 1934년에 세상을 떠났다. 그가 1935년에 수지 훅과 한 두번째 결혼 후에, 그의 집은 과학적 관심뿐만 아니라 음악적 관심의 중심이 되었다.

그는 자신의 이론적인 연구로 많은 상금과 상을 받았으며, 1928년에 나이트 작위를 받았다. 28살의 나이에 왕립천문학회의 위원이 되었으며, 1922년에 학회의 금메달을 받았고, 1925년부터 1927년까지 학회장을 역임했다.

진즈는 많은 면에서 고전역학 천문학과 현대 천체물리 발전 사이의 틈새를 메우는 역할을 했다. 항성 역학, 기체론, 양자 복사론, 그리고 우주론에 대한 그의 기여는 그 분야에서 처음이었으며, 이 때문에 천문학의 성격을 전적으로 관측에 의존하는 학문으로부터 관측을 이론적인 연구와 결합하는 학문으로 바꾸게 한 수학적인 연구를 시작하게 되었다.

알려주었다. 6월에 그는 나선 성운이 순전히 회전만을 하고 있다
고 생각하지 않으며 "렌즈형 성운의 가장자리에서 나오는 진[의]
의 분출(streamers)에 대해 생각하는 것이 낫다"[13]고 썼다. 8월에
그는 다시 새플리에게 자신의 측정 결과에 대한 요약을 써 보냈
다.[14] 그러나 그는 이번에 보통의 '회전'과 '방사상'대신에 '분출
(stream)'과 '횡단(transverse)'이라는 용어(진즈의 용어)를 썼다. 이
변화는 새플리에게 보내는 초기 편지에 암시되어 있었으며, 192[1]
년에 발표된 논문에서 확장되었다. "그러나 모든 경우에 변위는
회전보다 나선 팔을 따르는 운동에 더욱 가까운 것 같다. ……"[1]
그리고 같은 논문에서 반마넨은 진즈의 이론을 직접적으로 참[고]
했다. "변위의 방향이 나선 팔과 잘 일치한다는 것은 여기서 우
리가 진즈가 자신의 『우주론과 항성 역학의 문제』에서 기술[한]
운동을 보고 있다는 것을 보여준다. ……"[16]

진즈는 1917년에 이미 자신의 연구와 반마넨의 연구 사이의
관계를 알고 있었으며, 그때 이 결과들이 '완전히 일치한다'고
말했다.[17] 또한 반마넨의 1921년 논문이 나온 후에(이 논문에는
나선 성운 4개의 결과가 요약되어 있었음), 진즈는 자신이 알아
낸 것을 왕립 천문학회에서 발표했다. 반마넨이 제공한 슬라이
드가 포함된 이 발표에서 진즈는, "운동은 거의 나선팔을 따라
바깥쪽이라고 밝혀졌으며, 물질은 핵으로부터 나오며, 나선팔은
대략적으로 입자의 궤도를 보여준다."라고 썼다.[18] 발표 후에 있
었던 논의에서 J. H. 레이놀즈는 나선팔에서 보이는 밝은 점
(condensations, 밝은 별처럼 보이는 천체 : 옮긴이 주)의 본질에 대해
질문했다. 진즈는 아래와 같이 답했다.

나는 밝은 점이 매우 희귀한 기체로 이루어진 질량—회전하면서 수
축하고 있는 기체에서 태어나고 있는 거성이라는, 내가 전부터 가지고
있던 견해를 바꿀 이유가 전혀 없다고 생각한다. 반마넨의 측정 결과
는 이런 추론을 기반으로 하는 그 이론을 어느 정도 확인한다.[19]

다른 이론가들도 진즈와 반마넨의 결과가 서로 보완적이라는
것을 알고 있었다. 1917년의 평론에서 A. S. 에딩턴은 반마넨의
결과를 진즈의 결과에 관련해 언급했다. 그러나 그는 계속 조심
스러웠으며, "이 관측으로부터 일반적인 결론을 끌어내는 것은
아직 이르다고 생각한다."[20]라고 시험 삼아 발표했을 뿐이다. 그
리고 1924년의 성운에 관한 평론에서 레이놀즈(섬우주론에 대한
강한 반대론자)는 "나선 성운의 경우에, 뛰어난 공헌은 나선 성
운에 있는 밝은 점의 운동에 대한 반마넨의 측정이었다. ……"[2]
라고 주장했다. 그 논문에서 그는 또한 나선 성운에 대한 시차
결정을 논의했고, 반마넨이 진즈의 결과에 바탕을 둔 방법이 기

장 믿을 만한 방법 중의 하나라고 생각했다는 것을 보여주었다. 그리고 레이놀즈는 구한 시차 값은 나선 성운이 섬우주 가설과 일치하는 거리나 크기를 가질 수 없다는 것을 보여준다고 결론을 내렸다.

1923년 후반에 진즈는 그가 자신의 계산 결과와 반마넨의 발견을 조정할 때 가지고 있었던 '문제의 중요성과 어려움에 대해 관심을 끌고 토론을 유도하고자' 하는 소망에서 놀라운 논문을 한 편 발표했다.[22] 그는 논문을 1년 넘게 보류했었는데, 그 이유는 부분적으로 '측정된 운동에 대해 여기서 임시로 제안한 것에 비해 좀 덜 혁명적인 해석을 찾아낼 수 없었던 자신의 노력' 때문이었다.[23] 그는 '현재의 측정 결과에 대한 증거를 볼 때, 운동은 중력이 있을 때 일어난다고 가정할 수 없고, 이를 설명하기 위해서는 현재까지 알려지지 않은 새로운 힘 쪽으로 가야 하기' 때문에 혁명적인 해석이 필요하다고 주장했다.[24] 그리고 그는 이 설명과 함께 다음을 가정했다.

대략적으로 $r^{-1/2}$에 따라 줄어들고 핵을 향하지 않는 중력을 일반화했다. 그런 힘이 존재한다는 것을 보였다고 주장할 수 없다. 그러나 그런 힘이 존재한다고 가정하면, 나선 성운의 팔에서 반마넨이 관측한 운동에 대해 가장 간단하게 (그리고 본인이 찾아본 한, 유일하게 합리적으로) 설명할 수 있다.[25]

그 논문의 끝에 그는 "성운의 운동을 계속 측정하면 이 이론을 수정하거나 제거할 수 있을 것이다."[26]라고 조심스러운 전망을 덧붙였다. 그러나 적어도 그 당시에는 그가 그것을 열렬히 믿은 것으로 보인다. 그는 반마넨의 결과를 버리기보다는 중력 법칙을 수정하려고 했다.

그러나 1925년에 허블이 세페이드 발견을 발표한 직후에, 진즈는 나선 성운에 있는 밝은 점의 등급에 기초한 전혀 새로운 방법과 에딩턴의 질량-광도 법칙을 이용해서 자신의 나선 성운의 거리 측정 결과를 수정했다. 그러자 그는 '반마넨의 결과가 전혀 없어도 되었다.'[27] 그리고 진즈는 1924년 후반에 자신이 허블에게 보낸 기록에서(허블의 나선 성운에 대한 거리 측정을 지지하는 자세한 계산을 보낸) "반마넨의 측정 결과는 사라져야 한다."[28]고 분명하게 말했다.

허블의 세페이드 발견은 반마넨의 결과를 완전히 반박했으나, 나선 회전 이론은 적어도 이론가들에 의해 공격당하지 않았다.[29] 이론가들은, 자신들의 이론과 양립될 수 없다거나 허블의 관측과 모순이 된다고 해서 반마넨의 결과를 반대하는 대신에, 단순히 이 문제를 피했다. 예를 들면, 진즈와 마찬가지로 반마넨의 결과에 대해서 이론적인 어려움을 겪었던 어니스트 브라운은 반 마넨을 반박하지 못했고,[30] 오히려 그의 측정 결과와 중력 법칙 을 조정하는 데 있는 문제는 "반마넨의 내부 운동이 전혀 관련 이 없는 새로운 접근 방식을 택하면 피할 수 있다."라고 썼다.[31]

(반마넨의) 관측은 이론가들에게 문제를 야기했고, 다른 관측 (주로 허블의 관측)은 그 문제를 풀 수 있게 해주었다.

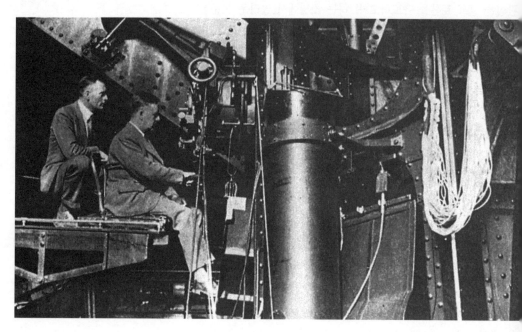

월슨 산의 100인치 후커 망원경에 있는 제임스 진즈(오른쪽)와 에드윈 허블(왼쪽). (*Fortune*, 1932. 7.)

측성학적 문제

나선 성운에 있는 운동에 대한 분광학적 그리고 이론적 증거말 고도, 고유 운동에 대한 다른 관측 결과도 반마넨과 대립되었다.

(가) 램플랜드 1914년에 로웰 천문대의 C. O. 램플랜드는 NGC 4594의 고유 운동이 적경 방향으로 +0.006각초/년, 적위 방향으로 −0.05각초/년이라는 것을 알아냈고,[32] 2년 후에 M51 과 M99의 고유 운동과 회전을 보고했다.[33] 그의 방법은 1896년 과 1898년에 아이작 로버츠가 20인치 반사 망원경을 써서 찍은 사진 건판을 자신이 40인치 반사 망원경으로 찍은 사진 건판과 비교하는 것이었다. 결과는 M51은 $\mu_\alpha=+0.118$각초/년, μ_δ $=+0.017$각초/년이고, M99는 $\mu_\alpha=+0.016$각초/년, $\mu_\delta=+0.043$ 각초/년이었다.

그의 결과는 그가 1921년에 M99의 중심핵에 있는 변화에 관 한 논문을 쓰고 나서야 관심을 끌게 되었다.[34] 램플랜드는 그 변 화의 본질에 대해 자신하지 못했고, 그의 결과가 반마넨의 결과를 확인하지 못했지만, 반마넨과 새플리 두 사람 모두 이 발견이 중요하다고 느꼈다. 새플리의 "램플랜드와 M99에 대해서 어떻게 생각합니까? 섬우주론을 어렵게 하지요, 그렇지 않습니까?"[35]라는 질문에 반마넨은 "M99에 대해서 우리는 새로운 소식이 거의 없고, 램플랜드가 운동을 찾아냈는지, 아니면 밝기의 변화, 단지 변광을 찾아냈는지 모르고 있습니다. 지금쯤은 커티스와 런드마크가[36] 섬우주론의 유일한 옹호자임에 틀림이 없습니다."[37]라고 대답했다. 그러나 램플랜드의 측정 결과는 검증할 수 없었다. 허블은 1923년에 M99의 중심핵을 연구한 후에, 슬라이퍼에게(그 당시에 로웰 천문대의 대장대리였음) 자신은 "이번에 변화에 대한 증거를 전혀 찾지 못했습니다."라고 썼다.[38]

(나) 코스틴스키 1917년에 S. 코스틴스키는 M51의 평균 고유 운동이 대략 0.40각초/년이라는 것을 알아냈다고 보고했다. 그러나 그는 자신의 오차 범위가 크다고 경고했다.[39] 그는 자신의 결과를 커티스, 램플랜드, 그리고 반마넨에 의한 비슷한 결정에 관련시켜 논의하지 않고, 단순히 결과만 제시했다.

(다) 쇼우텐 M51의 내부 운동에 대한 독립적인 관측이 1919년에 W. J. A. 쇼우텐(Schouten)에 의해 발표되었다.[40] 그로닝겐에서 그는 중심에서 0.1각분 떨어진 지점에 대해 μ(회전방향)=-0.0073 ± 0.0023각초/년, μ(방사상방향)=-0.020 ± 0.005각초/년임을 알아냈다. 그리고 분명히 자신의 결과가 M101에 대한 반마넨의 결과와 일치하지 않는다고 주장했다. 이 불일치는 반마넨의 논문에서 전혀 언급된 바 없다. 반마넨은 M33에 관한 자신의 1922년 논문에서 M51에 관련해 오직 램플랜드와 코스틴스키만을 언급했고, M51에 관한 자신의 논문에서 다시 쇼우텐을 무시했다. 다음해에 그는 "M51에 대해 [그가 찾아낸 것과 비슷한] 운동을 코스틴스키, 램플랜드, 그리고 쇼우텐이 알아냈다."고 주장했다.[41] 사실은 쇼우텐의 측정 결과에 있는 운동 방향은 반마넨이 구한 것과 반대였다.

(라) 커티스 또 하나의 반대 의견 —— 가장 강한 의견 중의 하나 —— 이 커티스에 의해 발표되었는데, 그는 반마넨 이전에 성운의 운동을 연구하기 시작했다. 커티스는 내부 운동에 관한 반마넨의 결과를 전혀 믿지 않았다. 그는 아마도 명쾌하게 이를 반박할 수 있는 방법이 없었기 때문에, 대논쟁에서 이를 전혀 언급하지 않았을 것이다. 게다가 수정을 많이 해 출판한 논쟁 논문에서도, 이에 대해 유일하게 그가 언급한 부분은 다음과 같다.

만약 다음 4반 세기의 결과가, 나선 성운의 이동 운동 또는 회전 운동이 평균적으로 0.01각초/년 이상이라는 것에 대해 *다른 관측자*

들 *사이에 잘 일치한다는* 것을 보여주면, 섬우주론은 분명히 사라질 것으로 보인다.[42] (커티스의 강조.)

그 당시에 중요한 한 강연에서 커티스는 나선 성운이 우리 은하와 비슷하다는 주장을 요약했는데, 운동에 대해서는 —— 자기 자신의 측정조차 —— 한마디도 언급하지 않았다.[43] 커티스가 후에 캠벨에게 "나 자신의 성운 측정 결과나 반마넨의 측정 결과에 있어서 *참된* 값이 얼마인지에 대해 자신이 없다."[44](커티스의 강조)라고 인정했다는 점이 이 생략을 부분적으로 설명한다. 그는 많은 사진 건판이 불량했기 때문에(대부분은 사용하기 어려운 크로슬리 반사망원경으로 찍었다), 이 건판으로 측정한 결과는 믿을 만하지 못하다고 생각했고, "우습다. 반마넨은 내가 이 건판들을 다른 기계에서 측정해야 한다고 생각한다. 반면에 나는, *그가 그 자신의 건판 일부를 커다란 스테레오 비교측정기가 아닌 다른 기계에서 측정하기를 항상 바랬다.*"[45](커티스의 강조)

1922년에 반마넨은 릭 천문대의 대장인 캠벨에게 편지를 써서, 처음에 커티스가 정리하고 후에 커티스와 런드마크가 함께 정리한 자료에 대한 사용 허가를 요청했다. 그리고 자기가 본 정보에 의하면, 그의 결과와 커티스의 결과에 있어서 75퍼센트의 경우에 회전 방향이 일치한다고 언급했다.[46] 캠벨은 허가를 해주었고, 커티스에게 이 요청에 대해 알려주는 편지를 썼다. 그 편지에서 그는 "나는 당신의 측정 결과를 발표하라고 재촉하지 않습니다. 부분적으로는 계산이 계산기의 오차에 의해 영향을 받았을까 봐 걱정되기 때문입니다. 무어와 나는 당신의 측정 결과를 살펴보고 나서 …… 계산이 당신의 강한 점이 아니라는 것을 알게 되었습니다."[47]라고 솔직하게 말했다. 그럼에도 불구하고 반마넨은 그것들이 유용하다고 생각했는데, 이는 런드마크가 캠벨에게 보낸 "[반마넨은] 커티스와 내가 적어도 평균적으로는 나선 성운에 대해 진짜 운동을 갖고 있다고 생각하며, 우리의 결과를 더욱 자세하게 보고 싶어합니다."[48]라는 말에서 알 수 있다. 1925년까지도 반마넨은 커티스에게 그의 자료에서 나온 결과를 발표할 수 있도록 허락을 요청했다. 그러나 커티스는 "개개의 측정 결과는 발표할 만한 가치가 없습니다. 나의 현재 생각으로는 이것들이 쓸모 없는 정도보다도 못합니다. *나는 당신이 이 개개의 측정 결과를 인용하거나 발표하지 않을 것을 매우 강력하게 바랍니다.*"라고 느꼈으므로 단호했다.[49](커티스의 강조)

커티스는 고유 운동 측정 결과의 가치에 대해 의심했을 뿐만 아니라 분광학적 연구를 바탕으로 반마넨의 결과도 거부했다.

왜냐하면 분광학적 결과에서는 운동 방향이 반마넨의 것과 반대였기 때문이었다. 그가 사적인 서신 교환에서는 내부운동 측정 결과를 의심하는 이유로서 분광학적 결과를[50] 자주 인용했으나, 겉으로 보기에 1933년까지는 공개적으로 그렇게 하지 않았다.[51]

(마) 런드마크 반마넨에 의하면[52] 1921년까지는 커티스와 런드마크만이 섬우주론의 강력한 옹호자로서 남아 있었다. 커티스는, 분광학적 증거에 모순되기 때문에 이 이론에 대한 반대 증거로 보였던 내부 운동과 시차에 대한 반마넨의 결과를 거부했다. 반면에 런드마크는 성운 운동에 대한 자신의 연구 때문에 반마넨의 결과를 받아들이지 않았다.

크너트 런드마크. (런드 천문대 사진)

런드마크는 연구비를 받고 스웨덴의 웁살라에서 미국으로 왔으며 릭 천문대에서 1년(1921~22)을, 윌슨산 천문대에서 또 1년(1922~23)을 보냈다. 이렇게 해서 그는 커티스(전자에 있던)와 반마넨(후자에 있던) 둘 다 알게 되었다.

같은 주제에 관한 반마넨의 논문이 나온 지 열 달 후인, 1921년 후반에 M33에 관한 논문에서[53] 런드마크는 나선 성운이 먼 거리에 있다고 주장했다. 실제로 그는 커티스와 거의 같은 하한값 —— 약 3000파섹 —— 을 얻었다. 캅테인의 모형에서조차 이 작은 거리는 아직 나선 성운이 우리 은하 안에 있다는 것을 보여주지만, 하한값이기 때문에 그것은 분명히 반마넨의 결과와 상충되었다.

1922년에 런드마크는 나선 성운이 멀리 있다는 것을 증명하기 위해 또 다른 방법을 시도했다. 23개의 나선성운의 고유 운동으로부터 그는 태양 운동의 향점을 결정했으며, 이는 시선 속도로부터 결정한 향점과 일치하지 않았다. 그러므로 그는 "유도한 고유 운동은 착각이거나 또는 큰 체계적 오차에 의해 영향을 받았음에 틀림없다."고 결론을 내렸다.[54] 그리고 나선 성운의 최소 거리가 10,000파섹이라고 했다.

이 논문은 반마넨의 결과에 대한 직접적인 공격은 아니었지만(반마넨의 결과를 언급하지 않았음), 거리가 멀고 고유 운동 자료가 믿을 만하지 못하다는 결론은 커티스의 견해와 일치했다. 공격 방법은 또한 커티스와 눈에 띌 정도로 비슷했다 —— 고유 운동이 많은 나선 성운에 대해 사용되었고, 시선 운동과 접선 운동이 대략적으로 같다고 가정을 했다. 런드마크는 커티스와 함께 연구를 했으므로, 접근 방식이 비슷한 것은 당연히 예상된다.

1920년대 초에 런드마크는 반마넨을 가장 공개적으로 비판하는 사람이 되었다. 나선 성운의 운동에 관한 1922년의 포괄적인 논문에서[55] 그는 아래와 같은 중요한 지적을 했다.

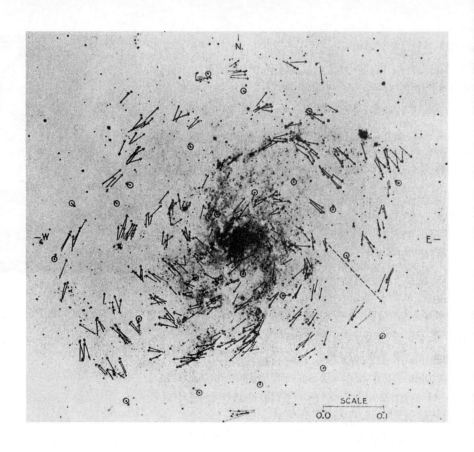

반마넨이 찾아낸 나선 성운 M33
의 내부 운동. 화살표는 평균 연
간 운동의 크기와 방향을 나타
낸다. 비교성은 원으로 표시했
다. (*Astrophysical Journal,* 57, 1923,
University of Chicago Press)

1. 나선 성운의 전체 이동 운동에 대한 런드마크의 값은 반마넨
   의 값과 일치하나, 내부 운동에 대한 값은 그렇지 않았다.
2. 내부 운동에 대한 런드마크의 값에서 구한 시차는 반마
   넨의 이동 운동으로부터 구한 값의 십분의 일이었다.
3. 회전 성분이 일정하거나 나선 성운의 중심으로부터의 거리
   에 따라 감소한다는 반마넨의 주장은 피즈의 분광학적 측정
   결과와 반대되었다. 피즈의 결과는 중심으로부터의 거리에
   따라 증가한다는 것을 보여주었다. 그러므로 런드마크는
   "반마넨의 나선 성운 내부 운동은 중심부에서 너무 크게 측
   정되었을 것으로 보인다."[56]라고 결론을 내렸다.

런드마크는 M33의 사진 건판을 측정함으로써 반마넨에 대한
공격을 계속했다. 1924년에 그 일을 마쳤을 때(웁살라에서), 에어
트켄(그 당시 릭 천문대의 부대장)에게 편지를 썼다 :

······나는 이제 막 나선 성운 M33에 대해 윌슨 산에서 수행한 측
정의 자료 처리를 마쳤습니다. 측정한 400개의 점은 내부 운동에 있
어서 반마넨의 측정과 잘 일치하지 않습니다. 나에게는 성운이 정지
한 것으로 보이고 만약 일반적인 회전 효과가 있다면, 그것은 반마

넨의 값에 비해 매우 작습니다. 이동 운동에 대한 나의 값은 그의 값과 매우 잘 일치합니다.[57]

그리고 그는 1925년 8월에 논문을 『천체물리학지』에 제출했는데, 논문의 초록에는 다음과 같은 말이 포함되었다.

반마넨이 측정하고 논의한 사진을 …… 같은 측정 기기로 측정을 했고, 같은 방법으로 논의했다. 같은 비교성과 성운 점을 측정을 위해 선정했다. 그러므로 결과에서 어떤 체계적인 차이가 있다면 이는 사람에 의존하는 것으로 추정된다.[58]

그러나 런드마크는 자신이 반마넨과 상당히 일치하지 않는다는 점을 논문의 어디에서도 언급하지 않았다. 사실은 위의 예가 상충된다는 점을 보인 유일한 것이다. 만약 그 논문을 꼼꼼히 읽지 않으면, 측정 결과가 서로 일치한다고 결론을 내릴 수도 있다. 런드마크가 초기에 지적한 것을 고려할 때, 그가 모순을 더 분명하게 하지 않았다는 것은 놀랍다. 아마도 그렇게 하려고 했으나 그의 문체에 의해 왜곡되었을지도 모른다. 실제로 그랬는지는 아무리 해도 밝혀내기 어렵다. 아마도 런드마크가 매우 신사적이었기 때문에 반마넨을 공개적으로 비판하지 않았다고 믿는 새들리가 옳았을 수도 있다(그의 회고록에서 말한 대로[59]).

그러나 더욱 더 흥미를 자아내는 것은 런드마크의 측정 결과가 마땅히 받아야 할 관심을 받지 못했다는 점이다. 논쟁에 관련된

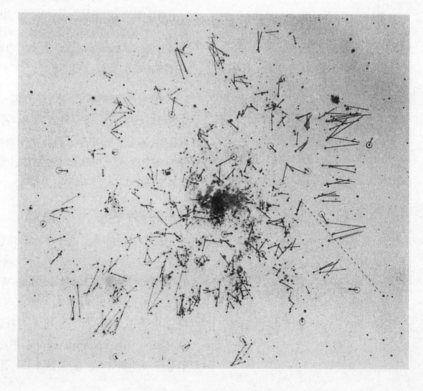

런드마크가 찾아낸 나선 성운 M33의 내부운동. (*Astrophysical Journal* 63, 1926. University of Chicago)

사람들의 언급이 출판된 것은 기껏해야 레이놀즈가 평론에서 짧
게 언급한 것과 두 사람의 결과가 서로, 그리고 성운 거리에 대한
허블의 결정과 일치하지 않는다는 취지로 진즈가 쓴 하나의 짧은
막연한 글에 불과했다.[60] 분명히 진즈와 브라운은 이론적인 어려
움을 해결하기 위한 방법으로서 관측적 증명이 없다는 것을 이용
할 수 있었다. 마찬가지로 커티스는 그가 계속 옳다는 것을 증명
하기 위해 런드마크의 발견을 이용할 수 있었다. 또한 이 결과는
반마넨과 계속 대립하고 있던 허블에게는 매우 가치가 있을 수 있
었다. 요약하면, 많은 사람들이 반마넨의 결과가 믿을 수 없게 되
기를 원했으나, 그렇게 할 수 있는 진짜 기회가 오자, 아무도 그
기회를 잡지 않았다.

역설적으로 그 일에 관해 가장 두드러진 평은 런드마크 자신
으로부터 나왔다. 1927년에 그는 은하[그는 'anagalactic nebulae'
(우리 은하와 같은 은하 성운)라고 불렀음]에 대한 현재의 기술
적 수준을 요약하는 긴 논문(124쪽과 11장의 사진)을 발표했다.
내부 운동에 대한 단락에서 그는 자신의 측정과 처리를 반마넨
의 것과 함께 자세하게 논의했다. 그의 결과는 당연히 1926년의
것과 같았다. 그럼에도 불구하고 런드마크는 아래와 같은 말로
그 단락을 마무리지었다.

> 반마넨과 내가 측정한 회전 또는 내부 운동이 서로 다른 것을 설
> 명하기는 매우 어렵다. 반면에 두 가지 측정 사이에는 분명한 상관
> 관계가 있고, 그 현상은 무엇이든지 간에 *나선 팔의 일반적 진로 방
> 향과 밀접하게 관련되었을* 것에는 의심할 여지가 없다. …… 반마
> 넨의 결과는 과장되었을지 모르나 실제 현상을 여전히 나타낸다.[61]
> (런드마크의 강조.)

이와 같이 반마넨의 결과를 계속 반대했었고, 개인적으로는
수년간의 노력에도 불구하고 그 결과를 증명하는 데 실패했으며,
허블의 결과가 반마넨의 결과와 명백하게 반대라는 것을 분명히
알고 있었던 런드마크조차도 1927년에 측정 결과가 실제로 진짜
일지도 모른다고 생각하게 되었다.

반마넨의 반응

1922년에 반마넨은 섬우주론에 대한 런드마크의 주장을 공격
했다.[62] 그는 런드마크의 가정 여러 개를 의문시했고,[63] 자신의 결
과가 진즈의 이론과 일치하는 것을 재확인했으며, 커티스와 런드
마크의 자료로부터 나온 시차를 논의했고(자신의 결과와 일치한
다고 말했고), 나선 성운에 대해 시차를 측정했고(그 자신의 방법
과 진즈의 이론으로부터), 그리고 현재 있는 증거는 "섬우주론의
인정을 보장하는 것 같지 않다."고 결론지었다.[64]

반마넨은 다음해에 런드마크와 관련된 더욱 중요한 논문을 발표했다. 망원경, 사진 건판, 그리고 측정 기기에 있어서 가능한 오차의 원인을 논의한 후에, 그는 자신이 일곱 개의 나선 성운에서 찾아낸 운동이 진짜라는 결론을 내렸다. 그리고 그는 세스 니콜슨이 자신이 M101에서 찾아낸 운동을 점검하고 확인했고, M33에 대한 런드마크의 측정이 자신의 것과 일치한다는 것을 지적했다. 런드마크는 웁살라로 돌아간 후에야 연구를 마쳤고 그 결과를 1926년에야 발표했으므로, 어떻게 그가 이 마지막 말을 할 수 있었는지는 수수께끼이다. 1923년의 사적인 의견 교환도 매우 예비적인 계산을 바탕으로 했었을 것이다.[65]

같은 논문에서 반마넨은 다시 고유 운동에 대한 커티스의 연구 결과를 인용하면서, "나는 커티스의 결과가 커티스 자신이 한때 가정했던 것처럼 무작위 오차의 영향 때문일 수 없다는 것을 보였다. ……"라고 주장했다.[66] 반마넨은 자기 자신의 발견을 지지하기 위해 커티스와 런드마크의 일을 비록 그것들이 이 주장과 일치하지는 않았지만 인용했다. 그가 그들의 주장을 이해하지 못했거나 아니면 그것들을 받아들이지 않았던 것이다.

또한 반마넨은 다시 자신의 결과에 대한 증명으로서 진즈의 연구 결과를 인용하며, 이론으로부터 결정한 시차에 대해 다음 값을 인용했다. M31은 0.0006각초, M101은 0.0011각초, 그리고 M51은 0.0065각초. 그 다음에 평균 총 고유 운동에 대한 커티스의 값 0.033각초/년과 함께 평균 시선 속도 600킬로미터/초를 이용해서, 그는 평균 시차가 각각 0.00013각초와 0.00015각초라는 것을 알아냈다. 이 시차에 해당하는 거리는 약 150파섹에서 8000파섹까지 변한다. 별로 크지 않은 이 거리 값 때문에 나선 성운은 크기가 작아야 했고 섬우주 개념이 사라지게 되었다. 왜냐하면 우리 은하의 범위에 대한 측정값이 10,000파섹에서 100,000파섹까지였기 때문이다.

1920년대 초에 반마넨의 결과는 그럴듯한 이유 때문에 널리 받아들여졌다. 그는 세계에서 가장 중요한 천문대 중의 하나에 있는 연구원이었으며, 가장 좋은 천문학 기기를 자기 마음대로 쓸 수 있었고 꼼꼼한 관측자로서 이름이 알려져 있었다. 더욱이 그는 유명한 과학자들, 특히 진즈에 의해 지지를 받았다. 반마넨의 결과를 반박하는 증거가 있었지만 대부분 무시되었다. 그러나 곧 반마넨이 틀렸다고 증명했을 뿐만 아니라 섬우주론을 재활시킨 새로운 발견이 나왔다. 이 발전을 거의 혼자서 이룩한 사람은 에드윈 허블이었다.

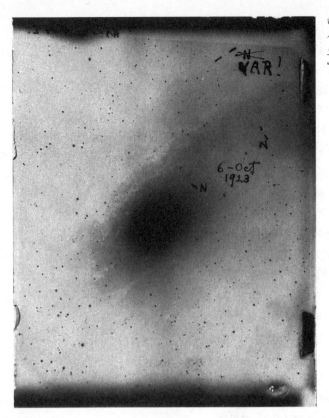

허블이 나선 성운에서 최초의 세페이드 변광성을 발견한 M31의 사진 건판. 세페이드는 오른쪽 위의 구석에 'VAR!'라고 표시되었고, 'N'이라고 표시된 것은 신성이다.

제 4 장 나선 성운의 세페이드 변광성

주기-광도 관계

제1부에서 본 바와 같이, 주기-광도 관계의 발전은 리빗이
마젤란 은하에 있는 변광성에 대해 밝기와 주기 사이에 상관 관
계가 있다는 것을 찾아낸 1908년에 시작되었다. 1913년에 헤르
츠스프룽은 이 변광성의 광도 곡선이 은하수에 있는 세페이드
변광성의(세페이드 자리에서 발견된 변광성과 같은 종류를 말하는
맥동 변광성에 속하고, 흔히 줄여서 세페이드라고 함 : 옮긴이 주)
광도 곡선과 같다는 것을 알아냈다.[1] 마지막으로 1916년에 새플
리는 광도 곡선을 표준화했고, 우리 은하의 범위를 대략적으로
나타내는 구상 성단의 거리를 결정하기 위해 이를 사용했다.

따라서 만약 우주 어디에서든지 세페이드 변광성을 찾아내면
단순히 그 별의 맥동 주기를 측정함으로써 거리를 알아낼 수 있
다(물론, 우주에 있는 모든 세페이드 변광성이 동일하고, 같은
주기-광도 법칙을 따른다고 가정하면).

나선 성운 세페이드의 발견

1923년에 윌슨 산의 허블은 두 개의 나선 성운 M31과 M33의 외곽 지역을 보통 별의 상(image)과 전혀 다른 점이 없는, 빽빽하게 모여 있는 상들로 분해했다.[2] 이 별들 중 여러 개는 (M33의 2번과 M31의 12번) 세페이드 변광성의 광도 곡선을 보여주었다. 그리고 허블은 섀플리의 주기-광도 관계를 이용해서 나선 성운의 거리가 약 285,000파섹이라는 것을 보였다.

허블의 결과는 100인치 망원경의 관측 결과에만 의존하지 않았다. 그는 60인치 망원경(1908년에 완성되었음)도 사용했다. 그 망원경은 이 작업에 적합했다. 또한 1923년 이전에 더욱 큰 다른 망원경이 있었을 뿐만 아니라, 100인치 망원경도 1918년부터 작동되었다.

허블은 자신의 결과를 세 가지 주된 가정에 바탕을 두었다. 1) 변광성이 실제로 나선 성운과 연관되어 있다. 2) 나선 성운에서 구정형의 성운에 의한 흡수량은 많지 않다. 3) 우주에 있는 모든 세페이드 변광성은 같다. 비록 마지막 가정은 틀렸지만(나선 성운은 허블의 결과가 보여준 것보다 훨씬 멀리 있다는 의미에서) 그 거리는 분명히 섀플리가 믿은 것보다 더욱 크고, 나선 성운은 우리 은하와 비슷한 커다란 항성계임에 틀림없었다. 이 마지막 결론은 명백했다. 왜냐하면 하늘에서 각크기가 크면서도 매우 멀리 있는 천체는 선형적으로도 크기 때문이다. 예를 들면, M31의 경우에 각크기는 약 2도이다. 따라서 다음 관계로부터

$$각크기(라디안) = \frac{지름(파섹)}{거리(파섹)}$$

나선 성운의 지름은 약 10,000파섹임을 알 수 있다.

성운의 본질에 대한 의미 (3)

허블은 1923년에 그 발견을 했지만, 발표에는 매우 조심스러웠다. 그는 1924년 초에[3] 섀플리에게 편지를 써서 자신이 M31에서 최초로 두 개의 변광성을 발견했고, 이는 거리가 약 300,000파섹을 넘는다는 것을 보여준다고 발표했다. 이 결과에 대한 섀플리의 반응은 재미있다. 허블에게 보내는 답장에서 그는 그 정보를 '내가 오랜만에 보는 가장 즐거운 문헌'이라고 했다.[4] 분명히 그는 발견의 중요성을 깨닫지 못했다. 헤일에게 보내는 편지에서 그는 허블의 발견을 지나가는 것처럼 하나의 짧은 절에서 간단히 언급했다. "우리는 방금 여기서 허블의 기적에 대해 들었습니다. 최근에 그가 안드로메다에 있는 놀라운 세페이드 변광성에 대해 자세하게 써 나에게 보냈습니다."[5]

그러나 많은 다른 천문학자들은 허블의 연구 결과가 매우 중

요하다고 여겼다. 러셀은 『사이언스 서비스』 *Science Service*의 편집
장에게 보내는 편지에서(1924년에 있었던 천문학에서의 뛰어난
발전에 대한 목록을 부탁한 편집자의 요청에 답해) 허블의 발견
을 '분명히 올해의 가장 뛰어난 과학적인 발전에 들어가는 것'으
로 기술했다.[6]

러셀의 반응은 상당했다. 과거에 그는 나선 성운의 내부 운동
에 대한 반마넨의 측정 결과를 받아들였는데, 이는 나선 성운이
매우 가까이 있고, 따라서 크기가 작으며, 분명히 우리 은하와
비슷한 '섬우주'가 아님에 틀림없다는 것을 보여주었다. 나선 성
운이 매우 멀리 있고, 크기가 매우 크다는 것을 보여주는 허블의
발견 때문에 러셀은 자신의 생각을 바꾼 것 같다.

허블 때문에 생각을 바꾼 영향력 있는 사람은 러셀만이 아니었다. 이론적인 근거에서 반마넨의 작은 거리에 동의한 진즈도 허블과 의견을 나눈 후에 생각을 바꾸었다.

러셀은 1924년 후반에 허블에게 편지를[7] 써서 마음에서 우러난 축하를 해주고, 그의 결과를 다가오는 미국 과학진흥협회의 워싱턴 학술회의에서 공식적으로 발표하라고 강력히 권했다. 허블은 자신의 결과에 대한 논문을 러셀에게 보냈으며, 러셀은 그 논문을 학술회의에서 읽었다.

허블의 연구 결과가 어떻게 학술회의에서 발표되게 되었는가에 대한 재미있는 설명이 스테빈스의 편지에 있다.

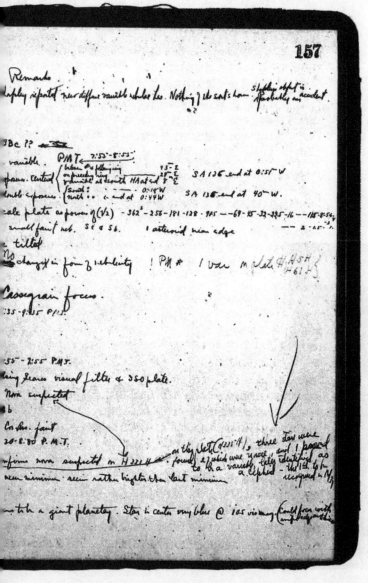

세페이드 발견을 보여주는 허블의 관측 기록부. 오른쪽에서 사진 건판 335번 다음에 있는 기록을 보라. (헤일 천문대 사진)

매디슨, 위스콘신
1925년 2월 16일

E. P. 허블
윌슨 산 천문대
파사데나, 캘리포니아 주

허블 씨께,

미국 과학진흥협회의 제2회 상을 당신과 다른 연구자에게 공동으로 준다는 소식이 『사이언스』지를 통해서 마침내 왔습니다. 먼저 축하를 드립니다. 이는 워싱턴 회의 이후로 내가 간절하게 기다려오던 것입니다.

당신의 논문을 추천하는 과정에 관해서 여러 가지 즐겁고 흥미있는 이야기들이 있는데, 아마도 당신은 이에 대해 전혀 들어 본 적이 없을 것이고, 이 중 몇 가지는 나만이 알고 있습니다. 회의 첫날 저녁에 나는 좀 늦게 도착한 러셀과 함께 저녁 식사를 하게 되었는데, 그가 첫번째로 물어 본 것은 당신이 발표 논문을 보냈느냐는 것이었습니다. 내가 아니라고 대답하자, 그는 "음, 그 친구, 문제로군. 완전히 정당하게 가질 수 있는 1000달러가 있는데, 이를 가지려고 하지 않는군."이라고 말했습니다. 이 말 때문에 논의를 하게 되었고, 잠시 후에 호텔 로비에 사람들이 모였으며, 우리는 러셀과 섀플리가 논문으로 만들 수 있도록 당신에게 주요 결과를 특급우편으로 보내라고 강력히 권하는 전보를 썼습니다. 이 전보를 쓰고 나서, 러셀과 나는 전보를 부치기 위해 전보국으로 가려고 출발했습니다. 중간에 우리는 책상에 가서 전보를 보통 봉투에 넣었습니다. 막 떠나려고 하는 순간에 러셀은 마루 위에서 자신에게 도착한 커다란 봉투를 보게 되었고, 동시에 나는 봉투의 왼쪽 위 구석에서 당신의 이름을 봤습니다. 직원은 그 봉투를 우리에게 주었고, 우리는 걸어서 호텔

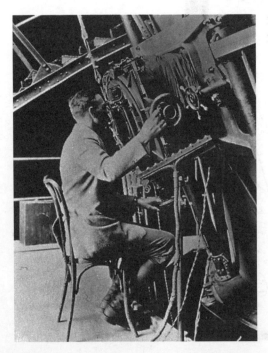

1924년에 윌슨산에서 100인치 망원경으로 사진을 찍고 있는 에드윈 허블. (헨리 E. 헌팅턴 도서관)

로비에 모여 있는 사람들에게 돌아갔고, 특급 배달서비스를 통해 논문을 받아서 지금 손에 들고 있다고 말했습니다. 그 당시에 우연히 동시에 일어난 이 사건은 기적으로 보였습니다.

회의가 끝날 때, 학회의 위원회는 당신의 논문을 상에 추천하도록 선정했으며, 러셀과 나는 그것이 시상위원회에 잘 제시되었는지를 알아보는 위원으로 임명되었습니다. 말할 필요도 없이, 우주의 크기가 늘어난 것 등등에 관해 자세하게 보고서를 작성한 사람은 러셀이었습니다. 그리고 그것을 협회 위원회로 보냈습니다. 우리는 다양한 분야에서 많은 추천이 들어오기 때문에 상당한 어려움이 있을 것을 그때 알았습니다.

아마도 우리들 중 어떤 사람들은 당신이 상 전체를 받았으면 더욱 기뻐했을지도 모릅니다, 그러나 결국, 위원회가 수상자에 대해 매우 오랫동안 생각을 했고, 단순한 실수로 다른 가치 있는 일이 알려지지 않은 채로 지나치지 않았다는 것을 알면, 당신은 만족할 것입니다. 이 문제에 관해 나의 즐거움은, 당신이 밤에 관측을 할 때 내가 당신을 산으로 방문하여 즐거웠던 것을 회상하는 일입니다. 안녕히 계십시오.[8]

앨런 샌디지는 미국 과학진흥협회 학술회의에서 이 논문의 충격을 다음과 같이 기술했다.

허블의 발견을 발표한 것은 극적이다. …… 조엘 스테빈스는 여러 해 후에 이 회의에 대해 회상했는데, 허블의 논문을 읽었을 때 전 학회는 대논쟁[커티스-새플리]이 끝났고, 우주에서 물질 분포에 대한 섬우주 개념은 증명되었으며, 우주론에서 개명의 시대가 시작되었다는 것을 알게 되었다고 기억했다.[9]

조엘 스테빈스 자신도 미국 과학진흥협회상 위원회에 보내는 편지에서 다음과 같이 말했다.

이 논문은 자신의 전문 분야에서 뛰어나고 인정받는 한 젊은 학자의 결과물이다. 이 논문은 전에는 연구할 수 없었던 우주의 깊이를 열었고, 가까운 장래에 더욱 큰 발전을 약속하고 있다. 그 동안에 이 논문은 이미 물질 우주의 알려진 크기를 100배나 늘어나게 했고, 나선 성운이 우리 은하와 크기가 거의 같은 거대한 별의 덩어리라는 것을 보임으로써, 나선 성운의 본질에 대해 오랫동안 결정되지 않았던 문제를 명백하게 해결했다.[10]

허블의 발견은 분명히 천문학계에 중요한 효과를 가지고 있었다. 그러나 어떤 천문학자들은 완전히 확신하지는 않았는데, 이는 아마도 허블의 결과가 반마넨의 결과와 대립되었기 때문이었을 것이다. 사실 이 때문에 허블은 자신의 결과를 발표하는 데 매우 신중했다. 그는 러셀에게 보내는 편지에서 아래와 같이 말했다.

제가 출판하는 것을 서두르고 싶어하지 않는 진짜 이유는 당신이 추측하듯이 (제 결과가) 반마넨의 회전과 완전히 반대이기 때

문입니다. 두 종류의 자료를 조정하는 문제는 매우 흥미있는 일입
니다. 그럼에도 불구하고 저는 측정된 회전에 관해 측정된 결과를
버려야 한다고 믿습니다.[11]

공식적으로 허블의 발표는 1924년 12월의 미국 과학진흥협회
학술회의에서 있었지만, 발견에 대한 정보는 한 달 전에 대중 미
체로 새어 나갔다.[12] 그러나 이 사전 누출은 주목받지 못한 것으
로 보인다.

커티스는 당연히 허블의 발견에 기뻐했다. 왜냐하면 허블의
발견은 섬우주를 지지하는 자신의 주장과 일치했기 때문이다.
유고슬라비아의 아스트라 클럽에 보내는 편지에서 그는 "나는
언제나 이 견해[나선 성운이 별개의 은하라는 견해]를 가지고
있었다. 그리고 나선 성운의 변광성에 대한 허블의 최근 결과는
이 이론을 두 배로 분명하게 만드는 것으로 보인다."[13]

예제 : 세페이드 변광성을 이용한 나선 성운의 거리

1924년까지 허블은 M31과 M33에서 일곱 개의 변광성을 세페이드 변광성으로서 동정
했다. 그가 1925년에 발표한 M31의 세페이드에 대한 자료 중 일부가 아래에 실려 있다.

log(주기)	최대 겉보기 등급
1.70	18.4
1.65	18.2
1.61	18.6
1.58	18.3
1.50	18.2
1.34	19.0
1.33	18.8
1.30	18.5
1.28	18.6
1.27	18.9

새플리의 주기-광도 곡선을 이용해 이 변광성들의 절대 등급을 알 수 있다. (제1부를
보라.)

간단한 계산을 위해 log(주기)=1.5, m(최대 겉보기 등급)=18이라고 하자.

그러면 새플리의 곡선으로부터 $M=-5$. 따라서 다음 관계를 이용하면

$$m-M=5\log d-5$$
$$18-(-5)=5\log d-5$$
$$\log d=28/5\approx6$$

$d\approx10^6$파섹을 얻는다.

M31의 거리에 대한 이 값에 의하면, 나선 성운은 우리 은하의 훨씬 바깥에 있으며, 섬
우주로서의 자격이 있다.

나선 성운 NGC 1097의 1920년 사진. (왕립 천문학회 사진)

제 5 장   나선 성운의 본질

충돌의 해결

허블의 거리 측정 결과는 1925년에 순식간에 문제를 해결할
수 있었으나 실제로 그렇게 되지 않았다. 논쟁은 두 가지 주요
이유 때문에 해결되지 않고 있었다. 1) 허블의 발견은 주기-
광도 관계를 바탕으로 하고 있었는데, 이 관계는 물리적 원인
이 알려지지 않았고 표준화가 통계 시차의 복잡한 과정에 달
려 있었기 때문에, 여전히 어느 정도 논의의 쟁점이 되고 있었
다. 2) 반마넨의 발견은 직접적인 사진 건판 측정에 바탕을 두
었으며, 이로부터 뛰어나게 일관성 있는 결과가 나왔다. 첫번
째 사실 때문에 생긴 의심은 그후 2, 3년 후에 잠잠해졌다.[1] 그
러나 두번째에 의해 생긴 의심은 쉽게 없어지지 않았다.

반마넨은 나선 성운의 운동에 관한 자신의 많은 논문에서
가능한 오차 원인을 논의했다. 실제로 나선 성운에 관한 그의

첫번째 논문에서 등급 효과, 구 건판과 신 건판의 차이, 온도 효과에 의한 오차를 피하는 방법을 설명했다. 이 문제들을 M33에 관한 1923년 논문에서 더욱 자세하게 논의했다.

변위가 기기 때문일 가능성은 거의 없다. 회전 또는 흐름 운동에 해당하는, 비교성에 대한 성운 점들의 변위를 만들어내는 식으로 구 건판이 신 건판과 달라야 할 이유가 없다. 거의 모든 경우에 비교성들은 평균적으로 성운 점들보다 밝다는 것은 사실이다. 이 때문에 등급 오차가 생길 수 있다. 그러나 그런 오차는 비교성에 대해 성운 점들이 전체적으로 움직이게 하거나, 아니면 시야의 곡률 때문에, 그리고 비교성보다 성운 점들이 중심으로부터 더 가까이 있기 때문에 방사상으로 이동하게 할 뿐이다.[2]

같은 논문에서 그는 사진 건판의 질이나 농도로는 변위를 설명할 수 없다고 결론을 내리고, 측정 기기에 대해 "스테레오 비교측정기의 광학계에 있는 결함은, 마찬가지로 비교성에 영향을 미치지 않고는 성운 점들의 회전 운동을 만들어 낼 수 없다는 것이 분명하다."라고 말했다.[3]

1년 후에 그는 구상 성단 M13의 운동에 관한 논문을 발표했다. 반마넨은 내부 운동이 매우 작은 것을 알아내고, 이 결과는 섀플리의 거리를 확인하는 것이며, 여러 개의 나선 성운에서 자신이 찾아낸 내부 운동이 망원경이나 기기에 의해 생겨날 수 없었다고 결론을 내렸다.[4]

반마넨은 1927년까지 이 접근 방법을 계속 사용하여 성단에 대한 또 하나의 논문을 발표했는데, 이 논문에서 '나선 성운에서 발견된 변위를 점검하는 방법으로서' 성단들을 측정했다고 말했다.[5] 그는 다시 이 내부 운동이 매우 작다는 것을 알아내고 사진 건판, 노출 시간, 그리고 등급에 의한 오차가 자신의 측정 결과에 영향을 미치지 않았다고 결론지었다.

(그 논문에는 성단의 평균 시차에 대한 반마넨의 측정 결과 0.000061각초가 포함되어 있었으며, 그는 이 값이 섀플리의 값과 일치한다고 주장했다. 그러나 이 시차는 그가 나선 성운에 대해 찾아낸 어느 값보다 매우 작았으며, 이는 나선 성운이 구상 성단보다 상당히 가깝다는 것을 의미한다! 섬우주론에 대해 가장 열렬한 반대자도 나선 성운이 구상 성단보다 가깝다고 믿지 않았으므로, 반마넨이나 어느 누구도 이 점을 지적하지 않은 것은 놀라운 일이다.)

1925년 왕립천문학회의 특별회의에서 한 연설에서[6] 반마넨은 관측된 내부 운동과 이에 대해 가능한 오차 원인을 논의했다. 여러 개의 나선 성운이 등급이 줄어들면 회전 성분이 늘어나는 것을 보여주는 반면에 다른 성운들은 그 반대 경향을 보여주었으므로, 측정된 변위가 비교성의 밝기에 따라 변할 수 없다고 설명했다. 1930년까지도[7] 자신의 결과가 적어도 등급 효과, 시간각의 결정, 또는 환산에서 2차 항의 무시 등에 의한 오차는 포함하고 있지 않다고 확신하고 있었다.[8]

이와 같이, 허블의 발견 직후에는 논쟁 분위기가 계속 남아 있었다. 왜냐하면 반마넨의 측정 결과가 완전히 믿을 수 없다고 밝혀진 것이 아니었기 때문이다. 그러므로 몇 명의 천문학자가 허블의 결과를 확신하지 않았던 것은 놀라운 일이 아니었다. 그 당시의 전반적인 태도는 1934년에 메릴(윌슨 산 천문대)이 커티스에게 보낸 편지에서 볼 수 있다.

매주 열리는 우리의 천문학-물리학 클럽을 위해서 별과 성운의 거리에 관한 재미있는 프로그램을 준비하고 있습니다. 첫째, 애덤스가 천문학적 거리를 결정하는 데 사용되는 방법을 대략적으로 이야기하고, 그 다음날에 이어서 허블과 반마넨이 나선 성운 문제의 현재 상태를 발표할 예정입니다. 허블이 거리가 매우 멀다는 것을 분명히 보여주는 많은 수의 어두운 변광성을 안드로메다 성운에서 관측했으므로, 저는 두 사람이 이 문제에 대해 반드시 서로 반대되는 입장에 있다고 생각합니다. 반마넨의 측정 결과는 가깝다는 것을 지지하는 거의 유일한 증거입니다. 중력 법칙을 뒤엎고 아무도 알 수 없는 황당한 것처럼 보이지만, 그것은 관측 사실을 보여주는 것 같습니다. 겉보기 운동이 사실이 아니라면 어떻게 그의 결과를 얻을 수 있었는지 이해하기 매우 어렵습니다. 그것이 사진 효과일 가능성은 적은 것 같고, 기기에 의한 것일 가능성은 더욱 적습니다. 나는 반마넨에게 사진 유제에 있는 잘 모르는 효과 때문에 생길 가능성을 시험하기 위해 측정을 하게 시도했으나 실패했습니다. 그러나 그런 효과 때문에 겉보기 운동이 생길 가능성은 거의 없을 것입니다. 반마넨은 나선 성운에 사용한 것과 같은 방법으로 구상 성단을 측정하기까지 했고, 작은 오차로 회전이 거의 없다는 것을 알아냈습니다. 따라서 이는 기기 오차 이론이나 사진 오차 이론을 지지하지 못합니다. 나에게는 이것이 진짜 어려운 문제로 보입니다.[9]

다른 천문학자들도 마찬가지로 어찌할 바를 몰랐으며, 이는 에이트켄(릭 천문대)이 1925년에 커티스에게 보내는 편지에 나타나 있다. "허블의 최근 발견은 그 문제에서 당신 편을 지지하는 강력한 주장입니다. 그러나 나는 그것이 논쟁의 결말을 지었다고는 아직 생각하지 않습니다."[10]

그러나 많은 천문학자들, 아마도 대부분은 즉시 확신했다. 예를 들면, 러셀은 허블의 발견의 중요성을 처음에 보자마자 깨달았다. 1924년 12월 12일에 그는 허블에게 축하하는 편지를 썼으며,[11] 같은 날에 『사이언스 서비스』의 편집장에게도 편지를 썼다.[12] 이 태도는 그가 토론토에서[13] 강연을 할 때 반마넨의 증거가 옳고 나선 성운은 가까이 있다고 확신한다고 얘기했던, 불과 열 달 전에 그가 가지고 있던 견해가 완전히 비뀐 것이었다. 따라서 적어도 러셀에게 있어서 허블의 발견은 중대하고 결정적이었다.

그러나 커티스는 1933년까지 논쟁에 대한 자신의 의견을 출판하지 않았다. 하지만 그때에도 그는 허블에게 직접적으로 요청하지 않았다.

때로는 광속의 1/3까지 되는 나선 팔의 속도를 가정하지 않는 한, 반마넨의 측정 결과와 나선 성운이 개개의 은하라는 개념은 두 가지 다 사실일 수 없다. 더욱이 이 값들을 분광학적으로 결정한 회전 속도의 방향과 조정하는 것은 불가능하다.

반마넨이 측정에 쓸 수 있었던 자료의 관측 시간 간격은 20년이 안되었다. 현재로서는 이 신중하게 측정한 결과들이 아직 찾지 못한 어떤 기기 오차 때문이고, 그리고 다른 관측자가 훨씬 큰 시간 간격으로 확인할 때까지 이 결과들은 믿을 수 없다고 결론을

아드리안 반마넨 Adriaan van Maanen : 1884~1946

오랜 귀족 집안의 후손인 아드리안은 존 빌렘 게르브란드 반마넨과 카탈리나 아드리아나 비서 반마넨의 아들이었다. 그는 학사(1906), 석사(1909), 그리고 과학박사(1911)를 우트레히트 대학에서 받았다. 1908년에서 1911년까지 그로닝겐 대학에서 일했으며, 거기서 J. C. 캅테인을 만났다. 그는 1911년에 자원 조수로서 여키즈 천문대에 들어갔다. 1912년에 캅테인의 추천으로 윌슨 산 천문대의 연구원으로 임명되었다. 거기서 그는 자신의 박사 학위 논문 「에이치와 카이(h - χ) 페르세우스 성단과 그 근처에 있는 1418개의 별에 대한 고유 운동」을 연구하면서 익혔던 기술을 별의 고유 운동과 시차를 측정하는 일에 사용했다.

반마넨은 시차 측정을 위해 60인치 망원경을 80피트 카세그레인 초점에서 사용했다. 이것이 반사 망원경을 정교한 측정에 최초로 사용한 것이었다. 또한 그는 1920년대에 100인치 반사 망원경을 42피트 뉴턴 초점에서 사용했다. 사진에서 시차나 고유 운동을 측정하기 위해 스테레오 비교측정기를 사용했다. 여러 개의 비교성을 일치시킨 후에, 두 상 사이의 거리를 움직일 수 있는 미세측정기 눈금으로 쟀다.

그는 행성상 성운, 구상 성단, 산개 성단, 오리온 성운과 그 근처에 있는 어두운 별, 고유 운동이 큰 어두운 별, 캅테인의 선정 지역 중 42개에 있는 어두운 별, 그리고 나선 성운의 고유 운동을 연구했다.

내릴 수밖에 없는 것 같다. 오늘날 나선 성운에 대해 섬우주론이 적합하다고 명백하게 보여주는 많은 다른 증거를 볼 때, 다른 가능성은 없다.[14]

허블의 발견 후에, 반마넨은 더 이상 적극적으로 지지하거나 부인하지 않았다. 대신 그의 일은 서서히 사라져 갔을 뿐이었다. 1923년 논문 이후에 그는 윌슨 산 천문대 연구업적 407번과 408번을 발표한 1930년까지 그 주제에 대해 아무것도 발표하지 않았다. 그러나 이 논문들의 제목에는 눈에 띄는 변화가 있었다. 이 논문들이 '고유 운동의 연구'에 관한 그의 긴연작 논문(15번째와 16번째 논문)의 연속이었지만, 부제는 '내부 운동'에서 '고유 운동'으로 바뀌었다. 그럼에도 불구하고 407번의 끝에서 그는 시선 속도 650킬로미터/초와 함께 자신의 고유 운동 값으로부터 NGC 4051의 시차를 계산했다. 그리고 다음과 같이 말했다.

반면에 만약 허블의 결과를 NGC 4051에 적용하면, 우리는 앞의 시차에서 구한 거리보다 약 100배 큰 거리를 인정해야 한다.

아드리안 반마넨. (*Publications* of the Astronomical Society of the Pacific, 58, 1946)

1916년에 M101에 대한 두 쌍의 사진 건판에서 87개의 성운 점의 이동으로부터 얻은 결과를 발표했다. 핵으로부터 5각분 떨어진 거리에서 회전율이 0.02각초/년임을 알아냈다. 유명한 1920년의 새플리-커티스 논쟁에서, 반마넨의 평생의 친구였던 새플리는 나선 성운이 비교적 가까운 거리에 있다는 증거로서 반마넨의 결과를 인용했다. 긴 시간 간격을 두고 여러 개의 나선 성운의 사진 건판을 얻은 후인 15년 후에, 에드윈 허블과 반마넨은 『천체물리학지』에 회전에 관한 반마넨의 결과가 체계적인 오차 때문에 틀린 것 같다고 주장하는 논문을 발표했다.

반마넨은 또한 일반적인 태양 자기장을 측정하려고 시도했는데, 이는 1908년에 G. E. 헤일이 시작한 일이었다.

반마넨의 전생애는 사진 건판에서 거의 느낄 수 없는 변화를 눈으로 측정하는 일이었다. 시차 관측에서는 그가 매우 뛰어났다. 그러나 나선 성운의 고유 운동과 태양의 자기장에 대한 그의 결과는 대부분 옳지 않았다. 그가 실수를 한 이유로서 많은 설명이 제시되었다. 정답이 무엇이든 간에, 기본적인 사실은 그가 측정하고자 했던 변화가 그의 기기와 기술의 정밀성의 한계에 가까웠다는 것이다.

STAR CLOUD

CEPHEID

GLOBULAR CLUSTER ← → OPEN CLUSTER

한 개의 세페이드와 여러 개의 산 개 성단을 보여주는 나선 성운 M31 의 한 지역. (헤일 천문대 사진)

그리고 여기서 구한 운동은 65,000킬로미터/초 정도의 속도를 나 타내는데, 이는 받아들이기 어렵다.[15]

1925년과 1929년 사이에 허블은 나선 성운을 섬우주로서 다 루는 세 편의 매우 자세한 논문을 발표해,[16] 나선 성운이 240,000파섹에서 275,000파섹에 이르는 매우 먼 거리에 있다는 것을 보였다. 그러나 반마넨과의 대립은 전혀 언급되지 않았 다. 실제로 반마넨은 각주에서 한 번만 언급되었다.

본질적으로 1925년 후에는 내부 운동에 대한 반마넨의 일이 대부분 무시되었다. 1920년대 초에 있었던 섬우주 가설에 대 한 논쟁의 경우와 같은 대논쟁이 문헌에는 없었다. 이 기간 동 안에 반마넨의 일은 거의 완전히 별과 행성상 성운의 고유 운 동에 국한되어 있었다. 오차의 가능한 원인을 다룬 1930년의 두 편의 논문을 제외하고는 그는 나선 성운에 대한 연구를 다 시는 발표하지 않았다.

공개적인 최후의 일격은 허블이 월터 바데와 세스 니콜슨 과 함께 M33, M51, M81, 그리고 M101에 대해 측정한 결과를 요약해서 발표했던 1935년에 있었다.[17] 그들은 반마넨이 사용 했던 것과 같은 건판을 많이 사용했지만 변위를 찾아 낼 수 없었다. 또한 다른 쌍의 건판은 구 건판과 신 건판 사이의 시 간 간격이 더욱 길었으므로, 변위가 만약 실제 있었다면 더욱 커서 쉽게 찾아낼 수 있었을 것이다. 허블은 자신의 부정적인 결과가 반마넨의 원래 측정 결과에 체계적인 오차가 '분명히 있다'는 것을 증명했다고 결론지었다.

반마넨은 또한 1935년에 M33과 M107을 측정했다(그리고
M74를 추가했다). 그러나 그때는 변위가 자신이 1920년대 초
에 찾아낸 크기의 반밖에 되지 않았다.[18] 그는 아직도 변위를
측정하기는 했으나(허블은 그러지 못한 반면에), "이 특별한
문제에서 체계적인 오차를 피하기 어렵다는 점을 고려할 때,
이 결과와 앞의 논문에 있는 허블, 바데, 그리고 니콜슨의 측
정 결과 때문에 그 운동은 진위를 알 수 없다고 보는 것이 바
람직하다."[19]라고 인정했다.

이렇게 해서 섬우주론을 완전히 받아들이는 데 있어서 마
지막 장애물이 사라졌다. —— 두 개의 반대되는 증거, 허블의
증거와 반마넨의 증거 사이의 충돌은 마침내 해결되었다.

반마넨이 나선 성운을 연구하게 된 처음의 동기는 거리를
측정하는 것이 아니고 내부 운동을 찾아내는 것이었다. 1916
년까지 그의 연구는 거의 모두가 별의 고유 운동에 관한 것이
었으며, 그가 나선 성운에서 운동을 찾는 쪽으로 돌렸다는 것
은 놀라운 일이 아니다. 그는 사진 건판에서의 작은 변위에 관
해 능력 있는 측정가로 알려져 있었다. 나선 성운에서 변위를
측정하는 것은 단순히 이런 종류의 분석의 연장이었다.

처음에 그는 섬우주론에 대한 증거를 찾으려고 애쓰지 않
았다. 왜냐하면 섬우주론이 아직 주요 주제가 되지 않았기 때
문이다. 그러나 (주로 커티스와 리치에 의해) 나선 성운에서
신성이 발견되고, (주로 섀플리에 의해) 우리 은하의 범위에

표 5·1 다른 관측자들이 알아낸 M33의 내부 운동의 회전 성분(μ_{rot})의 비교

관측자	연도	μ_{rot} [각초/년]*	비고
반마넨	1921	+0.020±0.003	25피트 초점에서
		+0.014±0.004	80피트 초점에서
반마넨	1923	+0.020±0.001	
런드마크	1923	+0.0016±0.0065	1926년에 발표
반마넨	1935	+0.013	25피트 초점에서
		+0.009	80피트 초점에서
허블	1935	−0.0001±0.0023	가장 긴 간격
		−0.0000±0.0024	두 쌍의 건판의 평균

* 양수인 μ_{rot}는 나선 팔을 따라 나가는 운동을 나타낸다.

대해 새로운 측정값이 나온 직후에 섬우주론은 주요 주제가
되었다. 적어도 처음에는 반마넨은 곧이어 일어나는 논쟁의
중심부에 있지 않았다. 커티스가 논쟁을 시작했고, 새플리가
반마넨의 발견을 이용해 응답했으며, 갑자기 반마넨이 깊이
관련되게 되었다.

나선 성운에 대한 반마넨의 결과는 나선 성운이 매우 멀리
있을 수 없다는 것을 보여주었다. 이래서 그는 섬우주론을 반
대하는 사람들의 챔피언이 되었다. 처음에는 이 역할을 하려
고 하지 않았으나, 1921년 이후에는 열심히 이를 받아들였다.
그는 그 역할에서 매우 효과적이었다. 왜냐하면 J. D. 퍼니가
지적했듯이, 그의 결과는 "섬우주를 반대하는 주된 증거였으
며, 그렇지 않았다면 섬우주를 지지했을 매우 많은 천문학자
들의 마음을 움직였다."[20]

1920년대 초에 반마넨의 결과는 반대되는 증거가 ── 회전
방향에 대한 슬라이퍼의 반대, 그 결과를 중력 이론과 조정할
때 생기는 진즈의 어려움, 그리고 같은 방법으로 결과를 재현
시킬 수 없었던 런드마크의 실패가 쌓이고 있었음에도 불구하
고 믿어졌다. 허블이 나선 성운에서 세페이드 변광성을 발견
하고 나서야 반마넨의 결과가 심각하게 의심받기 시작했다.
세페이드는 명백하게 나선 성운이 매우 멀리 있다는 것을 보
여주었으나, 모든 사람이 반마넨의 결과를 즉시 버린 것은 아
니었다. 그의 결과는 관측적인 사실을 나타낸다고 생각되었으
므로, 반대되는 결과가 있었음에도 버리기는 어려웠다.

윌슨 산 100인치 망원경의 건설. 망원경
가대 작업. (헤일 천문대 사진)

망원경의 100인치 거울. (*Popular Astronomy*, 61, 1967)

그러나 1925년 이후에 반마넨의 결과는 전처럼 큰 영향력이 지 않았다. 허블이 건판을 자신이 측정함으로써 문제를 해 하기로 결심한 1935년에 다시 꺼낼 때까지 이 문제는 거의 혀졌다. 허블이 이 연구에서 부정적인 결과를 얻자 반마넨 은 자신의 결과에서 체계적 오차의 실제 가능성을 인정해야 했다.

반마넨의 결과는 쉽게 숨이 끊어지지 않았다. 그는 계속해 자신의 일에 대한 증명과 확증을 찾으려고 애썼으며, 가끔 지 치기도 했다. 예를 들면 커티스가 믿을 수 없다고 경고했음 도 불구하고, 커티스와 런드마크의 자료를 사용했다. 그리고 치가 전혀 없었는데도 쇼우텐과 런드마크의 결과와 일치한 고 주장했다. 그러나 그는 자신의 연구에서 계속 오차에 대 걱정을 했고, 자신의 논문에서 오차의 가능한 원인을 자주 의했다는 점을 알아주어야 한다.

반마넨의 발견은 옳지 않다고 직접적으로 증명되어서가 아 라, 나선 성운이 은하라는 새로운 증거가 논쟁의 여지가 없 기 때문에 궁극적으로 무시되었다. 어떤 부정적인 증명도 제로 증명하기는 실제로 증명하기는 언제나 어렵다. 이 경 에는 천문학자들이 반마넨의 구체적인 관측적 발견에 직면 다. 어떤 이론이나 직관, 또는 다른 관측을 이용하더라도 그 과가 틀렸다는 것을 옳게 증명할 수 없었다. 그러나 시간이 나면서 반대되는 증거가 많이 쌓여서 반마넨의 결과에 오차 있다는 것을 피할 수 없게 되었고, 유일한 길은 그의 발견 무시하는 것이었다.

망원경 경통의 아래 부분을 산으로 옮기던 중 일어난 사고. (*Monthly Evening Sky Map*, 1917. 6.)

과학에서 많은 경우에 그 당시 믿고 있는 것에 반대되는 ⸢측자의 증거를 과학자가 무시하는 것은 무책임한 일이다. ⸢학에서 주요 발전의 일부는 그런 관측으로부터 나왔다. 그⸢고 1920년대 초에는 반마넨의 발견이 그런 종류의 발견으⸢보였다. 그러나 그 후에 다른 천문학자들이 반대되는 증거⸢찾아냈을 뿐만 아니라, 반마넨의 측정을 반복해 매우 다른 ⸢과를 찾아냈다. 그러자 천문학계는 곧 반마넨을 무시하기 ⸢작했다. 반마넨이 그들의 견해를 반대해서가 아니라 반마넨⸢결과를 확인할 수 없었기 때문이다.

반마넨의 실수의 원인

그 당시에는 과학자들이 반마넨의 실수의 원인에 대한 ⸢명을 찾으려고 하지 않는 것이 마땅했으나, 이제는 그렇게 ⸢는 것이 현대 역사가의 본분이다.

1935년까지는 반마넨의 결과가 체계적인 오차 때문에 틀⸢다는 것이 명백하게 알려져 있었다. 그러나 그것의 정확한 ⸢질은 구체화되지 않았으며, 사실은 오늘날까지도 알려지지 ⸢았다. 바데가[21] 제시한 설명은 리치의 건판에서 상의 기하학⸢중심이 유제 농도의 중심과 일치하지 않았으며, 그래서 측정⸢사용된 배율에 따라 체계적인 변위가 생겼다는 것이었다. 그⸢나 그런 효과 때문에 언제나 나선 팔을 따르는 겉보기 운동⸢나 일관성 있는 회전 주기가 생기는 것은 아니다. 반마넨의 ⸢과가 뛰어나게 일관성이 있었다는 점은 가장 두드러진 특징⸢의 하나이며, 이 때문에 그 결과를 체계적 오차로 설명하기⸢매우 어렵다. 내부 운동의 회전 성분(μ_{rot})과 회전 주기에 ⸢한 그의 결과는 모든 나선 성운에 대해 거의 같았다. 이렇게 ⸢관성 있는 결과를 계속 만들어내는 실수가 있다는 것은 상상⸢

] 어렵다. 특히 사진 건판에 의한 오차 때문에 모든 나선 은하
] 대해 거의 같은 양만큼 같은 방향으로의 변위가 생길 것 같
] 는 않다.

바데는 남아 있는 코마(렌즈 때문에 별의 상이 혜성처럼 보
]는 현상 : 옮긴이 주) 때문에 보고된 것과 같은 회전이 나왔
]는 제안도 했다. 이 설명도 반마넨의 일관성 있는 값 때문에
]합하지 않다. 또한 최근에 한 역사가가 허블이 (그리고 바데
]) 나중에 측정한 것은 '왜 같은 효과에 의해 영향을 받지 않
]는가'라는 의문을 던졌다.[22]

새플리와[23] 다른 사람들은[24] 아마도 반마넨은 자기가 찾고자
]던 것을 발견한 것이라는 제안을 했다. 그가 무의식적으로 편
]되어서 필요했던 것을 부주의하게 찾아냈을 것도 분명히 가
]하다. 그러나 그가 의도적으로 그렇게 했다는 증거는 없다.
반마넨의 실수가 합리적으로 일어날 수 있는 방법을 설명
]려는 시도에서 최근에 새로운 분석이 수행되었다.[25] 아래와
]은 것들이 실수의 가능한 원인으로 고려되었다.

완성된 후커 망원경. (헤일 천문대
사진)

65

1) 기기적인 원인
　가) 망원경에 의한 오차
　나) 사진 건판에 의한 오차
　다) 측정 기기에 의한 오차
2) 계산 오차
　가) 타당하지 않은 과정에 의한 오차
　나) 계산 공식에 의한 오차
　다) 계산 실수에 의한 오차
　라) 적합하지 않은 가정에 의한 오차
3) 사람에 의한 오차
　가) 사진 건판에서 점을 확인할 때 생기는 오차
　나) 측정 대상 천체의 선택에 의한 오차
　다) 결과 해석에 의한 오차
　라) 위치 결정 실수에 의한 오차
　마) 측정 편견에 의한 오차

　반마넨의 결과가 일관성이 있고, 런드마크와 허블의 결과와 일치하지 않는 점으로부터 기기적인 원인은 더 이상 고려할 필요가 없다. 즉 기기적인 오차 때문에 반마넨이 찾아낸 일관성이 생기지 않을 것이다. 그리고 기기적인 오차가 만약 있다면 런드마크와 허블의 결과도 같은 식으로 영향을 받았을 것이다. 그렇지 않았다는 것은 그 오차가 없다는 증거이다.

　계산 오차도 반마넨의 원래 자료를 철저하게 컴퓨터로 분석한 결과로부터 제거할 수 있다. 약간의 불일치가 발견되었으나, 체계적인 오차는 전혀 발견되지 않았다.

　따라서 사람에 의한 오차만이 남게 되므로, 실제로 그런 오차 때문에 반마넨의 의심스러운 내부 운동이 생겼을 것이라고 결론짓는 것이 합리적이다.

　이 문제는 그런 오차가 실제로 일어날 수 있는 방법을 설명함으로써 계속 조사할 수 있다. 사람에 의한 오차는 과학에서 매우 위험하고 찾아내기 어렵기 때문에, 이것은 조사해야 할 중요한 점이다. 이 오차를 밝히는 것은 한 번만 미리 경고하면 그것을 피할 수 있기 때문에 다른 과학자들의 연구를 돕는 데 매우 중요하다.

　측정에 있어서 다양한 오차를 가정하고, 이를 반마넨이 실제로 사용한 계산 과정에 넣는 컴퓨터 분석을 더 수행했다. 그 분석은 만약 측정 오차의 방향이 사진 건판에 있는 나선 성운의 특징과 일치하는 쪽이라면, 사진 건판에서 점의 위치를 결정할 때 체계적 오차가 단지 0.002밀리미터(즉 측정 기기로 얻을 수 있는 정밀도 정도)일 때 보고된 것과 같은 내부 운동이 생길 수 있다는 것을 보여주었다. 즉 만약 반마넨이 나선 성운이 회전하고 있다고 믿도록 개인적으로 약간 편향되어 있었다면(나선 성운의 사진을 단순히 쳐다볼 때 쉽게 생기는 선입견) 그의 결과는 이런 선입견을 반영할 것이다. 인지의 극단적인 한계에서 이루어지는 측정은 바로 그런 오차에 매우 민감하므로, 이것으로써 그의 결과가 두드러지게 일관성이 있었다는 것을 설명할 수 있었다.

회전 방향

『천체물리학지』에 연이어 출판된 허블과 반마넨의 1935년 논문 때문에, 나선 성운의 거리에 관한 논쟁에서 회전 운동의 크기에 관한 문제는 해결되었다. 그러나 실제 회전 방향 문제는 그 후로도 8년 동안 질질 끌었다. 왜냐하면 1935년에도 반마넨은 "최근의 사진 건판을 내가 측정한 것이…… 처음에 얻은 것보다 훨씬 작은 겉보기 회전 성분을 보여주었으나, 계속 양의 값이 나왔다는 것은 분명하고, 이에 대해 앞으로 가장 많은 탐사 연구가 필요할 것이다."[26]라고 주장했다. (양의 값은 팔이 앞서가는 것을 나타낸다. 즉 나선 성운은 팔이 풀리는 방향으로 회전한다.)

윌슨 산 아래에 있는 계곡의 야경. 로스엔젤레스, 할리우드, 그리고 40개 이상의 다른 도시에서 나오는 불빛을 보여준다. (헤일 천문대 사진)

회전 방향 문제는 새로운 것이 아니었다. 슬라이퍼는 분광학적으로 팔이 따라가고 있다는 것을 알아낸 반면에, 린드블라드는[27] 이론적으로 팔이 앞서가고 있다고 주장했다.

그 주장의 중심은 많은 나선 성운에서 두드러진 특징 ── 일반적으로 흡수 때문에 생긴다고 믿어졌던 '검게 보이는 좁은 지역'[28]에 있었다. 가장 중요한 문제는 나선 성운에서 관측되는 좁은 지역이 어느 쪽에 있는지를 결정하는 것이었다. 분광기로는 직접적으로 회전 방향을 알 수 있었다(왼쪽으로, 또는 오른쪽으로). 만약 좁은 지역이 오른쪽으로 도는 나선 성운의 가까운 쪽에 있다면 팔은 따라가고 있을 것이다. 만약 반대로 좁은 지역이 오른쪽으로 도는 나선 성운의 먼 쪽에 있다면(그리고 대상 천체의 전체를 가리기 때문에), 팔은 앞서가고 있을 것이다.

허블은 이 문제를 철저하게 조사한 후 1941년에 슬라이퍼에게 자신의 결론에 대한 요약을 보냈다.

1925년에 스웨덴의 움살라 대학 천문대에서 있는 버틸 린드블라드. (여키즈 천문대 사진)

내가 만난 모든 사람들과 여러 해 동안 나는 흡수 형태를 경사와 관련해 해석하는 것을 논의했고, 무거운 주변 띠가 중심을 배경으로 윤곽을 나타내고 있는 경우 외의 다른 해석은(이 중에서 어느 것도 나선 형태를 따라 갈 수 없습니다) 회의적이라는 것을 알았습니다. 예를 들면, 여기서 바데는 회전 방향을 아직 결정되지 않은 것으로 여기고, 이론적인 바탕에서 린드블라드의 견해를 선호하는 쪽입니다. 다른 사람들은 그 당시의 자료로는 명백한 결론을 얻을 수 없다고 단순히 말했습니다. 나는 오트, 린드블라드, 메이알, 그리고 다른 그 지역 사람들과 다양한 여러 천문학자들 (하버드 대학 사람들까지) 특별히 모인 맥도날드 천문대 학술회의에서 이 문제를 자세히 논의했습니다. 결과는 회전 방향이 역학 연구에서 기본적인 자료이기는 하지만 문제는 아직 결정되지 않았다는 의견이 지배적이었습니다.

이런 이유 때문에 북반구 하늘에 있는 새플리-에임즈 성운을 모두 조사해 명백한 경우를 특별히 찾아내는 일을 수행했습니다. 나는 가장 좋은 천체가 최근에 발견된 NGC 4216이라고 믿습니다. 당신의 원래 해석은 옳았습니다. 그러나 회전하는 천체가 새로이 발견될 때까지, 그것은 그럴듯한 주장에 의해 지지를 받는 두 가지 가능한 해석 중의 하나로서 여겨졌습니다. 내가 이야기를 나눈 거의 모든 사람들 ── 이론가뿐만 아니라 관측자들도 ── 은 이런 태도를 가지고 있었다는 것을 분명히 말씀 드립니다.

어쨌든 이제 불확실한 것은 전혀 없고, 이론적인 사람들은 나선 성운 이론과 사이좋게 지낼 수 있습니다. 이 점이 중요한 점입니다.[29]

허블은 마침내 2년 후에 결과를 발표하면서,[30] 회전 방향은 팔이 따라가고 있는 쪽이라고 강하게 주장했다. 이렇게 해서 회

월슨 산에서 1920년에 60인치 망원경으로 찍은 나선 성운 M74의 사진. (왕립 천문학회 사진)

전 방향에 대한 반마넨의 결과조차도 틀렸다는 것이 밝혀졌다.

이제 반마넨의 결과 때문에 섬우주론을 받아들이는 것이 늦어졌다는 점은 분명하다. 섀플리는 반마넨의 결과에 대한 열렬한 신봉자가 되었고, 섬우주를 반대하는 주장에 이를 사용했다. 진즈는 반마넨의 결과에 영향을 받아서 이론이 관측에 맞도록 중력 법칙을 수정하는 것을 제안하기까지 했다. 그리고 자신의 나선 성운 거리가 반마넨의 발견에서 나오는 결과와 일치하지 않았던 허블은 자신의 발견을 발표하는 것을 1년 동안 미루었다.[31]

10년 동안 반마넨의 그럴듯한 결과는 섬우주 문제를 혼동시켰고, 외부 은하 천문학의 연구를 방해했다. 그의 문제는 그 당시 과학과 기술의 극단적인 한계에서 일했기 때문에 생겼다. 오늘날 우주론자와 다른 천문학자들은 필요에 의해서 기기와 방법을 한계까지 계속 사용한다. 그러나 반마넨의 교훈을 잊어서는 안된다.

169

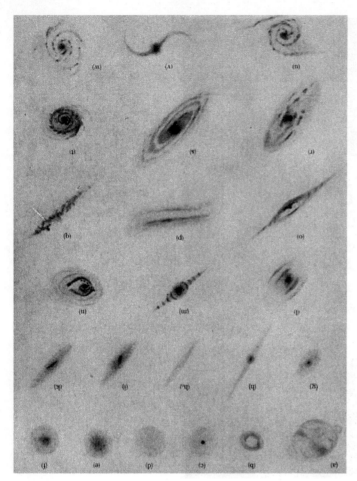

성운을 분류하기 위해 막스 울프가 사용한 그림들. (출처 : 허블의 1917년 시카고 대학 박사학위 논문 「어두운 성운의 사진 연구」 Photographic Investigations of the Faint Nebulae)

제 6 장   성운의 진화

성운의 분류

나선 성운(그리고 다른 종류의 성운)이 외부 은하라는 사실이 발견되면서 제기된 의문 중의 하나는 "이 성운들의 구조와 진화는 어떠할까?"라는 것이었다. 허블은 성운이 외부 은하라는 사실을 발견하기 전인 1922년에 처음으로 이 의문에 관심을 기울였다.

성운의 본질은 최근에 이르러서야 밝혀졌지만, 관측 특성에 따른 성운의 분류는 윌리엄 허셜과[1] 막스 울프의[2] 초기 방법이 보여주듯이 오래 전에 가능했다. 허셜의 복잡한 분류 체계는 (표 6 · 1) 성운의 모양을 기술하기 위해 일련의 대문자와 소문자를 사용했으므로, 많은 글자가 필요했고 검색표가 필수적이었다. 예를 들면, vBpLvgmbM은 'very bright, pretty large, ver

표 6·1 윌리엄 허셜의 분류체계

B. Bright(밝은)	v. very(매우)
F. Faint (어두운)	c. considerable(상당히)
L. Large(큰)	p. pretty(꽤)
S. Small(작은)	e. extremely(극단적으로)

gradual, much brighter in the middle'[매우 밝고, 꽤 크며, (밝기가) 매우 천천히 변하며, 중간 부분이 매우 밝은]을 의미했다.

윌리엄 허셜의 아들 존 허셜은 표 6·2와 같이 다섯 종류로 나누는 분류 체계를 도입했는데, 각 종류는 다섯 개의 세부 계급으로 이루어졌다. 이를 이용하면 한 천체는 다섯 개의 숫자로써 기술할 수 있다. 예를 들면 32255는 'middle-sized, bright, round, discoid, milky'(중간 크기, 밝은, 둥근, 원반 형태, 뿌연)를 의미한다. 분명히 이 분류 체계는 별로 나아진 것이 없다.

울프는 기준이 되는 23개의 성운 그림을 사용했는데, 각 그림에는 동정에 필요한 한 개의 소문자가 사용되었다. 이 분류 체계도 검색표가 필요했다.

1917년에 허블은 학위 논문에 기초를 둔 논문에서 성운에 관한 지식의 상태를 다음과 같이 요약했다. "성운의 본질은 거의 알려지지 않았고, 성운에 대한 제대로 된 분류 체계가 나오지도 않았으며, 명확한 정의도 아직 내려지지 않았다."[3] 이 논문에서 그는 울프의 분류 체계를 사용했다 (그가 중간 계급인 g_0를 추가했지만).

허셜과 울프의 분류가 적합하지 않다고 느낀 허블은 자신의 분류 체계를 개발하기 시작했다. 1922년에 그는 은하계 (galactic) 성운과 비은하계(non-galactic) 성운의[4] 근본적인 차이에

표 6·2 존 허셜의 분류 체계

세부 계급	크기	밝기	둥근 정도	밀집도	분해도
1	Great	Lucid	Circular	Stellate	Discrete
	매우 큰	매우 밝은	원형	별 같은	불연속적인
2	Large	Bright	Round	Nuclear	Resolvable
	큰	밝은	둥근	핵의	분해되는
3	Middle-sized	Faint	Oval	Concentrated	Granulate
	중간 크기	어두운	계란형	집중된	알갱이 같은
4	Small	Dim	Elongate	Graduating	Mottled
	작은	매우 어두운	타원형	천천히 변하는	덩어리진
5	Minute	Obscure	Linear	Discoid	Milky
	매우 작은	안보이는	선형	원반형	뿌연

바탕을 둔 분류법을 제안했다. 이 용어들은, 비록 성운의 본질에 관해 아무것도 의미하지 않았지만, 관측의 관점을 기술했다. '비은하계'라는 말은 분류 대상이 (우리) 은하 평면에서 벗어나 은위가 큰 지역에 있는 것을 의미했다.[5] 또한 허블은 모든 성운을 세 종류 —— 행성상 성운, 확산 성운, 나선 성운으로 나눌 수 있다고 커티스가 1919년에 발표한 견해를 논의했다. 그는 행성상 성운과 확산 성운은 은하 성운을 기술하는 데 적합하지만, 비은하 성운은 단순히 나선 성운이라는 말보다 더 완전한 기술이 필요하다고 생각했다. 그의 분류 체계는 자신이 말했듯이 '커티스의 일반화와 울프의 특수화를 타협한 것'이었다.[6]

허블의 분류 체계는 1919년에 브뤼셀에서 결성된 제1차 국제천문연맹(IAU) 회의를 위해 그가 준비한 보고서에서 처음으로 사용한 것으로 보인다. 1922년 5월에 국제천문연맹은 첫번째 회의를 열었으며, 목적은 당대의 연구를 요약하고, 명명법의 통일을 위한 결의를 하며 천문학자들 사이에 국제 협력을 고무시키는 것이었다.[7] 국제천문연맹은 천문학 연구의 여러 분야에 대한 위원회를 만들었다. 허블이 자기의 분류 체계를 처음으로 제안한 것은 성운 위원회의 보고에서였다.

"완전한 상대적 중요성이 충분히 알려져 있지 않지만, 합리적인 물리적 기초에 따라 성운을 분류할 수 있을 정도로 성운의 분류에 어느 정도 중요한 사실들이 많이 있다. 많은 기술 용어들은 꽤 널리 사용되고 있고[spiral(나선), spindle(방추형), irregular(불규칙한), diffuse(확산), planetary(행성상), stellar(별의), galactic(은하계의), gaseous(기체의), white(하얀), self-luminous(스스로 빛을 내는), dark(암흑), 그리고 reflection(반사)], 연구가 진행되면서 이런 익숙한 용어

1914년 여키즈 천문대에서 대학원생이었던 허블. (꼭대기 줄의 왼쪽에서 세번째). (여키즈 천문대 사진)

들을 사용하는 간편한 분류 체계는 매우 쓸모가 많을 것이다.

은하계	비은하계
1. Planetary (행성상)	1. Spiral (나선)
2. Diffuse (확산)	2. Spindle (방추형)
a. Luminous (밝은)	3. Ovate (계란형)
b. Dark (어두운)	4. Globular (구상)
	5. Irregular (불규칙)

허블의 초기 사진. 옥스퍼드 대학 초상화. 1914년. (헨리 E. 헌팅턴 도서관)

은하 성운은 전문 연구자들이 세부 계급을 도입할 정도로 쉽게 분류된다. 비은하 성운은 그 반대이며, 여기서 제시된 세부 계급은 매우 임시적이다. 이 분류는 커티스의 일반화와 울프의 특수화의 중간에 해당한다."[8]

성운 위원회의 권장 사항 중의 하나는 균일한 체계를 써서 성운을 분류하고 기술하라는 것이었다.[9] 위원장이었던 비구르단(Bigourdan)이 준비한 위원회 보고서는 존 허셸과 비슷한 분류 체계를 제안했다.[10] 비구르단의 보고서는 미국 지역의 권장 사항을 언급하지 않았으며, 그 결과로 분류 체계에 대한 허블의 견해는 공식적인 회보에서는 빠졌다. 크너트 런드마크는 캠벨에게 보내는 편지에서 이 문제에 대해 논평했다.

"성운에 관한 보고서는 분명히 비구르단에 의해 쓰여졌습니다. 본인은 비구르단의 일을 존중하지만, 그의 보고서를 읽고 실망했다는 점을 반복해서 말씀드려야 하겠습니다.
슬라이퍼 박사는 뛰어난 제안을 했고, 허블 씨는 방대한 일반적 프로그램을 작성했으며, 이는 위원회에 제출되었습니다. 제가 아는 한 이 중 어느 것도 수용되지 않았습니다."[11]

아마도 비구르단은 신참내기인 허블이 제안한 분류 방법보다 자신의 분류 방법을 발표하기로 정한 것 같다. 허블은 1917년에 시카고 대학에서 이학 박사학위를 받았으나, 1919년에 윌슨 산 천문대의 직원이 될 때까지 전문적인 일을 시작하지 않았다. 늦어진 이유는 제1차 세계대전 때문이었다. 허블은 박사학위 논문을 끝내기 위해 밤을 새우고, 그 다음날 아침에 구술 시험을 치르고 난 후에 바로 육군에 입대했다.[12]

허블이 성운 분류에 관해 초기에 가졌던 생각은 전적으로 관측적 증거에 바탕을 두었다. 그가 말한 대로, 그 방법은 "사진 건판에 있는 모습을 간단히 조사하는 것에 전적으로 의존했다."[13] 그럼에도 불구하고 미국지부 보고서에 분명히 나타나 있듯이 그는 진화 순서에 대한 이론적 가능성에 끌렸다. "우리는 별의 진화 순서 분류를 따르고 있는 것으로 보인다. 그리고 이런 종류의 일을 성운에 대해 시도할 때가 오기를 희망을 가지고 기대한다."[14]

허블 대위와 그이 누이, 루시. 1917년.
(헨리 E. 헌팅턴 도서관)

이론적 주장

1923년에 허블은 국제천문연맹의 성운 위원회의 위원장이었고, 따라서 성운에 관한 모든 정보 교류의 중심이었던 슬라이퍼에게 분류 방법에 사용된 기준에 관한 더욱 명확한 생각 —— 진즈의 성운 진화 이론 —— 을 설명하는 편지를 썼다.[15] 허블은 비록 진화 이론을 고려했지만, 분류는 관측적 특성에 바탕을 두었다는 것을 인정했다. 슬라이퍼에게 보내는 편지에서 허블은 다음과 같이 말했다.

"저는 진즈의 진화 순서와 비슷하지만, 전적으로 관측적 자료를 이용한 분류 방법을 만드느라고 노력해 왔습니다. 그 근거는 무정형의 성운과 점들이 박힌 나선 팔의 차이입니다. 대략적으로 결과는 아래와 같습니다.

무정형 성운	A0	M87, 또는 NGC 3379
	A1	M32
	A2	M59
	A3	NGC 3115
나선 성운	S0	NGC 4594
	S1	M81
	S2	NGC 2841
	S3	M101

이 외에도 *ϕ*모양을 가진 나선 성운(M95), S모양을 가진 나선 성운, 그리고 M82, NGC 4214 등과 같은 불규칙 성운이 있습니다."[16]

그는 편지의 후반부에서 다음과 같이 계속하고 있다.

"평균 총합 등급이 같다는 것은 물질의 양이 같은 정도라는 점을 보여줍니다. 따라서 각 종류는 진화 순서의 다른 단계를 나타내는 것이라고 생각하는 것이 얼마든지 가능합니다."[17]

한 종류의 성운이 다른 종류로 진화한다는 진즈의 이론은 누구보다도 제프리스(H. Jeffreys)에 의해 일반적으로 받아들여졌다. 이는 1923년 논문이 보여준다.[18]

"이 이론(진즈의 나선 성운의 기원론)의 예측 결과는 렌즈형 성운과 나선 성운의 형태와 운동에 대한 현대 관측 결과와 놀랄 정도로 일치합니다. 따라서 이 이론 또는 이와 비슷한 이론에 대한 강력한 증거를 제시합니다. ……"

허블은 이 글의 결론에서 다음과 같이 말하고 있다.

"렌즈형 성운의 형태는 진즈의 이론이 예측하는 형태와 일치합니다. …… 렌즈 형태와 나선 형태 사이에 존재하는 것처럼 보이는 연속적인 변화로부터 판단하건대, 나선 성운은 아마도 렌즈형 성운이 분명한 가장자리를 보여주는 단계로부터 시작해, 렌즈형 성운의 진화 후기 단계에 있을 것입니다."

허블이 슬라이퍼에게 보내는 편지에서 제안한 분류 방법은 1922년에 발표한 방법과는 크게 달랐다. 달걀 모양, 나선 모양, 둥근 모양 등의 종류는 더 이상 나타나지 않았다. 그는 진즈의 이론에 의해 제시된 중간 단계의 변화를 포함해 비은하 성운을 단지 두 종류로만 나누고 싶었던 것 같다. 그러나 허블은 이 방법은 단순히 그의 첫번째 배열이었다는 것을 인정했다. 후에 1923년에 슬라이퍼에게 보내는 또 다른 편지에서[19] 허블은 이 생각을 확장하고 자신의 주장을 강화했다. 그는 편지와 함께 사진 상에 기초를 두어 모든 성운을 분류하는 계획에 대해 기술하는 원고를 동봉했다. 그는 "관측자가 비은하 성운의 분류 체계를 증명할 물리적인 중요성 때문에 진즈의 이론에 주의를 기울이는 것은 당연하다."라고 기술했으므로, 진화 순서에 대한 생각은 허블의 마음속에 분명히 있었다.[20]

그럼에도 불구하고 허블은 매우 신중했으며, 나아가 "지금 제안하는 방법에서는 진즈의 이론을 고려하지 않고 순전히 관측자의 관점에서 자료를 정리하는 것을 의식적으로 시도했다."라고 말했다.[21]

이 말은 슬라이퍼에게 보내는 초기의 편지에서 말한 것고
본질적으로는 똑같다. 그러나 원고에서 제안된 분류는 전ㅎ
달랐다. 비은하계 성운에 대한 분류는 다음과 같았다.[22]

종류	기호	예	
A. 타원	En		
n=이심율[23]		NGC 3379	E0
		NGC 4821 (M32)	E2
		NGC 4621 (M59)	E4
		NGC 3115	E7
B. 나선			
1. 대수적[24]	S		
a. 조기	Sa	NGC 4594	
b. 중기	Sb	NGC 2841	
c. 만기	Sc	NGC 5457 (M101)	
2. 막대 나선[25]	SB		
a. 조기	SBa	NGC 4754	
b. 중기	SBb	NGC 3351	
c. 만기	SBc	NGC 7479	
C. 불규칙	I	NGC 2336, 4449	

윌슨 산 천문대 앞에 서 있는 월터 애덤스,
제임스 진즈, 그리고 에드윈 허블. (O.
Struve and V. Zebergs, *Astronomy of the 20th*
Century, Macmillan: New York, 1962)

이 순서에서 초기의 1923년 방법과 같이 나선 성운은 타원 성
과는 다른 군으로서 실려 있다. 허블은 무정형(amorphous)을
원형으로 대치하고 이를 분류 체계의 첫 부분에 두었다. 그는
나원 성운을 진화의 초기 단계를 나타내는 것으로 생각하는
에는 어떤 정당한 이유가 있습니다. ……"라고 기술했다.[26]
이 분류에서는 조기, 중기, 만기 등의 용어가 필수적이었다.
으로 보기에 허블은 진화 순서가 존재한다고 굳게 믿었고,
를 나타내기 위해 시간적인 의미를 지닌 말들을 사용했다.
제로 나선 성운을 논의하면서 그는 다음과 같이 기술했다.

"극단적인 두 종류는 명백하다. 한 종류는 밝고 작은 핵 주위에
비교적 많은 양의 무정형 성운을 가지고 있다. 이 중심 지역으로
부터 점들이 거의 없거나 전혀 없는 나선 팔들이 풀리면서 나온
다. 다른 한 종류는 별처럼 보이는 더욱 희미한 핵을 가지고 있는
데, 이 핵은 매우 작은 양의 무정형 성운이 둘러싸고 있다. 나선
팔은 핵에 더욱 가까우며, 감기는 것이 풀리는 것처럼 더욱 열려
있고, 점들이 두드러지게 보인다. …… 극단적인 두 종류 사이는
다른 종류들로 채워진다. 커지면서 나선 팔이 풀리고, 무정형 지
역이 줄어들면서 점 박힌 나선 팔이 점점 커지는 계열을 만들 수
있다. 이 계열의 두번째 단계로부터 첫번째 단계로 가면, 무정형
의 중심 지역이 점점 늘어나고 나선 팔의 상대적 중요성이 점점
줄어들면서, 당연히 얇은 원반 모양과 완전히 무정형인 타원 성운
이 된다. 마찬가지로 타원 성운 중에는 구형부터 원반 형태까지의
계열이 존재한다고 가정하고, 진즈의 이론적 논의를 이용해 쉽게
외삽하면 나선 성운의 첫번째 형태가 된다. 이와 같이 조기 형과
만기 형의 나선 성운이라는 용어를 사용하고 타원 성운과 나선 성
운을 진화 순서의 하나로서 간주하는 데에는 근거가 있다."[27]

그는 자신의 결론에 대해 확신하고 있었으나 그 방법을 발
표하지 않았다. 슬라이퍼에게 보내는 편지에서 그것을 발표하
는 대신에, 성운 위원회에 제출해 위원들의 견해를 듣고 싶다
고 설명했다. "그 결과는 위원회에 의해 승인되고 국제천문연
맹의 재가를 받는 분류 체계가 될지도 모릅니다."[28] 1924년 초
에 허블은 다시 슬라이퍼에게 "헤일 씨는 제가 분류 체계를
발표해야 한다고 생각하십니다. 저는 만약 충분히 짧은 시간
에 진행될 수 있다면 위원회를 통하고 싶습니다."[29]라고 편지
를 썼다. 허블은 성운 진화에 관한 진즈의 추론적인 이론에 근
거를 두고 있는 방법을 발표하기 전에, 자신의 생각을 확인하
고 싶었다.
마침내 2년 후에 허블은 자신이 원했던 것을 찾았다. 슬라
이퍼에게 보내는 편지에서 그는 자신이 찾고 있었던 정당화를
발표했다.

"분류에 관해 저는 홀레첵(Holetschek)의 성운에 대한 분석에서

기초로 제안된 순서에 대해 완전한 타당성을 알아냈습니다.[30] 결과를 현재 작성하고 있으며 원고를 곧 보내드리겠습니다. 핵은 다음 관계에 있습니다.

$$M_T = C - 5 \log d$$

여기서 M_T와 d는 총합 등급과 지름입니다.[31] C는 구형 성운서부터 만기형의 나선 성운 Sc까지 서서히 늘어납니다. 기울기역제곱 법칙을 따릅니다. C는 주어진 광도의 성운에 대해 순서따른 팽창을 측정합니다."[32]

그는 마침내 1923년의 원고에[33] 있었던 것과 거의 같은 방을 발표했다.[34] 이 배열은 후에 허블이 첨가한 두세 가지 수과 함께 오늘날 소리굽쇠도(tuning fork diagram)로서 유명하다 허블은 자신의 분류 방법을 1926년에 발표할 때 여전히중했다. 그는 "성운들이 점진적인 순서에 포함되고, 각 순서

허블 종류에 따라 분류된 나선 은하들. (헤일 천문대 사진)

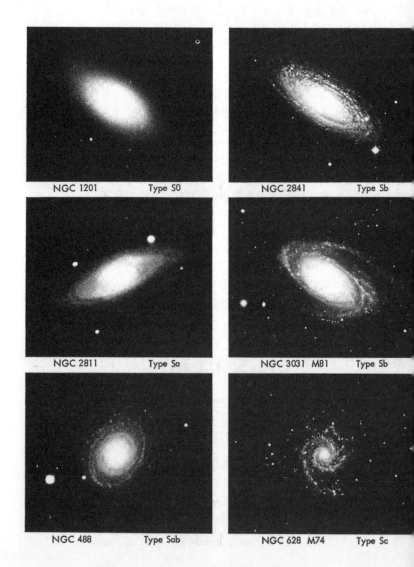

NGC 1201   Type S0

NGC 2841   Type Sb

NGC 2811   Type Sa

NGC 3031 M81   Type Sb

NGC 488   Type Sab

NGC 628 M74   Type Sc

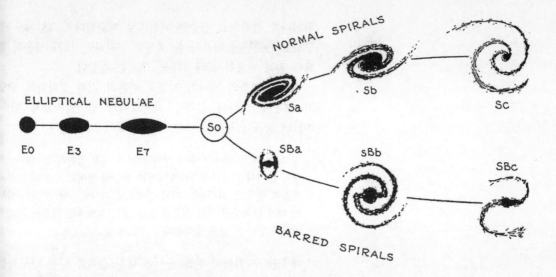

허블이 발전시킨 은하의 분류 계열. (E. P. Hubble, *Realm of the Nebulae*, Yale University Press: New Haven, 1936)

있는 다양한 단계는 한 기본적인 종류의 다른 상태를 나타낸다."고 말했지만,[36] 진즈의 진화 이론에 대한 관측적 증거를 발견했다고 주장하지 않았다. 사실 그는 다음과 같이 기술했다.

"이론적인 고려와 전적으로 무관한 서술식 분류를 찾아내기 위해 많은 노력을 기울였으나, 결과는 진즈가 순전히 이론적인 조사로부터 이끌어낸 결과와 거의 같았다. 이 일치는 자료에 포함된 넓은 분야의 관점에서 매우 시사적이며, 진즈의 이론은 관측을 해석하고 연구를 안내하는 두 가지 목적을 위해 이용되었을지도 모른다. 그러나 분류의 기초는 서술적이며 어느 이론과도 전혀 무관하다."[37]

아마도 허블이 성운 진화를 강하게 지지하기 꺼려한 것은, 1925년에 국제천문연맹 케임브리지 학술대회에서 그의 방법이 냉담한 반응을 받았다는 사실에 부분적으로 기인한다. 국제천문연맹의 성운 및 성단 위원회는[38] 다음과 같이 결정했다.

"아직도 많이 의문시되는 성운의 물리적 특성을 나타내는 용어를 사용하는, 최근에 허블 박사가 제안한 분류 체계는 피해야 할 것이며, 순전히 서술적 특성만을 이용하는 보다 간단한 분류 체계를 사용해야 한다. ……"[39]

허블은 1923년에 국제천문연맹이 승인할 수 있도록 개발한 방법을 발표하기를 삼가했으므로, 그 거부 때문에 더욱 조심스러운 태도를 갖게 되었을 것이다. 그는 1926년에 그 방법에 대한 정당한 근거를 찾았지만 발표에는 계속 보수적이었다. 또한 그는 훌륭한 과학자였으므로 자신의 결론에는 대개 조심스러웠다. 실제로 허블 밑에서 논문을 쓴 메이알(N. U. Mayall)은 증거에 의해 지지받지 않는 주장은 대개 하지 않는 허블을

뛰어나게 정확하고 신중한 과학자로 기술했다.[40] 그럼에도 불
구하고 1923년에 허블이 한 설명을 고려하면, 그가 성운의 진
화에 관해 발표하는 데 기울인 주의는 놀랍다.

진즈는 허블의 결과가 자신의 이론과 거의 정확하게 맞았
기 때문에 허블의 결과를 자연스럽게 받아들이고자 했다.
1931년 발표 논문에서 그는 다음과 같이 쓰고 있다.

> "나는 허블 박사가 후에 찾아낸 것과 거의 정확히 일치하는 형
> 태의 순서에 도달하게 되었다. 이는 하늘에 보이는 성운이 이론적
> 계열에 속하고, 회전하는 기체 질량으로 시작했으며, 우리는 발달
> 의 여러 단계상에 있는 성운을 보고 있는 것이라는 사실에 의심할
> 여지가 없다는 것을 보여준다."[41]

예측할 수 있듯이 진화 순서에 대한 생각은 다른 연구자들에게
도 있었다. 예를 들면 1924년에 러셀은 다음과 같이 말했다.
"…… 진즈의 이론은 하늘에 보이는 천체들과 일치하는 것 같
다. …… 우리가 진화의 단계를 보고 있는 것 같다."[42] 그러나
받아들여진 형태를 발전시키기 위해 그 생각을 이용한 사람은
허블이었다.

그러나 여러 저자들은 방법을 독립적으로 발전시킨 런드마
크와 허블을 공동으로 인정한다.[43] 공동 인정은 런드마크가 허
블의 결과와 놀랄 정도로 비슷한 분류에 관한 논문을[44] 독립적
으로 발표했기 때문이다. 허블은 런드마크가 자신의 생각을
도용했다고 믿었고, 이 문제에 대해 슬라이퍼에게 불만을 털
어놓았다.

> "런드마크가 이름을 제외하고는 제 것과 실제적으로 같은 「성
> 운의 예비 분류」라는 논문을 발표한 것을 알았습니다. 그는 저의
> 존재를 완전히 무시하고 자신의 독창적인 생각이라고 주장합니다.
> 저는 힘든 노력으로 얻은 결과를 그가 이런 식으로 쉽게 빌려 가
> 게 하고 싶지 않기 때문에, 이 문제에 관해 공식적인 관심을 기울
> 여 주시기를 부탁드립니다."[45]

허블은 1926년 자신의 논문[46] 각주에 논문 도용에 관해 다
시 언급했다. 그는 분류가 발표된 1925년 국제천문연맹 학술
회의에 런드마크가 참석했기 때문에 런드마크가 독립적으로
분류 방법을 고안할 수 없었다고 주장했다.

허블의 주장의 타당성 문제는 아직도 해결되지 않았다. 그
러나 두 가지 사실은 알 수 있다. 첫째, 허블의 논문과는 달리
진즈의 연구 결과에 기초를 두고 있지 않은 런드마크의 논문
은 진화 순서에 대해 전혀 언급하고 있지 않다. 둘째, 그가 캠
벨에게 보낸 편지가 보여주듯이, 그는 최소한 1922년부터 분
류에 대해 연구하고 있었다.

"헤일 박사는 저의 계획에 관심을 많이 갖고 계시고, 나선 성운에 대한 문제점들을 연구해 보라고 저를 격려해 주셨습니다. 저는 제가 릭 천문대에서 시작한 일, 즉 작은 성운의 색 지수와 큰 나선 성운에 있는 2차 핵의 색 지수를 구하는 일을 계속하고자 합니다. 또 다른 일은 비은하 성운을 분류하는 문제와 관련이 있는 알려진 나선 성운을 통계적으로 조사하는 것입니다."[47]

런드마크는 분류 방법을 생각하고 있었으므로, 자신의 생각을 독자적으로 개발했을 가능성이 있고, 아마도 전적으로 서술적인 모형을 발표할 때 국제천문연맹의 추천 사항을 따랐을 것이다. 런드마크는 1927년 자신의 논문의 각주에서 허블의 비난에 대해 언급했다.

"허블은 자신의 논문에서(외부 은하 성운, 『천체물리학지』, 64권, 321쪽, 1926년) 내가 답변조차 하고 싶지 않은 어조로 나에 대한 공격을 했다. 그러나 이 기회에 몇 가지 사실을 말하고자 한다.
나는 국제천문연맹 케임브리지 학술회의에 참가했다.
나는 그 당시에 성운 위원회의 위원이 아니었다.
나는 허블의 메모 또는 다른 어떤 종류의 글에도 접근할 수 없었고, 학술 회의가 끝날 때까지 성운 보고서도(허블의 분류에 대한 자세한 내용이 없음) 보지 못했으며, 1926년의 끝 무렵에 허블로부터 편지를 받을 때까지 허블이 논문(확산 은하 성운의 일반적 연구, 『윌슨 산 천문대 연구논문집』, 241권, 1922년)에서 발표한 분류 외에 성운에 대한 또 다른 분류를 수행했다는 것을 몰랐다.
성운 위원회에서 있었던 논의에 관해 들은 것은 '은하'와 '외부 은하 성운'이라는 용어를 받아들일 것인가라는 문제가 유일한 것이었다. 논의에서 나는 허블이 자신의 명명법을 이용하려 한다는 인상을 받았다. 위원 중의 한 사람은 논의 후에, 허블이 '대수적 나선(logarithmic spiral)'이라는 세 분류 계급을 제안했다고 내게 말해 주었는데, 나는 이 제안이 연맹의 어떤 메모에 있는지 몰랐다. 이제 허블의 논문을 읽으면서, 대수적 나선이라는 용어를 도입하는 만족스럽지 않은 생각을 허블이 실행하지 않은 것 같다는 것을 알게 되어 기쁘다. 케임브리지 학술 회의 이후로 그의 분류에 약간의 수정이 도입된 것 같다.
나의 분류가 명명법을 제외하고는 허블이 제안한 것과 실제적으로 같다고 하는 허블의 말은 옳지 않다. 허블은 이심률, 나선 성운의 형태, 또는 발달도에 따라 세부 계급을 분류한 반면에 나는 중심에 대한 집중의 정도를 사용했다. 세 가지 주요 종류 —— 타원 성운, 나선 성운, 그리고 마젤란 성운 —— 중에서 앞의 두 개는 허블과 본인 이전에 이미 사용되었다는 것은 흥미롭다. 타원 성운이라는 말은 1852년에 알렉산더에 의해 사용되었고, 나선 성운이라는 말은 1845년에 로시에 의해 사용되었다. 마젤란 군의 중요성은 내가 허블보다 먼저 지적했다(Observatory 47, 277, 1924). 허블이 자신의 선배들을 인정하는 방법에 대해, 내가 여기서 이 문

모로 보이는 나선 은하 NGC 4594. (헤일 천문대 사진)

제를 시작할 이유가 전혀 없다."[48]

현재의 상태

성운 진화의 전제를 제외하면, 허블의 비은하 성운에 대한 분류 방법은 대부분의 은하에 대해 표준으로 받아들여지게 되었다 —— 왜냐하면 폭발 은하나 시퍼트(Seyfert) 은하와 같은 대부분은 아직 이해가 잘 안되고 있는 어떤 특이한 천체는 허블 분류 체계에 맞지 않는 것 같기 때문이다.

1926년 이후로 수정된 분류법과 다른 종류의 분류법이 많이 나왔지만,[49] 아직도 허블의 분류법이 가장 널리 쓰이고 있다.

마치며

1917년에 나선 성운에 있는 신성을 발견함으로써 시작된 섬우주 논쟁은 1935년에 이르러서야 마침내 해결되었다. 이 이론을 받아들이는 데 있어서 주요 장애는 나선 성운의 내부 운동에 대한 반마넨의 측정 결과였는데, 이 결과는 나선 성운이 이론에서 요구되는 것처럼 매우 먼 거리에 있을 수 없다는 것을 의미했다. 이 문제가 마침내 해결된 것은 허블의 연구 결과를(나선 성운에 있는 세페이드 변광성을 발견하고, 반마넨의 결과를 버릴 수 있는 근거를 제공함) 통해서였다.

많은 천문학자들이 1920년대에 은하에 대한 우리의 지식을 얻는 데에 공헌을 했지만, 허블의 업적은 이 모든 것에 비해 단연 뛰어났다. 1920년대는 참으로 허블의 시대였다고 할 수 있다.

오늘날 은하에 대해 우리가 알고 있는 것을 종종 당연하게 여긴다. 처음에는 이런 것들이 오래 전부터 알려진 것처럼 보인다. 그러나 이제 은하에 대한 지식 —— 더욱 중요한 것은 다른 은하도 존재한다는 사실은 꽤 새로운 것이라는 것을 알게 되었다. 오늘날 우리가 갖고 있는 은하와 우주의 구조에 대한 지식 전부는 평범한 사람의 수명 동안에 쌓인 것이다. 오늘날 (1976년 현재) 50살 정도 되는 사람은 현대 천문학이 나타나기 전에 태어난 것이다.

인용문헌

제 1 장

1. 슬라이퍼에 대한 전기적 정보: J. S. Hall, "V. M. Slipher's Trailblazing Career", *Sky and Telescope, 39* (February 1970): 84-86.
2. V. M. Slipher, "The Radial Velocity of the Andromeda Nebula", *Lowell Obs. Bull. 58* (1914): 56-57.
3. A reprint of the paper presented at the AAS meeting is V. M. Slipher, "Spectrographic Observation of Nebulae", *Popular Astronomy 23* (1915) : 21-24.
4. Private communication, E. Hertzsprung to V. M. Slipher, 14 March 1914 (Lowell Observatory· Archives).
5. Slipher, "Spectrographic Observations".
6. "Dr. V. M. Slipher Tells of Inconceivable Distance of Dreyer Nebula No. 584", *The New York Times,* 19 January 1921, 6.

제 2 장

1. V. M. Slipher, "The Detection of Nebular Rotations", *Lowell Obs. Bull. 2* (1914): 66; "Spectrographic Observations of Nebulae", *Popular Astronomy 23* (1915): 21-24.
2. M. Wolf, Astron. Gesell. 49. (1914): 162.
3. H. D, Curtis, "Preliminary Note on Nebular Proper Motions", *Proc. Natl. Acad. Sci. USA 1* (1915): 10-12. 커티스는 이후에 보다 자세한 연구 결과를 다음 문헌에 실었다: "Proper Motions of the Nebulae", Publ. Astron. Soc. Pac. 27 (1915): 214-218.
4. Curtis, "Preliminary Note", 10.
5. *Ibid.,* 11.
6. *Ibid.,* 12.
7. A. van Maanen, "Preliminary Evidence of Internal Motion in the Spiral Nebula Messier 101", *Astrophys. J. 44* (1916): 210-228; "Preliminary Evidence of Internal Motion in the Spiral Nebula Messier 101", *Proc. Natl. Acad. Sci.* USA 2 (1916): 386-390.
8. 결과는 반마넨의 논문에 요약되어 있다. A. van Maanen "Internal Motion in Four Spiral Nebulae", *Publ. Astron. Soc. Pac. 33* (1921): 200-202. 각 나선 성운에 대한 측정 결과는 별도로 출판되었다: "Preliminary Evidence of Internal Motion in the Spiral Nebula Messier 101"; "Investigation on Proper Motion in the Spiral Nebula Messier 51", *Astrophys. J. 54* (1921): 237-245; "Investigation on Proper Motions Fifth Paper: Internal Motions in the Spiral Nebula Messier 81", *Astrophys. J. 5* (1921): 347-356.; "Internal Motion in the Spiral Nebula Messier 33", *Proc. Natl. Acad Sci. USA* 7 (1921): 1-5.
9. Private communication, J. C. Duncan to V. M. Slipher 14 July 1916 (Lowell Observatory Archives).
10. Private communication, A. van Maanen to H. Shapley, June 1921 (Harvard University Archives).
11. Private communication, A. van Maanen to G. E. Hale 11 July 1917 (Hale Collection).
12. 반마넨이 매우 멀리 있는 나선 성운에서는 운동을 찾아낼 수 있었던 반면에, 오늘날 가장 가까운 나선 성운으로 알려진 M31에서는 운동을 찾아낼 수 없었다는 것은 놀랍다.
13. Private communication, A. van Maanen to G. E. Hale 17 December 1917 (Hale Collection).
14. A. van Maanen, "Messier 33", (1921): 1.
15. *Ibid.*
16. 인용문헌 7번과 8번 참조. A van Maanen "Investigations on Proper Motion, Seventh Paper Internal Motions in the Spiral Nebula NGC 2403 *Astrophys. J 56* (1922): 200-207; "Eighth Paper: Internal Motions in the Spiral Nebula M94＝NGC 4736 *Astrophys. J. 56* (1922): 208-216; "Ninth Paper: Internal Motions in the Spiral Nebula Messier 63, NGC 5055 *Astrophys. J. 57* (1923): 49-56; "Tenth Paper: Internal Motions in the Spiral Nebula Messier 33, NGC 598 *Astrophys. J. 57* (1923): 264-278.
17. A. van Maanen, Tenth Paper.
18. H. Shapley, "On the Existence of External Galaxies *Publ. Astron. Soc. Pac. 31* (1919): 261-268.
19. H. Shapley, *Through Rugged Ways to the Stars* (New York Scribners, 1969), 79.
20. Private communication, H. Shapley to H. N. Russell, September 1917 (Princeton University Archives).
21. Private communication, H. Shapley to H. N. Russell, September 1917 (Harvard University Archives). 새플리는 반마넨이 아직 발표하지 않은 M33에 대한 결과를 언급했다.
22. Private communication, H. N. Russel to H. Shapley, November 1917 (Princeton University Archives).
23. Private communication, H. Shapley to H. D. Curtis, October 1920 (Harvard University Archives).
24. 인용문헌 10번 참조.

5. Private communication, H. Shapley to A. van Maanen, 8 June 1921 (Harvard University Archives).

6. Private communication, A. van Maanen to H. N. Russell, 7 September 1920 (Princeton University Archives).

7. Private communication, H. N. Russell to A. van Maanen, 5 October 1920 (Princeton University Archives).

제 3 장

. Private communication, J. Stebbins to H. D. Curtis, 22 January 1924 (Allegheny Observatory Archives).

. Private communication, H. D. Curtis to J. Stebbins, 27 January 1924 (Allegheny Observatory Archives).

. *Ibid.*

. Private communication, V. M. Slipher to H. D. Curtis, 10 June 1924 (Lowell Observatory Archives).

. Private communication, H. D. Curtis to W. H. Burtt, 25 January 1922 (Allegheny Observatory Archives).

. Private communication, H. D. Curtis to P. O'Dea, 5 July 1924 (Allegheny Observatory Archives).

. E. P. Hubble, "The Direction of Rotation in Spiral Nebulae", *Astrophys. J.* 97(1943): 112-118. See also K. J. Gordon, "History of Our Understanding of a Spiral Galaxy: Messier 33", *Q. J. R. Astron. Soc. 10* (1969): 302.

. 그 발표와 허블에 대한 반마넨의 영향에 대한 직관의 자세한 내용은 R. Berendzen and M. Hoskin, "Hubble's Announcement of Cepheids in Spiral Nebulae", *Leaf. Astron. Soc. Pac.* (June 1971); M. A. Hoskin, "Edwin Hubble and the Existence of External Galaxies", paper delivered at the XIIe Congres International d'Histoire des Sciences, Paris, 1968에 있다.

. Private communication, H. D. Curtis to R. G. Aitken 2, January 1925 (Lick Observatory Archives).

0. Private communication, A. van Maanen to H. Shapley, 5 June 1921(Harvard University Archives).

1. Private communication, J. C. Duncan to V. M. Slipher, 14 July 1916 (Lowell Observatory Archives).

2. 진즈는 나선 성운이 단지 진화하는 성운의 한 단계라고 생각했다. 그는 처음에는 구형인 회전하는 기체가 수축하면서 납작해지고 마침내는 불안정하게 되며, 가장자리에서 가는 실 같은 모양의 물질을 방출함으로써 나선 팔을 만든다고 믿었다. 예를 들면 J. Jeans, *Problems of Cosmogony and Stellar Dynamics* (Cambridge, Eng.: Cambridge University Press, 1919)를 보라.

3. Private communication, A. van Maanen to H. Shapley, 22 June 1921 (Harvard University Archives).

14. Private communication, A. van Maanen to H. Shapley, 17 August 1921 (Harvard University Archives).

15. A. van Maanen, "Internal Motions in Four Spiral Nebulae", *Publ. Astron. Soc. Pac. 33* (1921): 200-202.

16. *Ibid.*, 202.

17. J. Jeans, "Internal Motion in Spiral Nebulae", *Observatory 40* (1917): 60-61.

18. "Proceedings at the Meeting of the Royal Astronomical Society", *Observatory 44* (1921): 353.

19. *Ibid.*, 355.

20. A. S. Eddington, "The Motions of Spiral Nebulae", *Mon. Not. R. Astron. Soc. 77* (1917): 377.

21. J. H. Reynolds, "Nebulae", *Mon. Not. R. Astron. Soc. 84* (1924): 285.

22. J. H. Jeans, "Internal Motions in Spiral Nebulae", *Mon. Not. R. Astron. Soc. 84* (1923): 60-76.

23. *Ibid.*, 60.

24. *Ibid.*, 67.

25. *Ibid.*, 72. 과학에서 가장 혁명적인 20년이 지난 직후였으므로, 그 당시의 분위기는 겉으로 보기에 급진적인 제안을 받아들이기에 매우 적합했다는 것을 주목해야 한다. 물리학에서 비고전적인 제안이 점점 보편화되고 있었다.

26. *Ibid.*, 76.

27. J. H. Jeans, "Note on the Distances and Structure of the Spiral Nebulae", *Mon. Not. R. Astron. Soc. 85* (1925): 531.

28. 이 기록들은 J. H. 진즈가 H. N. 러셀에게 1924년 10월 23일 보내는 편지에 포함되었다(Princeton University Archives). 우연히도 이것들은 1924년 12월에 미국천문학회 워싱턴 학술회의에서 공개적으로 발표되기 전에 허블이 발견했다는 사실이 널리 알려졌다는 것에 대한 증거를 제공한다. 더 자세한 내용은 위의 인용문헌 8번에 있는 논문에 있다. 진즈는 자신의 연구에 대한 관측 챔피언으로서 반마넨에 의존하는 것을 포기해야 했지만, 곧 또 다른 하나를 허블에게서 찾아냈다. 은하 분류에 대한 허블의 연구를 진즈가 자신의 연구를 지지하는 관측적 증거로서 채택했다.

29. 1920년대 초반에 세계에서 가장 뛰어난 천체물리학자는 A. S. 에딩턴과 J. H. 진즈였으며, 두 사람 다 영국인이었다. 따라서 영국은 이론 천문학에서 영향력 있는 중심이었다.

30. E. W. Brown, "Gravitational Forces in Spiral Nebulae", *Astrophys. J.* 61 (1925): 97-113.

31. E. W. Brown, "Gravitational Motion in a Spiral

Nebula", Observatory 51 (1928): 278.

32. C. O. Lampland, "On the Proper Motion of the Virgo Nebula, NGC 4594", *Popular Astronomy 22* (1914): 631-632.

33. C. O. Lampland, "Preliminary Measures of the Spiral Nebulae NGC 5194 (M51) and NGC 4254(M99) for Proper Motion and Rotation", *Popular Astronomy 24* (1916): 667-668.

34. C. O. Lampland, "On Changes Observed in the Nucleus of the Spiral Nebula NGC 4254(Messier 99)", *Publ. Astron. Soc. Pac. 33* (1921): 167-168.

35. Private communication, H. Shapley to A. van Maanen, 17 May 1921 (Harvard University Archives). 램플랜드의 논문(위의 인용문헌 34번)이 5월 18일자이므로, 새플리는 램플랜드와 개인적인 정보 교환을 했었음에 틀림없다.

36. 1921년까지 커티스와 런드마크는 반마넨을 공개적으로 반대하는 거의 유일한 사람들이었다. 반마넨은 새플리, 러셀, 그리고 진즈가 반마넨의 편이었을 뿐만 아니라 천문학계의 많은 사람들도 마찬가지였다. 새플리는 학술회의(아마도 미국천문학회)에서 돌아오자 반마넨에게 편지를 썼다(1921년 9월 8일, Harvard University Archives):

　　나는 당신의 성운 운동이 이제는 진지하게 받아들여지고 있다고 생각합니다. 당신의 측정 결과를 받아들인다면 섬우주 이론은 어떻게 죽는가를 내가 설명한 후에, 극소수를 제외하고는 아무도 머리를 드는 사람이 없었습니다. 그리고 그는 후에 의견을 바꾸었습니다.

37. Private communication, A. van Maanen to H. Shapley, 23 May 1921 (Harvard University Archives).

38. Private communication, E. P. Hubble to V. M. Slipher, 24 July 1923 (Lowell Observatory Archives).

39. S. Kostinsky, "Probable Motions in the Spiral Nebula Messier 51 (Canes Venatici) Found with the Stereo-comparator, Preliminary Communication", *Mon. Not. R. Astron. Soc. 77* (1917): 223-224.

40. W. J. A. Schouten, "Probable Motions in the Spiral Nebula Messier 51 (Canes Venatici)", *Observatory 42* (1919):441-444.

41. A. van Maanen, "Investigations on Proper Motion, Tenth Paper: Internal Motions in the Spiral Nebula Messier 33, NGC 598", *Astrophys. J. 57* (1923): 264-278.

42. H. Shapley and H. D. Curtis, "The Scale of the Universe", *Bull. Natl. Res. Coun. 2* (1921): 214.

43. H. D. Curtis, "The Nebulae", *The Adolpho Stahl Lectures in Astronomy* (San Francisco: Stanford University Pre- 1919): 95-107.

44. Private communication, A. van Maanen to W. W. Campbell, 11 July 1922 (Lick Observatory Archives).

45. *Ibid.*

46. Private communication, A. van Maanen to W. W. Campbell, 9 June 1922 (Lick Observatory Archives).

47. Private communication, W. W. Campbell to H. D. Curtis, 12 June 1922 (Lick Observatory Archives).

48. Private communication, K. Lundmark to W, W. Campbell, 13 June 1922 (Lick Observatory Archives).

49. Private communication, H. D. Curtis to A. van Maanen 28 January 1925 (Allegheny Observatory Archives).

50. Letters of H. D. Curtis to R. Merrill, 8 January 192- to Shock, 24 March 1925; to S. Kuftinec, 12 Apr 1925 (Allegheny Observatory Archives). 또한 그는 1924년 5월 13일에 영국에 있는 W. M. 스마트에게 보내는 편지에서, 겉으로 보기에는 회전 방향이 반대라는 것을 지적하고 '대서양의 반대편에 있는 수학적 전문가들'에게 이 어려운 점을 생각해 보라고 요청했다(Allegheny Observatory Archives). 스마트는 최근에 긴 논문 "The Motions of Spiral Nebulae" *Mon. Not. R. Astron. Soc. 84* (1924): 333-353에서 말하듯이 반마넨의 결과에 대한 열렬한 지지자였다.

51. H. D. Curtis, "The Nebulae", *Handb. Astrophys. 5* (Berli 1933): 774-936.

52. 인용문헌 37번 참조.

53. K. Lundmark, "The Spiral Nebula Messier M33", *Publ. Astron. Soc. Pac. 33* (1921): 324-327.

54. K. Lundmark, "The Proper Motions of Spiral Nebula" *Popular Astronomy 30* (1922): 623.

55. K. Lundmark, "On the Motion of Spirals", *Publ. Astron Soc. Pac. 34* (1922): 108-115.

56. *Ibid.*, 109.

57. Private communication, K. Lundmark to R. G. Aitker 31 May 1924 (Lick Observatory Archives).

58. K. Lundmark, "Internal Motions of Messier 33" *Astrophys. J. 63* (1926): 67.

59. H. Shapley, Through Rugged Ways to the Stars (Nev York: Scribners, 1969): 80-81.

60. J. H. Jeans, *Astronomy and Cosmogony* (Cambridge, Eng. Cambridge University Press, 1928): 351.

61. K. Lundmark, "Studies of Anagalactic Nebulae: Firs Paper", *Ups. Astron. Obs. Med. 30* (1927): 48-49.

62. A. van Maanen, Investigations on Proper Motion, Eight Paper: "Internal Motions in the Spiral Nebul M94=NGC 4736", *Astrophys. J. 56* (1922): 208-216.

공격은 아마도 그의 1922년 논문에 대한 런드마크의 비판에 대한 응답이었다(인용문헌 55번을 보라).

3. 나선 성운에 대한 런드마크의 원래 이야기는 그의 학위 논문에 자세히 포함되었다. "The Relations of the Globular Clusters and Spiral Nebulae to the Stellar System", *Kungl. Sven. Veten. Handl.* 60 (1920): 1-79. 반마넨은 나선 성운이 우리 은하와 마젤란 은하와 비슷하다는 런드마크의 가정을 비판했다. 그는 이것이 논점을 옳은 것으로 이미 해놓고 논하는 것과 같다고 주장했다.

4. A. van Maanen, "M94", (1922): 216.

5. 런드마크가 웁살라로 돌아가기 전에 반마넨과 정성적인 동의를 논했을 수 있다.

6. A. van Maanen, "Messier 33", (1923): 278.

제 4 장

. 리빗의 발견에 대한 더 많은 정보가 필요하면 H. Shapley, *Star Clusters* (New York: McGraw-Hill, 1930): 125-128을 보라.

. E. Hubble, "Cepheids in Spiral Nebulae", Observatory 48 (1925): 40.

. Private communication, E. Hubble to H. Shapley, 19 February 1924 (Henry E. Huntington Library Archives).

. Private communication, H. Shapley to E. Hubble, 27 February, 1924 (Harvard University Archives). 이 편지는 O. Gingerich가 저자에게 알려 주었다.

. Private communication, H. Shapley to G. E. Hale, 6 March 1924 (Hale Collection).

. Private communication, H. N. Russell to W. Davis, 12 December 1924 (Princeton University Archives).

. Private communication, H. N. Russell to E. Hubble, 12 December 1924 (Henry E. Huntington Library Archives).

. R. Berendzen and M. Hoskin, "Hubble's Announcement of Cepheids in Spiral Nebulae", *Leaf. Astron. Soc. Pac.* (June 1971): 5-7.

. A. Sandage, *The Hubble Atlas of Galaxies* (Washington: Carnegie Institute, 1961): 4-5.

10. Private communication, J. Stebbins to the Committee on the Second A.A.A.S. Prize, 1 January 1925 (American Institute of Physics Archives).

11. Private communication, E. Hubble to H. N. Russell, 19 February 1925 (Princeton University Archives).

12. "Dr. E. Hubble Confirms View that Spiral Nebulae Are Stellar Systems", The New York Times, 23 November 1924, 6.

13. Private communication, H. D. Curtis to S. Kuftinec, 12 April 1925 (Allegheny Observatory Archives).

제 5 장

1. For details, see J. D. Fernie, "The Period-Luminosity Relation: A Historical Review", *Publ. Astron. Soc. Pac. 81* (1969): 707-731.

2. A. van Maanen, "Investigations on Proper Motion, Tenth Paper: Internal Motions in the Spiral Nebula Messier 33, NGC 598", *Astrophys. J. 57* (1923): 274.

3. Ibid., 275.

4. A. van Maanen, "Investigations on Proper Motion, Eleventh Paper: The Proper Motion of Messier 13 and Its Internal Motion", *Astrophys. J. 61* (1925): 130-136.

5. A. van Maanen, "Investigations on Proper Motion, Twelfth Paper: The Proper Motions and Internal Motions of Messier 2, 13, and 56", *Astrophys. J. 66* (1927): 89.

6. 학술회의의 요약은 *Mon. Not. R. Astron. Soc. 85* (1925): 897-903에 있다.

7. 드시터와 다른 사람들의 이론적 결과와 잘 맞는 허블이 1929년에 발견한 속도-거리 관계에 따르면, 나선 성운은 분명히 멀리 있어야 했다.

8. A. van Maanen "Investigations on Proper Motion, Fifteenth Paper: The Proper Motion of the Spiral Nebula NGC 4051", *Mt. Wilson Contributions 407* (1930): 1-6.

9. Private communication, P. W. Merrill to H. D. Curtis, 2 November 1924 (Allegheny Observatory Archives).

허블과 반마넨 둘 다 월슨 산에서 일했으나, 둘 사이에 교환한 서신이 전혀 없으므로 역사가에게는 안타까운 일이다. 새플리에 의하면 그들은 서로 좋아하지 않았다. 따라서 그들은 어떤 상황에서도 의견을 교환하지 않았을 것이다. 새플리는 후에 『별에 이르는 험한 길』 *Through Rugged Ways to the Stars*(New York: Scribners, 1969), 80-81에서 이렇게 썼다.

아드리안 반마넨은 내가 온 지 2, 3년 뒤에 월슨 산에 왔다. 그는 한때 헤일 씨의 친구가 되었다. 반마넨은 공격적이고 사교적이었다. 그는 저녁 식사 때 곧 식탁에 앉은 사람 모두를 웃게 할 수 있었다. 그는 사회적으로 성공했다. 사람들은 그를 좋아했다 ── 그가 바람둥이가 될 때까지.

월슨 산에서 반마넨의 일은 은하, 별의 시차, 그리고 지만(Zeeman) 효과를 이용해서 태양의 자기장을 측정하는 것이었다. 그는 헤일을 위해 일했으며 곧 은하의 회전운동에 관한 연구를 시작했다. 이제 그가 원했거나 혹은 가장 나은 것으로 보이는 답을 구한 것처럼 보인다. 나는 그가 자신의 실수를 나중에 인정했는지는 모른다. 그러나 다른 사람들은 그가 틀렸다는 것을 밝혔다. 그는 매력적인 사람이었고 총각이었다. 그와 나는 어느 정도 가까운 친구였는데 그 이유는 모른다. 왜냐하면 나는 사교적이 아닌 반면에 그는 사교적이었기 때문이다. 그는 신중한 사람이었고 나는 그의 엉뚱한 점을 좋아했기 때문에 우리가 가까워진 것이 아닌가 생각한다. 허블은 반마넨이 윌슨 산에 도착한 때부터 그를 좋아하지 않았다. 그는 반마넨을 조소했다. 허블은 사람들을 좋아하지 않았다. 그는 사람들을 사귀지 않았고, 사람들과 함께 일하려고 하지 않았다. 나는 언젠가 어떤 사람이 나의 논문을 허블에게 평가해 달라고 부탁한 적이 있다. 그것은 좋은 논문이었으며, 그 결과는 옳았다. 나는 그 당시에 내가 말하는 내용이 무엇인지 알고 있었다는 뜻이다. 그 논문은 『사이언티픽 어메리칸』 Scientific American과 같은 잡지를 위해 쓴 것이었다. 허블은 단순히 '결과가 없음'이라고 써버렸다. 이에 대해 내게 말해준 편집자들은 그것을 가장 우스꽝스러운 일이라고 생각했다. 왜냐하면 그 말 '새플리—결과가 없음'이 인쇄되었기 때문이다.

허블과 나는 서로 그렇게 많이 찾아가지는 않았다. 그는 로데스 학자였으며, 그 자리를 계속 유지했다. 그는 강한 옥스퍼드 억양으로 말했다. 그는 내가 태어난 곳에서 멀지 않은 미주리에서 태어났고 아마도 미주리 사투리를 알고 있었을 것이다. 그러나 그는 '옥스퍼드'식으로 말했다. 그는 'to come a cropper'('털석 떨어지다, 크게 실패하다'라는 뜻 : 옮긴이 주)와 같은 숙어를 사용하곤 했다. 그가 사귀던 여자들은 그 옥스퍼드식을 매우 좋아했다. 그는 "Bah Jove!"('흥, 천만에'라는 뜻 : 옮긴이 주)라고 말했으며, 그런 식의 다른 표현도 썼다. 그는 개성이 매우 튀는 사람이었다.

10. Private communication, R. G. Aitken to H. D. Curtis, 26 January 1925 (Allegheny Observatory Archives).
11. Private communication, H. N. Russell to E. P. Hubble, 12 December 1924 (Henry E. Huntington library).
12. Private communication, H. N. Russell to W. Davis, 12 December 1924 (Princeton University Archives).
13. H. N. Russell "The Nebulae", Lectures at the University of Toronto. February 1924 (unpublished transcript in the Princeton University Archives).
14. H. C. Curtis, "The Nebulae", Handb. Astrophys. 5 (Berlin 1933): 851.
15. A. van Maanen, "Spiral Nebula NGC 4051", 6.
16. E. P Hubble, "NGC 6822, A Remote Stellar System", Astrophys. J. 62 (1925): 409-433; "A Spiral Nebula as a Stellar System: Messier 33", Astrophys. J. 63 (1926): 236-274; "A Spiral Nebula as a Stellar System, Messie 31", Astrophys. J. 69 (1929): 103-157.
17. E. P. Hubble, "Angular Rotations of Spiral Nebulae" Astrophys. J. 81 (1935): 334-335.
18. A. van Maanen, "Internal Motions in the Spira Nebulae", Astrophys. J. 81 (1935): 336-337.
19. Ibid., 337.
20. J. D. Fernie, "The Historical Quest for the Nature c the Spiral Nebulae", Publ. Astron. Soc. Pac. 82 (1970) 1219.
21. W. Baade, Evolution of Stars and Galaxies (Cambridge Harvard University Press, 1963): 28-29.
22. N. S. Hetherington, "Adriaan van Maanen and Interna Motions in the Spiral Nebulae: A Historical Review", Q J. R. Astron. Soc. 13 (1972): 25-39.
23. H. Shapley, Through Rugged Ways to the Stars, 56-57.
24. For example, see Hetherington, "Adriaan van Maanen".
25. R. Hart, "Adriaan van Maanen's Influence on the Islan Universe Theory" (Dissertation, Boston University, 1973)
26. A. van Maanen, "Internal Motions in the Spira Nebulae", 337.
27. 예를 들면 B. Lindblad, "On the Spiral Orbits in the Equatorial Plane of a Spheroidal Disk with Application to Some Typical Spiral Nebulae", Ups. Astrom. Obs. Med 31 (1927):1-18을 보라.

반마넨이 린드블라드를 직접적으로 언급한 적이 없으므로, 이 이론적 연구가 그에게 미친 영향이 얼마나 되는지는 알 수 없다. 그러나 반마넨은 아마도 그것을 알고 있었을 것이다. 또한 런드마크가 자신의 1927년 논문에서 린드블라드의 이론을 여러 번 언급했는데, 이로써 그가 반마넨에 반대하는 주장을 역설하지 못한 이유를 알 수 있다. 왜냐하면 그 이론은 회전에 대해 반마넨의 방향을 지지했기 때문이다.

28. 흡수에 대한 자세한 연구는 D. Seeley and R Berendzen, "The Development of Research in Interstella Absorption, c. 1900-1930", J. Hist. Astron. 3 (1971) 52-64, 75-86에 있다.
29. Private communication, E. P. Hubble to V. M. Slipher, 1 June 1941 (Oort Papers, Leiden Observatory Archives).
30. E. P. Hubble, "The Direction of Rotation in Spira Nebulae", Astrophys. J. 97 (1943): 112-118.
31. 그 발견이 왜 더 일찍 이루어지지 않았는지에 대해 생각하는 것은 흥미롭다. 1913년까지 세페이드 변광성은 마젤란 은하에서 알려져 있었고, 1918년까지는 주기—광도 관계(이것으로써 세페이드 변광성의 거리를 결정할 수 있었다)가 나와 있었다. 따라

서 1918년 후에 아마도 누군가가 나선 성운에서 세페이드를 찾으려고 시도했을 것이다. 퍼니가 지적했듯이, 분명히 관심을 갖고 있는 유능한 관측자가 있었다. ("Historical Quest", 1926).

구상 성단에 있는 변광성을 찾는 데에 매우 능숙한 새플리 자신은 나선 성운에서 변광성의 존재를 조사하는 데 유리한 위치에 있었다. 그러나 겉으로 보기에 그는 성운이 어떤 다른 것이라고 확신하고 있었기 때문에 실제로 조사한 적은 없었다.

(그러나 새플리는 그 일이 윌슨 산에서 자기에게 맡겨진 일이 아니기 때문에 하지 않았다고 주장했다[*Through Rugged Ways to the Stars*, 57-58].)

(허블의 발견 이전에) 변광성이 M33에서 발견되었을 때도 아무도 그것들이 세페이드일 것이라고 제안하지 않은 것 같다. [J. C. Duncan, "Three Variable Stars and a Suspected Nova in the Spiral Nebula M33 Trianguli", *Publ. Astron. Soc. Pac. 34* (1922): 290-291; M. Wolf, "Zwei Neue Veranderliche Trianguli, im Spiral Nebel M33", *Astron. Nachr. 217* (1923): 475.] 그리고 허블이 1923년에 결정적인 발견을 했을 때, 처음에 변광성 대신에 신성을 발견했다고 생각했으며, 이는 그의 공책 기록과 건판 표시로부터 분명하다. [N. U. Mayall, "Edwin Hubble: Observational Cosmologist", *Sky and Telescope 13* (1954): 78을 보라.] 이와 같이 발견은 탐사의 결과가 아니라 우연이었다. 겉으로 보기에 아무도 섬우주론의 진단 방법으로서 세페이드, 그리고 간접적으로 주기-광도 관계를 찾아보자고 제안하지 않았다는 것은 흥미롭다. 이에 대해 가능한 이유는 여러 가지가 있다. 새플리의 주기-광도 관계는 보편적으로 받아들여지지 않았다. 전세계에서 소수의 관측자와 망원경만이 나선 성운의 연구에 관련되어 있었다. 그리고 뒤늦게 생각해 보면 그 문제가 그 때보다 오늘날 더욱 명백해진다. 그러나 그 이론에 매우 치명적인 것으로 보였던 반마넨의 결과 때문에 천문학자들이 그런 생각을 고려하지 않았을지도 모른다.

제 6 장

1. 윌리엄 허셜 모형의 자세한 내용은 D. Curtis in "Nebulae", Handb. *Astrophys. J. 5* (Berlin, 1933): 919에 기술되어 있다.

2. M. Wolf, "Die Klassifizierung der Kleinen Nebelflecken", *Publ. Astrophys. Inst. Koingstuhl-Heidelberg 3* (1909): 109-112.

3. E. Hubble, "Photographic Investigations of Faint Nebulae", *Publ. Yerkes Obs. 4* (1920): 69.

4. E. Hubble, "A General Study of Diffuse Galactic Nebulae", *Astrophys. J. 56* (1922): 162.

5. *Ibid.*, 166.

6. *Ibid.*, 168.

7. 그 학술대회에 관한 더 많은 정보는 *Observatory 45* (1922): 176-190와 *Publ. Astron. Soc. Pac. 34* (1922): 275-285에 있다.

8. "The American Section of the International Astronomical Union-Report of the Committee on Nebulae", 1922년 3월 제출 (Lowell Observatory Archives). 미국 지부의 위원은 E. E.Barnard, E. Hubble, C. O. Lampland, V. M. Slipher, 그리고 V. H. Wright였다.

9. 그 보고서는 *International Astronomical Union Transactions 1* (1922): 91-94에 발표되었다.

10. 비구르단은 전에 이 결과를 C. R. Acad. Sci 158 (1914): 1949-1957에 발표했다.

11. Private communication, K. Lundmark to W. W. Campbell, 13 June 1922 (Lick Observatory Archives).

12. 허블에 관한 배경 정보는 N. U. Mayall, "Edwin Hubble Biographical Memoir for the National Academy of Sciences", December 1966 와 N. U. Mayall, "Edwin Hubble, Observational Cosmologist", *Sky and Telescope* (January 1954): 78-85에 있다.

13. Hubble, "Diffuse Galactic Nebulae", 167.

14. "American Section Report", (1922) 5.

15. J. Jeans, *Problems of Cosmology and Stellar Dynamics* (Cambridge, Eng.: Cambridge University Press, 1919).

16. Private communication, E. Hubble to V. M. Slipher, 4 April 1923 (Lowell Observatory Archives).

17. *Ibid.*

18. H. Jeffreys, "On Jeans' Theory of the Origin of Spiral Nebulae", *Mon. Not. R. Astron. Soc. 83* (1923): 449-453. 이 논문의 목적은 진즈 이론의 수학적 면을 비판하는 것이었다. 그러나 이 논문의 끝에서 그는 진즈의 응답을 읽은 후에, 그 비판이 타당하지 않고 그 이론이 설명한 대로 옳다는 것을 인정했다.

19. Private communication, E. Hubble to V. M. Slipher, 24 July 1923 (Lowell Observatory Archives).

20. E. Hubble, "The Classification of Nebulae" (Lowell Observatory Archives). 이것은 1923년 허블이 V. M. 슬라이퍼에게 보낸 원고이다. 후에 국제천문연맹의 성운분과위원회의 회원들에게 보내졌다.

21. *Ibid.*

22. *Ibid.*

23. 타원 성운의 이심률은 사진 상을 이심률이 0.0, 0.2,

0.4, 0.6, 0.8인 일련의 타원과 비교함으로써 알 수 있었다. 소수점은 빠졌고, n은 0과 8 사이의 정수로 나타냈다.

24. 대수 나선 성운은 오늘날 정상 나선 은하라고 부른다.

25. 막대 나선 성운은 이전에 허블이 언급한 파이(ϕ) 모양 나선 성운이었다. H. D. Curtis in the Publ. Lick Obs. 13 (1918): 12.

26. Hubble, "Classification."

27. *Ibid.*

28. Hubble and Slipher, 24 July 1923.

29. Private communication, E. Hubble to V. M. Slipher, 9 February 1924 (Lowell Observatory Archives).

30. Holetschek, *Annuales des Wierner Sternwurk 20* (1907), a catalog of total luminosities for 417 extragalactic nebulae.

31. 허블은 이 관계를 더욱 자세하게 자신의 1926년 논문 "Extra-Galactic Nebulae", *Astrophys. J. 64* (1926): 321-369에서 설명했다.

등급 분포는 모든 계열에 있어서 균일한 것 같다. 각 계열에 있는 각 종류 또는 단계에 대해 총 등급은 최대 지름의 대수에 대해 다음 공식으로 주어진다.

$$M_T = C - 5 \log d$$

여기서 C는 종류에 따라 점차적으로 변한다. 이는 주어진 등급에 대한 지름의 변화 또는 그 반대를 나타낸다. C를 보정함으로써 성운은 표준형으로 환산할 수 있으며, 그러면 마젤란 운에서부터 가장 어두운 성운까지 모든 성운에 대한 관계를 한 개의 공식으로 나타낼 수 있다. $\log d$의 계수는 역제곱 법칙에 해당하며, 성운은 절대 광도가 모두 비슷하고 겉보기 등급은 거리의 척도라는 것을 보여준다.

32. Private communication, E. Hubble to V. M. Slipher, 22 June 1926 (Lowell Observatory Archives).

33. 그 변경은 간단했다. n은 1923년 원고에 있는 대로 ('분류') 0과 8 사이가 아니라 0과 7 사이의 정수를 택하도록 허용하고, 두세 가지 예가 바뀌었다.

34. E. Hubble, "Extra-Galactic Nebulae", 321-369.

35. 1926년 순서를 약간 수정한 '소리굽쇠도'가 허블의 『성운의 세계』 *The Realm of the Nebulae*(New Haven : Yale University Press, 1936) 45쪽에 사용되었다. 실제로 소리굽쇠 그림은 진즈가 *Astronomy and Cosmology*(Cambridge, Eng.: Cambridge University Press, 1928), 324에서 썼던 Y 그림을 매우 닮았는데, 진즈는 여기서 나선 성운에 대한 진화 이론이 허블의 관측과 관련되어 있다는 것을 보이고자 했다.

36. E. Hubble, "Extra-Galactic Nebulae", 346.

37. *Ibid.*, 324.

38. 1922년 로마 회의에서 위원회는 성단도 고려해야 한다고 결정했다.

39. *International Astronomical Union Transactions 2* (1925): 206

40. Private communication, 13 April 1970. From its origin until recently, Dr. Mayall was Director of the Kitt Peak National Observatory.

41. J. Jeans, "An Evolving Universe", *Carnegie Institution of Washington, News Service Bulletin, Staff Edition 23* (1931) 157.

42. H. N. Russell, "The Nebulae", lecture given at the University of Toronto, February 1924: 260 (Russell Collection, Princeton University Archives).

43. 예를 들면 L. Motz and A. Duveen, *Essentials of Astronomy* (Belmont, Calif., Wadsworth Publ. Co., 1967): 569; 또는 W. Baade, *Evolution of Stars and Galaxies* (Cambridge Harvard University Press, 1963): 12를 보라.

44. K. Lundmark, "A Preliminary Classification of Nebulae" *Ark. Math. Astron. Fys. 19 B* (1926). 이 논문은 허블의 1926년 논문이 인쇄되기 여러 달 전에 발표되었다.

45. 허블이 1926년 6월 22일에 슬라이퍼에게 쓴 편지.

46. Hubble, "Extra-Galactic Nebulae", 323.

47. Private communication, K. Lundmark to W. W. Campbell, 28 May 1922 (Lick Observatory Archives).

48. K. Lundmark, "Studies of Anagalactic Nebulae, First Paper", *Med. Astron. Obs. Ups. 30* (1927): 24.

49. 중요한 수정과 분류의 일부가 H. Shapley, "On the Classificatiion of Extra-Galactic Nebulae", *Harvard Bull. 849* (1927)에 있다. 1927년 논문에서 새플리가 허블의 모형을 비판하고 "Second Note on the Relative Number of Spiral and Elliptical Nebulae", *Harvard Bull. 876* (1930)에서 자신의 모형을 제안한 반면에, 그가 논의에서는 허블의 형태를 사용했다는 것은 흥미롭다. W. W. Morgan, "A Preliminary Classification of the Forms of Galaxies According to Their Stellar Population", *Publ. Astron. Soc. Pac. 70* (1958): 394; G. de Vaucouleurs, "Classification and Morphology of External Galaxies", *Handb. Phys. 53* (1959): 275-372; S. van den Bergh, "A Preliminary Classification of Late-Type Galaxies", *Astrophys. J. 131* (1960): 215; A. R. Sandage, *The Hubble Atlas of Galaxies* (Washington: Carnegie Institute, 1961).

제 4 부
현대 우주론의 탄생

제 4 부 차례

알버트 아인슈타인

들어가며

우주론은 과거에 형이상학의 한 분야로 간주되어 철학자가 우주의 구조와 질서를 탐구했다. 최근에 이르러서야 천문학자들이 자신들의 모형을 관측적으로 검증하기 시작했다. 이러한 사실이 천문학자들이 공간 상으로 깊이, 그리고 시간 상으로 먼 과거까지 연구할 수 있는 큰 망원경이 등장하기 전에는 우주론적인 문제가 알려지지 않았다는 것을 의미하지는 않는다. 또한 그들이 안고 있던 어려운 우주론적 문제에 대한 해답을 성공적으로 제시하지 못했다는 것을 의미하지도 않는다. 이 글의 첫 부분이 보여주듯이, 무한 우주와 관련된 어떤 어려운 문제는 이미 수세기 이전에 알려져 있었다.

17세기에 뉴턴이 제안한 중력 이론은 행성의 운동을 다루는 데 매우 성공적이었다. 그러나 그 이론이 전 우주에 적용되었을 때는 어려운 점이 생겼다. 만족스럽지 못한 점들은 1917년 경에 알버트 아인슈타인이 중력을 상대론적으로 다룸으로써 해결되었다.

아인슈타인이 상대론적 물리학을 도입하고 많은 과학자들이 이를 받아들임으로써 공간의 구조와 우주론에 대한 새로운 접근 방법들이 나오게 되었다. 아인슈타인과 드시터는 공간의 형태를 수학적으로 나타내는 아인슈타인의 장(場) 방정식에 대한 해(解)를 찾아냈다. 이러한 최초의 상대론적 우주론은 뉴턴 역학과 관련된 문제에 대한 해결책을 제시했고, 우주의 연구에 있어서 천문학적인 관심을 불러일으켰다. 1905년에서부터 1930년까지 발전된 상대론적 우주론은 전적으로 철학적이고 이론적인 생각에 바탕을 둔 것이었다. 왜냐하면 그 당시에는 관련된 관측이 없었기 때문이다. 그러나 1920년대에 천문학적 지식에 있었던 공백이 초기 우주론에까지 원대한 영향을 미치는 결과들로 채워졌다. 일단 우리 우주의 기본적인 구조 단위가 결정되고 크기의 문제가 풀리자, 천문학자들은 새로운 문제를 연구할 수 있게 되었다.

나선 성운이 사실은 우리 은하와 비슷한 항성계이고 우리 은하로부터 먼 거리에 있다는 것이 알려지자, 공간에서 이러한 천체들의 관계에 관한 문제가 매우 중요하게 되었다. 베스토 슬라이퍼는 나선 성운들의 시선 방향 속도가 매우 크다는 것을 발견했는데 이는 뛰어난 관측 결과였으며 이론적 해석이 필요했다.

1920년대 후반까지는 나선 은하 두세 개의 거리가 측정되었지만, 거리를 측정하는 일은 우주의 거대 구조를 알아내려는 시도에 있어서 매우 어려운 문제였다. 나선 성운의 시선 방향 속도와 거리를 관련시켜 보려는 시도는 여러 번 있었으나, 1929년에 허블이 분광학적인 적색 이동과 거리 사이의 선형적인 관계를 발표하기 전까지는 아무도 성공하지 못했다.

이러한 관계를 이론적으로 이끌어 내려는 시도는 1917년부터 시작되었지만 관측이 보다 믿을 만하게 되어서야 성공하게 되었다. 마침내 1930년대 초기에 이르러서야, 팽창하는 우주를 기술하는 관측과 이론이 함께 사용됨으로써, 원리적으로는 오늘날까지도 받아들여지고 있는 우주관이 만들어지게 되었다. 그러나 그러한 우주의 자세한 내용은 관측 기기, 기술, 그리고 이론이 더욱 개선되고 새로운 발견이 나오면서 거의 끊임없이 변하고 있다. 우리가 받아들이는 우주의 크기는 1930년대 이후로 꾸준히 늘어나고 있으며, 아마도 이 책이 쓰여지고 있는 이 순간에도 계속 늘어나고 있을 것이다.

월슨 산의 60인치 망원경으로 1916년
에 찍은 나선 성운군. (헤일 천문대
사진)

제1장 우주론적 문제들

올버스의 역설

하늘이 밤에는 어둡다는 것을 모두들 알고 있다. 물론 별빛,
성빛, 달빛도 있고, 때로는 지구 대기권에 있는 특별한 물질
서 반사되는 도시 불빛이 환하게 보이기도 한다. 그러나 밤
낮보다 어둡다는 것은 분명하다. 낮이 밝은 이유에 대해 당
히 다음과 같이 답할 것이다. 태양은 지구로부터 가깝기 때
에 지구를 밝게 비추고, 별들은 멀리 있어서 그 빛이 무시할
도로 매우 미약하기 때문이다. 일반적으로 사람들은 밤과
의 차이가 전혀 이상한 일이 아니라서 진지하게 생각해 볼
치조차 없다고 생각할 것이다.

이러한 일반적인 생각에도 불구하고, 밤하늘의 어둠과 비
한 문제들이 여러 세기 동안 철학자들을 곤혹스럽게 했다.
학자들이 빠졌던 진퇴양난과 이를 풀어보려는 시도를 살펴
기 전에 우선 이 문제의 기하학적인 면을 생각해 보자. 우주
양파의 껍질과 같이 동심 구각으로 나눠보자. 각 구각의 두
는 t라고 하자. 그러면 각 구각의 부피는 근사적으로 구각
표면적에 t를 곱한 값이 될 것이다. 기초 기하학에 따르면
의 표면적은 반지름의 제곱에 비례한다(정확히 표현하면 반
름 R인 구의 표면적 A는 A = $4\pi R^2$이다). 따라서 각 구각의
피, 그리고 각 구각에 있는 별의 수는 반지름의 제곱에 비례
다. 주어진 구각에 있는 각 별에 대해 밝기는 $1/R^2$에 비례한
그러나 별의 수는 R^2에 비례하므로 각 구각에 있는 모든 별
부터 우리에게 도달하는 빛의 양은 구각의 거리에 무관하
── 각 구각은 하늘의 밝기에 같은 양의 기여를 한다. 별들
공간에서 완전히 균일하게 분포하지 않는다는 사실은 이 결
에 크게 영향을 미치지 못한다. 왜냐하면 많은 구각을 고려
면 요동은 평균적으로 0이 되기 때문이다.

각 구각에서 나오는 빛을 모두 합하면 이 주장의 역설적
결과가 나온다. R이 증가할수록 구각의 수는 점점 많아지
받는 빛을 모두 합하면 마침내 전 하늘이 시간에 관계없이
양의 표면처럼 밝아지게 된다. 물론 이런 일은 실제로 일어
지 않는다. 그러나 이 주장은 논리적이다. 보이는 별들이
은하의 유한한 부피 속에 제한되어 있다는 사실도 이 역설
해결해 주지 않는다. 같은 주장을 별뿐만 아니라 은하에도
용할 수 있다. 밤하늘의 어둠은 분명히 중요하면서 풀기 어
운 우주론 문제이다.

17세기 이전에는 대부분의 철학자들이 이 문제를 무시했
왜냐하면 그들은 빛이 인간의 감각 기관에 영향을 미치는
정에 대해 개념이 부족했기 때문이었다. 그들은 별의 빛은
두워져서 어떤 거리 이상에서는 눈이 광학적 상을 받을 수
을 것이라고 생각했는데 이는 옳았다. 그리고 그들은 맨눈
로 볼 수 있는 2000~3000개의 별들이 지구에 도달하는 빛
아무런 효과를 미칠 수 없다고 결론을 내렸는데 이는 옳지
았다. 그 자체만으로는 무시할 정도로 작은 양은 0과 같다
할 수 있으므로, 검출할 수 없는 빛은 아무리 많이 합해도 0
다. 그런 관점에서 초기의 학자들은 이러한 역설을 생각할
없었다. 갈릴레오가 자신의 망원경으로 은하수를 관측한 후
야 이런 실수를 깨닫게 되었다.

갈릴레오가 자신의 망원경으로 하늘을 관측했을 때 가

명받은 천체 중의 하나가 은하수였다. 수세기 동안 사람들
 하늘에 보이는 운무 같은 띠의 본질에 대해 논쟁을 했고,
은 사람들은 그 빛이 별에서 오는 것이라고 추측했다. 그러
 갈릴레오는 망원경으로 조사해, 헤아릴 수 없이 많은 별들
 떼지어 있다는 것을 분명히 알게 되었다. 나아가 갈릴레오
 망원경 때문에 운무 같다고 알려진 다른 지역도 사실은 성
이라는 것을 알게 되었다. 그는 이런 관측의 의미를 알고 있
고, 이를 다음과 같이 기록했다. "별들은 작거나 멀기 때문
 하나씩은 우리가 볼 수 없지만, 여러 개가 합쳐지면 밝은
역이 생기며, 이 지역은 과거에 별이나 태양에서 오는 빛을
사할 수 있는 에테르의 밀도가 높은 곳으로 믿어졌었다."[1]
이 보이는 지극히 어두운 별들의 광학적 효과에 대한 이런
관은 역설의 이해에 필수적인 과정을 제공했다.

그럼에도 불구하고 갈릴레오는 빛의 검출에 대한 과거의
학적 사고 방식에서 완전히 벗어나지 못했다. 그는 별들의
이 합쳐졌기 때문에 은하수에 있는 지각할 수 없는 별들이
무의 띠로 보인다는 것을 깨달았지만, 같은 생각을 더욱 멀
 있는 별들에는 적용하지 않았다. 갈릴레오에 따르면 어떤
리 이상에 있는 별들은 인간의 시각에 효과를 미치지 못했
. 따라서 그의 우주론에는 역설이 존재하지 않았다.

역설에 대한 초기 인식은 1720년경에 생겼다. 혜성 예측으
 유명해진 에드워드 핼리(Edward Halley)는 하늘이 모든 방
에서 태양처럼 밝아지는 것을 피하려면 유한 우주가 필수
이라고 말했던 사람들의(그는 이름을 밝히지 않았다) 견해
 기술했다. 이전에 알려진 진퇴양난을 다음과 같이 명백하
 표현할 수 있다 —— 무한 우주는 하늘이 하루 종일 밝다
 것을 의미한다. 이름이 알려지지 않은 사람이 유한 우주라
 형태로 문제에 대한 간단한 해답을 제시했으나 핼리는 이
 받아들이지 않았다. 핼리 자신은 무한 우주에 대한 굳은
음을 버릴 수 없었다. 그러나 논리적인 반대 의견을 제시할
 없었다.

젊은 수학 천재인 장필립 로이 드 체소(Jean-Phillipe Loys de
éseaux)는 1740년경 이 문제를 다시 다루었고 이 문제에 대
 해결책을 제안했다. 핼리가 언급했던 이름이 알려지지 않
 사람처럼 체소도 유한 우주의 가능성을 고려했다. 그러나
 설명에 만족하지 않고 다른 해결책으로서 시선 상에 일어
는 흡수 때문에 빛의 세기가 약해지는 것을 제안했다. 이는
들 사이의 공간이 완전하게 투명하지 않은 물질로 차 있다
 옳을 것이다. 체소는 물보다 3.3×10^{17}배나 더 투명한 물질

W. H. M. 올버스. (Sky Publishing Co. 사진)

조차도 밤이 어두워질 정도로 별빛의 세기를 충분히 약하게 할 것이라고 가정했다.[2]

1823년에 빌헬름 올버스[3](오늘날 역설은 그의 이름을 따서 알려져 있다)는 이 문제를 다시 다루었고, 체소가 했던 것처럼 다소 완화된 흡수 기작을 제안했다. 올버스의 계산에 따르면 체소가 제안한 흡수량의 백만분의 일이면 충분했다. 올버스의 계산은 1837년에 유명한 러시아 천문학자인 스트루베(F. W. Struve)의 결과가 뒷받침했다.

많은 천문학자들이 올버스의 역설을 해결하기 위해 흡수를 고려했다. 그들은 무한 우주에 대한 믿음 때문에 이 설명을 할 수밖에 없었다. 그러나 20세기에 공간이 매우 투명하다는 증거가 발견되었을 때, 이 역설은 다시 등장했다. 할로우 섀플리는 멀리 있는 구상 성단을 연구하면서, 그의 관측이 옳다면 흡수는 거의 없다는 결론에 도달했다.

이 연구는 은하간 공간이 어떤 천문학자들이 인정하려는 것보다 더 투명하다는 것을 의미했다. (안타깝게도 섀플리는 자신의 결과를 실제로 흡수를 많이 하는 우리 은하의 평면에 있는 성간 지역에 옳지 않게 적용했다. 자세한 내용은 제2장을 참조하라.) 결과적으로 올버스의 역설은 체소, 올버스, 그리고 스트루베가 제안했던 해결책 외의 해결책을 필요로 했다. 1917년에 섀플리는 유한 우주로 바꾸었다. "별들이 차지하고 있는 공간이 유한하지 않으면 하늘이 빛으로 환할 것이

····· 하늘은 환하지 않으므로, 공간의 흡수가 우리 은하계 내
의 거리에서는 거의 없기 때문에 한정된 항성계는 유한하다는
결론이 나온다."[4]

올버스의 역설을 우회하는 교묘한 방법이 샤를리에(C. V. I.
Charlier)에 의해 1908년에 대략적인 형태로, 그리고 1922년에
자세하게 제시되었다.[5] 그의 해결책은 원래 1761년에 램버트(J.
Lambert)가 제안했으나 심각하게 받아들여지지 않았던 것이며
항성계의 계층적 구조를 포함했다. 첫번째 항성계는 별들을
정해진 크기의 은하로 묶는 것이었다. 그 다음은 훨씬 더 큰
은하계(metagalaxy), 즉 은하의 집단이었으며, 이런 식으로 계속
더 큰 규모로 확장되었다. 샤를리에는 올버스의 역설을 푸는
데 필요한 수학적 과정을 엄밀하게 다루었다. 샤를리에의 제
안은 여러 사람의 지지를 받았는데, 이는 체소와 올버스의 역
설뿐만 아니라 나중에 논의할 뉴턴의 중력 이론에 있는 비슷
한 문제에 대한 간단한 해결책이었기 때문이었다.

샤를리에는 소수의 지지자가 있었지만, 허블이 1924년에 우
리 은하와 나선 성운의 동질성을 증명할 때까지 그의 생각에
는 관측적 근거가 거의 없었다. 더욱이 허블이 은하단에 대한
증거를 찾아냈으나, 1920년대에는 이보다 더 큰 규모의 집단
에 대한 증거는 없었다. 따라서 샤를리에의 가설은 인기를 점
점 잃어갔다.

많은 천문학자들이 받아들일 만한 올버스 역설에 대한 해
결책은 허블의 우주론적 관측과 프리드만, 르메트르, 드시터,
아인슈타인, 그리고 다른 사람들에 의해 도입된 팽창 우주에
대한 상대론적 우주 모형이 나올 때까지 기다려야 했다. (이런
발전들은 제3장에서 논의할 것이다.) 팽창 우주의 결과인 스펙
트럼의 적색 이동 때문에 생기는 먼 별의 복사에너지 감소는
이 역설을 피하기에 충분했다[최근에 발표된 정량적인 계산 결
과에 의하면 이 효과는 밤하늘을 어둡게는 하나, 우리가 보는 것
처럼 어둡게 하기에는 충분하지 않다. 이보다 중요한 원인은 빛
을 내는 천체와 우주의 나이가 유한하다는 점이다. : 옮긴이 주].
가장 멀리 있는 별들의 빛 에너지는 가장 많이 감소하므로, 모
든 거리에서 오는 빛의 합은 태양으로부터 우리가 받는 빛에
비해 적다.

뉴턴 역학의 실패

빛의 세기처럼 중력장의 세기는 중력원의 거리의 제곱에
따라 줄어든다. 올버스의 역설에 이르는 데 사용했던 주장과
같은 맥락의 주장을 통해 어떤 사람들은 중력 역학에 대한 뉴

C. V. I. 샤를리에. (릭 천문대 사진)

턴의 공식화는 전체 우주에 대해 적용되면 어려움이 있다는 것을 알게 되었다.[6] 아이작 뉴턴(Isaac Newton) 경은 광학적 곤경과 비슷한 중력적 곤경을 거의 깨달았으나, 문제의 중요성을 충분히 이해하지 못했다. 물리학자가 아니었던 리처드 벤틀리 목사가 새로운 중력 이론에 관련된 몇 가지 원리들을 분명하게 설명해 달라는 편지를 쓰지 않았다면, 뉴턴은 이 문제를 전혀 고려하지 않았을 것이다. 과학이 종교를 지지한다는 것을 보여주기 위한 강연을 (이는 매우 어려운 과제였다) 준비하고 있던 벤틀리는 태양계와 우주의 역학에 대한 뉴턴의 설명을 자세히 파고들었다.

벤틀리와 뉴턴 사이에 교환된 서신은 벤틀리가 유한 우주는 불안정하며 중심으로 붕괴할 것이라는 점을 걱정했고, 뉴턴은 이 견해에 동의했다는 것을 보여준다. 대안인 무한 우주도 또한 벤틀리를 불편하게 했다. 그는 한 물체에 대하여 우주에 있는 모든 물질의 중력적 효과가 0이 된다고 가정했다. 즉 한 방향으로 모든 중력에 의한 인력은 무한대이고, 마찬가지로 다른 방향으로도 무한대가 되어야 한다. 예를 들면, 지구에 작용하는 두 반대 방향의 무한대 인력은 서로 무효가 되고(합쳐서 0이 되고), 지구는 태양 주위를 도는 대신에 직선을 따라 움직여야 한다.

뉴턴은 두 반대 방향의 무한대 힘이 같지 않을 것이라고 답했다. 그는 또한 태양의 존재에 대해서도 같은 분석을 적용할 수 있다고 했다. 그러면 태양 질량을 도입함으로써 두 반대 방향의 무한대 힘 외에 또 다른 중력을 공급할 수 있다. 만약 두 반대 방향의 힘이 서로 무효가 되면 태양의 힘은 지구를 자기 궤도로 끌어당길 것이다.

또한 벤틀리는 무한 우주는 불안정할 것이라는 것을 알았다. 완전 대칭이 있지 않는 한 균일하게 분포된 입자들은 합쳐져서 더 큰 물질 덩어리로 될 것이다. 뉴턴은 이에 동의하고 별들이 태어나게 될 것이라고 주장했다. 그러나 뉴턴은 이 주장을 별들이 합쳐지는 단계(coalescence)까지 확대하지 않았다. 두 사람은 뉴턴의 중력 이론을 우주에 적용하는 것에 문제가 있다는 것을 깨달았다. 뉴턴이 벤틀리와 다루었던 주제를 피하고 어려운 점들에 대한 견해를 발표하지 않았지만, 그는 이전에 무시했던 곤경에 직면해야 했다.

뉴턴의 미발표 원고는 그가 개인적으로 우주론 문제와 씨름했다는 것을 보여준다.[7] 그는 정적 우주의 붕괴를 막기 위해서 고도의 대칭성이 필수적이라고 결론을 내렸다. 우주의 균일성을 증명하기 위해, 그는 별의 각 등급에 있는 별의 수로부

더 별들의 분포를 유도하려고 시도했다. 처음에 그는 등급이 거리를 직접적으로 나타낸다고 가정했다. 2등급 별들은 1등급 별보다 두 배나 멀고, 3등급 별들은 1등급 별보다 세 배나 멀다. 이런 식으로, 그는 곧 별의 등급 자료가 거리에 대한 자신의 기본 가정과 함께 별의 수가 태양으로부터의 거리에 따라 늘어나는 것을 보여준다는 것을 발견했다. 이 어려운 점을 제거하기 위해, 뉴턴은 자신의 선형적인 등급-거리 가정을 균일 우주를 지지하는 것으로 수정했다. 다시 말하면, 그는 별의 등급으로부터 계산한 별의 분포가 균일해지도록 등급 거리 관계를 선택하고, 그 다음에 이 관계를 우주의 균일성을 증명하기 위해 사용했다 —— 매우 순환적인 증명! 그러나 그렇게 함으로써 뉴턴은 무한 우주 때문에 생기는 문제점들을 더 이상 고려할 필요가 없었다(적어도 그가 생각하는 한). 실제로 이런 문제점들을 다시 고려한 사람들은 거의 없었다.

1895년에 휴고 폰젤리거(Hugo von Seeliger)가 같은 문제들을 수학적으로 다룬 결과를 발표했다. 그는 엄밀한 방법으로 균일하고 무한한 우주는 뉴턴 역학에 의하면 안정되지 않는다는 벤틀리의 의문점들을 확인했다. 뉴턴이 문제를 피하기 위해 했던 것처럼 순환적인 추론에 의존하지 않고 폰젤리거는 천문학적 거리에 대한 중력 효과를 줄이는 지수함수적 인자를 사용해 동역학 방정식을 수정했다. 그 인자는 지구와 태양의 거리에 대해 뉴턴의 기본 방정식을 별로 변화시키지 않았기 때문에, 유효성을 국부적으로 검증해 볼 수 없었다. 이 가정이 특별성 때문에 공격을 받았다는 것은 놀라운 일이 아니다.

휴고 폰젤리거. (릭 천문대 사진)

캘리포니아 주의 파사데나에서 강의하는 아인슈타인. 1932년. (B. Hoffmann and H. Dukas, *Albert Einstein: Creator and Rebel*, Viking: New York, 1972)

제 2 장   상대론적 우주론 : 초기의 시도

아인슈타인의 중력 이론

우주론에 대한 뉴턴식 접근 과정에서 생기는 문제점에 대한 한 가지 해결책을 알버트 아인슈타인이 발전시킨 일반 상대성이론이 제공하였다. 아인슈타인은 물리적 문제들을 논의할 수 있는 대칭적인 틀을 만들려고 하는 동기 때문에 비유클리드 기하학을 공간과 시간의 구조에 적용하게 되었다. 그 결과로 유클리드 기하학에 기초를 두고 있는 뉴턴식 우주론에 본질적으로 있던 문제점들의 일부가 해결되었다. 비유클리드 기하학은 아인슈타인의 일반 상대성이론, 그리고 상대론적 우주론을 공식화하는 데 필수적이었다.

비유클리드 기하학이 발전하기 시작한 것은 18세기까지 거슬러올라 간다. 유명한 칼 가우스를 포함해 여러 명의 수학자들이 유클리드 공리의 일부를 다른 것으로 대체해도 일관성 있는 연역적 기하학이 만들어질 수 있다는 것을 발견했다. 예를 들면, 한 선에 나란한 선은 오직 하나만 그을 수 있다는 공리는 한 점을 지나는 평행선을 많이 긋거나 전혀 그을 수 없다는 공리로 바꿀 수 있다. 19세기의 수학자인 로바체브스키(N. Lobachevski)와 볼리야이(J. Bolyai)는 평행선을 많이 그을 수 있는 비유클리드 기하학에서 생기는 결과를 많이 유도했다.[1] 평행선이 전혀 불가능한 또 하나의 비유클리드 기하학은 리만에 의해 연구되었다. 비유클리드 기하학 분야가 점점 알려지면서 새로운 수학적 방법 —— 예를 들면 텐서 미적분학 —— 이 다양한 기하학을 해석학적으로 기술하기 위해 적용되었다. 이와 같이 아인슈타인 자신의 새로운 물리적 개념을 발전시키는 데 필수적인 기본 방법들이 마련되었다.

1912년에서 1914년 사이에 아인슈타인은 스위스-독일인 친구인 수학자 마르셀 그로스만(Marcel Grossman)과 함께 비유클리드 기하학을 시공의 개념에 적용하는 일을 했다. 그 결과 그는 중력을 무거운 물체의 주변에 있는 시공의 기하를 변형시키는 것으로 만들 수 있었다. 중력은 철학적으로 단순화될 수 있었지만 —— 중력은 더 이상 필수적인 개념이 아니었다 —— 수학은 점점 복잡해졌다. 그럼에도 불구하고 새 중력 이론은 우주론 문제들을 새로운 방법으로 접근할 수 있는 가능성을 열어주었다. 이 때의 연구에서 나온 결과 중 한 가지는 우주의 일반적인 기하학적 구조를 표현하는 아인슈타인의 장방정식이었다.

아인슈타인의 정적 우주론

아인슈타인은 물리학에서 뉴턴식 접근 방법에 따르는 우주론적 문제점들을 잘 알고 있었다. 무한대에서 생기는 문제점들을 피하기 위해, 아인슈타인은 임의의 λ를[2] 포함하는 항을 추가함으로써 자신의 원래 방정식을 수정했다(이 기호는 '우주 상수'로 알려지게 되었다). 수학적으로 아인슈타인이 추가 항을 삽입한 것은 매우 타당하며, 사실은 그의 방정식의 가장 일반적인 특성을 유지하기 위해서는 λ항이 포함되어야 한다. 어떤 사람들은 왜 아인슈타인이 자신의 원래 공식에서 상수를 제거했는지에 대해 의아해 하기까지 한다. 이 의문에 대한 답은 아마도 경험적 결정에 의존하는 임의의 상수들을 포함하지 않는 이론을 만들고자 하는 그의 소망 때문이었을 것이다.

아인슈타인. [Courtesy of H. Landshaff, New York. Original in the Einstein Archives. B. Hoffmann과 H. Dukas 공저, *Albert Einstein: Creator and Rebel* (Viking: New York, 1972)에서 처음으로 발표]

아인슈타인은 정적 우주를 강하게 믿었음에 틀림없다. 그렇지 않았다면 그가 자신의 이론에 임의적인 면을 포함해야 한다는 것을 느끼지 않았을 것이다. 사실 그는 1917년에 "그 항은 물질이 거의 정적으로 분포하도록 만들기 위해서만 필요하다. ……"[3]라고 말했다.

비록 그는 정적 우주에 따른 문제를 극복했을지라도, 무한대에서의 그의 방정식의 해에는 아직 문제점이 있었다. 아인슈타인 시대의 사람들이 조사했던 휜 시공에서의 닫힌 우주의 개념은 단순히 무한 차원을 제거함으로써 그 문제점들에 대한 해결책을 제공했다. 그의 장방정식으로 다루는 유한하고 경계

알버트 아인슈타인 Albert Einstein : 1879~1955

아인슈타인은 독일에서 태어났다. 그는 일찍이 학교 생활에 관심이 별로 없었다. 그는 엄격한 통제를 좋아하지 않았다. 전기화학 공장을 운영했던 성공적이지 못한 사업가였던 그의 아버지는 알버트에게 나침반을 주고, 책을 마련해 줌으로써 마침내 그의 과학적 관심을 깨웠다.

뮌헨에서 사업이 실패하자 아인슈타인의 가족은 새로 시작하기 위해 밀란으로 이사했다. 알버트는 학업을 마치기 위해 뒤에 남았다. 그러나 바로 그만두고, 그 해의 나머지를 이탈리아에서 즐기면서 보냈다. 스위스에 있는 대학에서 공부를 다시 하도록 설득을 받은 아인슈타인은 과학에 대한 그의 관심을 새로이 하고 물리와 수학 공부를 마쳤다.

아인슈타인은 졸업 후에 여러 해 동안 안정된 직업을 구하지 못했으나, 마침내 베른에 있는 스위스 특허국의 검사관으로 임명되었다. 그의 마음은 그 일에 잘 맞았으며, 자신의 임무를 빨리 마칠 수 있었고, 남은 시간은 물리 문제에 대해 생각했다. 베른에서의 7년 동안에 그는 자신의 후기 연구의 많은 부분에 대한 기초를 쌓았다.

1905년 아인슈타인은 분자의 크기에 대한 논문으로 취리히 대학 박사학위를 받았다. 그의 과학적 능력은 곧 인정을 받아서 여러 곳으로부터 학문적인 자리를 제안받았다. 학위 논문을 완성한 후에 아인슈타인은 여러 대학에서 일반 상대성 이론을 연구했다. 마침내 베를린에서의 자리를 수락한 후에 이론을 완성했다.

아인슈타인의 과학적 업적은 제1차 세계대전 동안에 빠르게 발전했지만, 그가 독일의 운동에 대한 지지를 거절하고 과학에서 국제 정신을 지키려고 시도했기 때문에 여러 그룹으로부터 공격을 받았다. 제1차 세계대전과 제2차 세계대전 사이에 우익과 셈족을 반대하는 극단주의자들에 의한 언어 공격과 물리적 폭력의 협박이 늘어났다. 마침내 히틀러가 힘을 갖게 되자 아인슈타인은 독일을 탈출해, 마지막으로 미국에

어린이였을 때의 아인슈타인. [The Einstein Archives. B. Hoffmann과 H. Dukas 공저, *Albert Einstein: Creator and Rebel* (Viking: New York, 1972년)에 발표]

가 없는 비유클리드 기하학에서의 시공 구조 때문에, 다른 모형들이 갖고 있는 곤란한 문제점들이 전혀 없는 정적 우주 모형의 해가 가능했다.

휜 시공

휜 시공은 무엇을 의미하는가? 구의 표면 위에서 2차원 기하학을 생각하면 휜 공간의 개념에 대해 어떤 직관을 얻을 수 있다. 구의 표면에 사는 납작한 생물체는 여러 가지의 기하학적 형태를 측정할 수 있다. 그가 구의 반지름보다 작은 지역에 제한되어 있다면, 대부분의 실용적 목적에는 유클리드 평면

일본에서의 아인슈타인. 1923년. (B. Hoffmann and H. Dukas, *Albert Einstein: Creator and Rebel*, Viking: New York, 1972)

약 14살이었을 때의 아인슈타인. [The Einstein Archives. B. Hoffmann과 H. Dukas 공저, *Albert Einstein: Creator and Rebel* (Viking: New York, 1972)에 발표]

도착했는데, 그곳에서 여생을 보냈다.

1930년대에 아인슈타인은 제1차 세계대전 동안에 그가 갖고 있던 평화주의자 입장을 포기했다. 그는 히틀러의 협박은 오직 힘으로써만 제거할 수 있다고 믿었다. 하이젠베르크 같은 정상급 독일 과학자들이 핵분열 폭탄을 개발할 가능성을 알고 있던 아인슈타인은 루즈벨트 대통령에게 맨해턴 과제를 만들고 원자 폭탄을 개발하도록 권유했다. 폭탄이 사용된 후에 전쟁은 끝났고, 아인슈타인은 다시 세계 정부의 건설을 통해 전쟁을 없애기 위해 일했다.

그가 정치적으로 활동적이었을지라도, 인생에 있어서는 최우선 순위를 과학에 두었다. 그는 정치적 토의 중에 다음과 같이 말했다고 전해진다. "네, 시간은 이와 같이 정치와 우리의 방정식으로 나누어야 합니다. 그러나 나에게 있어서는 우리의 방정식이 정치보다 더 중요합니다. 왜냐하면 정치는 현재를 위한 것이고, 이와 같은 방정식은 영원을 위한 것이기 때문입니다."

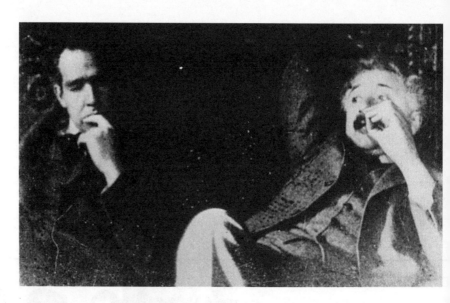

닐스 보어와 알버트 아인슈타인.
[Courtesy of M. J. Klein, Yale
University.B. Hoffmann과 H. Dukas 공
저, *Albert Einstein: Creator and Rebel*
(Viking: New York, 1972)에 발표]

기하학으로 충분하다는 것을 알게 된다. 그러나 멀리 여행해
보면 삼각형의 내각의 합이 180도보다 크고, 평행선은 서로
만나며, 원주의 길이는 파이(π) 곱하기 지름이 아니라는 점을
알게 될 것이다. 납작한 생물체는 유클리드 기하학에서 벗어
나는 것을 알게 될 뿐만 아니라, 그 결과를 설명할 수 있는 휜
공간의 기하학을 만들 수도 있다. 그의 모든 행동은 제3의 차
원에 대해 전혀 아는 바 없이 이루어진다.

이 납작한 생물체는 어떤 다른 신기한 특성을 알게 될까?
그가 직선을 따라 걸으면(또는 납작한 생물체들이 움직일 수
있는 대로 이동한다면) 마침내 출발점으로 돌아오게 된다. 그
가 자신의 우주에 있는 지역을 탐사하거나 표면을 밝은 오렌
지 색으로 칠한다면, 모든 면적을 칠하는 데에는 유한한 양의
페인트면 충분하다. 그러나 어떤 경계나 가장자리를 전혀 만
나지 않는다. 우주론적으로 표현하면 납작한 생물체는 유한하
나 경계가 없는 우주에 사는 것이다.

아인슈타인의 닫힌 우주도 이와 비슷하다. 리만 기하학을
공부한 한 제3의 차원에 대해 전혀 알 필요가 없는 이 납작한
생물체와 마찬가지로, 우리는 제4의 공간 차원을 사용하지 않
고도 유한한 체적의 휜 무경계 공간을 그려볼 수 있다.

드시터 우주 모형

다른 종류의 기하학도 또한 아인슈타인의 장방정식을 만족
한다. 1917년에 드시터(W. de Sitter)는[4] 어떤 조건에서는 무한
한 쌍곡선이 가능하다는 것을 발견했다. 그러한 공간은 크기
가 무한한 2차원 말안장 모양과 비슷하다. 그러나 정적인 특

성을 유지하기 위해 드시터의 모형은 물질이 존재하지 않는
다. 즉 공간의 평균 밀도는 0이라고 가정해야 했다. 분명히 드
시터의 조건은 정확하게 만족시킬 수 없다. 그러나 이 해는 밀
도가 충분히 작다면 근사적으로 유효하다.

　드시터의 우주 모형은 아인슈타인을 놀라게 했다. 그 모형
은 비록 아인슈타인의 장방정식에 대한 한 가지 유효한 해를
제공했지만, 아인슈타인은 질량이 없는 우주의 의미 —— 질
량과 무관하게 좌표계가 존재할 수 있다. 즉 공간의 절대성이
존재한다 —— 에 대해 걱정했다.

　무질량의 특성에도 불구하고 드시터 우주에서 천문학적으
로 매우 흥미 있는 결과가 나왔다. 예를 들면 수학적 모형의
결과로서 매우 먼 거리에 있는 원자는 시간이 더 천천히 가기
때문에 더 긴 파장에서 빛을 낸다는 것이다. 그 결과로 우주의
먼 지역에서 오는 분광선은 적색 쪽으로 이동된 것으로 보인
다. 더욱이 작은 질량의 시험 입자들을 우주에 넣는다면, 그
입자들은 λ항 때문에 서로로부터 가속되어 멀어질 것이다. 영
국의 유명한 천문학자인 아더 에딩턴(Arthur S. Eddington)은 드
시터 모형의 적색 이동에 대한 특성을 깨닫고 1920년대 초반

1921년 5월 6일 여키즈 천문대를 방문
한 아인슈타인. (여키즈 천문대 사진)

드시터 부부. (Sky Publishing Co. 사진)

에 이를 강조했다. 이렇게 해 드시터 모형은 널리 알려졌고 천문학자들 사이에 많은 관심을 불러일으켰다.[5]

아인슈타인과 드시터 모형의 문제점

천문 관측 —— 특히 우리 은하의 구조와 섬우주론의 상태에 관한 연구 —— 은 초기의 상대론적 우주 모형의 발전에 큰 영향을 미쳤다. 1917년 이전의 수십 년 동안에 우리의 우주에 있는 물질의 분포가 상대적으로 작은 부피 안에 제한되어 있다는 것을 보여주는 증거가 상당히 많이 쌓였다. 캅테인의 우주에서는 우리의 국부적인 항성계가 크기가 대략 10킬로파섹인 지역이었다. 아인슈타인과 드시터가 우주 모형을 발표한 때와 거의 같은 시기에 제안된 섀플리의 은하 모형은 가능한 크기를 10배 정도 크게 했으나 무한대와는 거리가 멀었다. 드시터 모형에서는 물질, 즉 우주에 있는 물질이 많이 분포할 필요가 없었으나 아인슈타인의 모형은 필요했다. 따라서 1924년 이전에 많은 천문학자들이 믿었듯이 우주에 있는 모든 물질이 우리 은하의 주변에만 존재한다면, 아인슈타인의 모형은 문제가 있었다. 그의 모형을 구제하기 위한 한 가지 가능한 방법이 섬우주론에 의해 제공되었다. 그러나 상대론적 모형이 발표되었을 때 그 가정에 대해 진지하게 고려한 사람은 거의 없었다. 아인슈타인 자신도 1920년대 중반에 허블이 증명할 때까지 나선 성운이 우리 은하와 비슷하다는 것을 믿지 않은 것으로 보인다(제3부 참조). 아인슈타인이 자신의 모형이 우주적인 물질 분포에 대한 유력한 천문학 이론과 어긋난다는 사실에 대해 무관심했다는 것은, 분명히 관측적 검증보다는 대칭적인 이상화(symmetrical idealization)의 아름다움에 더욱 관심을 갖고 있었다는 것을 보여준다.

1923년 9월 26일 네덜란드의 라이덴에 모인 상대론자들. (왼쪽부터) 아인슈타인, 에딩턴, 에렌페스트, 로렌츠, 드시터. (예일 대학교 사진)

빌렘 드시터 Willem de Sitter : 1872~1935

빌렘 드시터는 프리슬랜드의 스니크(네덜란드의 북부 지방)에서 태어났다. 안하임의 김나지움에서 예비 교육을 마친 후에는 그로닝겐 대학에 등록했다. 그는 수학을 공부할 의도를 가지고 있었지만, 천문학에 빠지게 되었다. 1896년은 그의 인생에 있어서 가장 중요한 사건 중의 하나가 일어난 해였다. 희망봉에 있는 왕립천문대의 대장인 데이비드 질(David Gill) 경을 만나게 된 것이다. 질 경은 드시터의 사진 건판 측정 능력에 감명을 받고, 드시터를 희망봉에서 함께 일하자고 초청했다.

드시터의 그림. (예일 대학교 사진)

드시터는 박사학위 시험을 마치기 위해 1897년까지 기다렸다가, 마침내 희망봉에 있는 질에게로 갔으며 거기서 2년을 보냈다. 거기서 그는 은하수 평면에 있는 별들과 은하의 극 주변에 있는 별들의 색의 차이를 조사하기 위한 사진 측광 프로그램을 수행했다. 또한 그는 일생 동안 자신의 열정이 된 과제 —— 목성의 위성에 대한 연구 —— 를 시작했다.

그는 1899년에 그로닝겐으로 돌아와 1908년에 라이덴 대학의 천문학 교수로 임명될 때까지 그곳에 머물렀다. 비록 그의 주 관심사는 천체 역학에 있었지만, 1911년부터 상대성이론에 대한 논문을 여러 편 발표했다. 드시터는 그 새로운 이론을 처음으로 이해한 과학자들 중의 하나였다. 그는 1916~17년 기간에 아인슈타인의 일반 상대론의 천문학적 결과에 대해 연구했고, 드시터 우주로서 알려진 모형 —— 먼 천체의 스펙트럼에서 선의 적색 이동을 예측한 우주 모형 —— 을 개발했다.

1919년에 그는 라이덴 천문대의 대장에 임명되었으며, 그 기관을 세계에서 일류로 만들기 위해 캅테인과 가깝게 일했다. 행정가로서의 능력 때문에 그는 국제천문연맹 총재가 되었으며, 1925년에서 1928년까지 총재를 역임했다.

드시터는 왕립천문학회, 태평양천문학회, 미국 과학아카데미의 금메달을 포함해 많은 상을 받았다.

11,200킬로미터/초의 속도로 우
리로부터 멀어지는 은하 NGC
4884. 윌슨 산의 60인치 망원경
으로 1930년에 찍은 사진. (헤
일 천문대 사진)

제 3 장 팽창하는 우주

정적 모형의 사망

1917년은 아인슈타인과 드시터의 모형이 발표되면서 정
량적 현대 우주론이 실제로 시작된 해였다. 일반 상대성이
론을 우주론에 최초로 적용한 이 모형들은 놀랄 만하게 달
랐다. 아인슈타인의 모형(A해라고 한다)은[1] 물질을 포함하
지만 정적인 우주를 기술하고, 드시터의 모형(B해라고 한
다)은[2] 물질은 없으나 운동이 있는 우주를 기술했다(만약
두 개의 시험 입자를 넣으면 서로로부터 멀어지는 것처럼
보일 것이다).

그러나 두 모형 모두 우주상수 λ를 포함하는 같은 장방
정식을 바탕으로 했다. 아인슈타인에 의해 도입된 이 항은
뉴턴 중력을 우주론에 적용할 때 생기는 문제점들을 극복
하기 위해 필요한 척력에 해당되었다.

B에는 운동이 포함되었으나 우주에 움직일 물질이 없었
으므로 두 모형 모두(A와 B) 정적(static)이라고 불렸다. 두
모형을 구별하기 위해 관측으로 두 가지 질문에 답해야 했
다. (a) 우주에는 물질이 없을까? 즉 평균 밀도가 0에 가까
울까? (b) 우주에는 운동이 있을까?

오트가 우리 은하의 질량이 태양질량의 10^{11}배라고 계산
후에, 드시터는 1930년에 첫번째 시험을 했다.[3] 그는 우
에는 물질이 많아서 B해를 택할 수 없다는 것을 알았
[4] (그때까지 슬라이퍼와 허블의 연구결과로부터) 성운의
동이 잘 알려져 있었으므로 A해는 분명히 맞지 않았다.
러므로 드시터는 "이와 같이 A해와 B해 모두 버려야 하
, 또 이 해들이 방정식의 유일한 정적 해이므로 자연에
재하는 참된 해는 동적인 해임에 틀림없다는 결론에 이
게 된다."[5]

정적 해에 대한 최초의 대안은 1922년에 알렉산드르 프
드만(Aleksandr Friedmann)에 의해 제안되었다. 그는 아인
타인의 상대론적 방정식에 대한 비정적 해를 도입했다.
리드만은 우주가 시간에 따라 진화할 수 있다고 가정했
. 그의 해에는 정적 모형에 내재된 문제점들의 일부가
었다.

여러 해 후이기는 하지만, 이와는 독립적으로 게오르그
메트르(George Lemaître) 신부가 비슷한 결론에 이르렀고,
정적 모형을 출판했다. 안타깝게도 이 두 사람의 연구
과는 1930년까지 천문학자들의 관심을 끌지 못했다.

관측

우주론의 발전에 지대한 효과를 가져온 관측적 증거가
14년부터 로웰 천문대의 천문학자인 슬라이퍼의 선구자
인 업적과 함께 쌓이기 시작했다.

슬라이퍼의 연구 결과는 거의 모든 나선 성운이 매우
속도로 우리 은하로부터 (그리고 또한 서로로부터) 멀
져 가고 있다는 것을 보여주었다. 이 사실은 나선 성운
우리 은하 같은 은하(제3부에서 논의된 바와 같이)라는
을 암시했을 뿐만 아니라 우주의 체계적인 운동이 관측
었다는 것을 여러 천문학자들에게 제시했다. 예를 들면,
덕(G. F. Paddock)은 1916년에 "평균 속도는 분명히 양의
을 가지며, 이는 나선 성운들이 관측자나 항성계로부터
만 아니라 서로로부터 멀어지고 있다는 것을 의미한다.
라서 우주에서 관측자의 운동에 대한 해는, 실제 팽창
는 속도에 의하지 않는 분광선의 이동으로 생긴 항이 존
하더라도, 팽창하거나 체계적인 항을 나타내는 상수를
함해야 한다는 점에는 의심의 여지가 없다."[6]라고 했다.

천문학자들이 체계적 운동을 조사하면서 시작한 추론은
음과 같다. 만약 성운의 운동이 무작위라면, 평균값은 우

리 자신의 항성계에 대한 관측자(즉 태양)의 운동을 나타
낸다. 그러나 정보가 쌓이면서 성운의 속도는 체계적 항어
포함되어야만 설명될 수 있다는 것이 알려졌다.

슬라이퍼는 초기의 자료를 써서, 은하수의 한쪽에 있는
성운들의 속도가 반대쪽에 있는 성운들의 속도보다 크다는
것을 알아냈다. 이로부터 그는 우리의 항성계가 성운에 대
해 흐르고 있다고 가정했다. 그러나 더 많은 관측 자료가
쌓이자, 이 효과가 사라졌다 —— 거의 모든 성운은 우리
은하로부터 멀어지고 있다.

1918년에 독일의 천문학자 비르츠(C. W. Wirtz)는 나선
성운에 대한 태양의 운동을 계산하고자 했다. 그는 처음에
나선 성운의 운동이 무작위라고 가정했다. 그러나 남는 시
선속도 항이 항상 크다는 것을 알았다. 그 다음에 그는 체
계적 효과를 고려하는 항을 계산에 도입했다.[7] 슬라이퍼가
자료를 계속 제공하자, 비르츠와 런드마크(Lundmark)는 나
머지 항이 약 800킬로미터/초라고 계산했다. 비르츠는 더
나아가 1922년에 이 항이 태양으로부터 멀어지는 나선 성
운의 체계적 운동을 나타낸다고 제안했다.[8]

1952년에 후커 망원경 앞에 있는 에드윈 허블
(헤일 천문대 사진)

비르츠가 취한 다음 단계는 1917년에 드시터가 이룩한 이론적 발전에[9] 의해 영향을 받은 것으로 여겨진다. 드시터는 한 가지 경우에 아인슈타인의 방정식에 대한 그의 해가 먼 성운에 대해 분광선의 체계적 이동을 나타낸다고 진술했다.

비르츠는 남는 시선속도 항이 거리의 함수일 가능성을 조사했다.[10] 그 당시에는 나선 성운에 대한 거리 측정이 없었으므로 그 항을 겉보기 지름과 상관시키려고 시도했으나 성공하지 못했다. 런드마크와 스트롬버그는 매우 약한 상관관계를 찾아냈다. 다시 문제는 믿을 만한 거리 측정이 필요했다는 점이다.

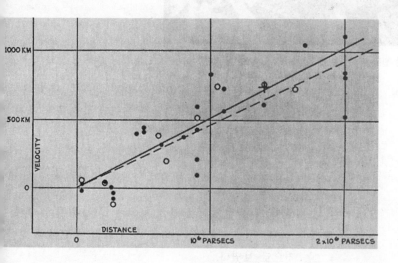

1925년 이후에 허블이 나선 성운에 있는 세페이드 변광성을 발견했을 때 거리를 알 수 있었고, 시선 속도를 거리에 대해 더욱 주의 깊게 조사할 수 있었다. 1929년까지 46개의 천체에 대해 속도가 알려졌지만, 허블은 18개의 거리만 알 수 있었다. 그럼에도 불구하고, 그는 그 해에 국립과학학술원에서 먼 나선 성운에 대해 속도과 거리 사이에 명확한 관계를 보여주는 논문을 발표했다.[11] 이 관계는 오늘날 '허블의 법칙'으로 알려져 있다.

속도 v 와 거리 d 사이의 이 관계는

$$v = Hd$$

으로 나타낼 수 있으며(상수 H가 오늘날 쓰이지만, 허블은 K를 사용했다),

이는 거리가 늘어남에 따라 후퇴 속도가 선형적으로 늘어나는 것을 나타낸다.

허블의 속도-거리 관계. (E. P. Hubble, *Realm of the Nebulae*, Yale University Press: New Haven, 1936)

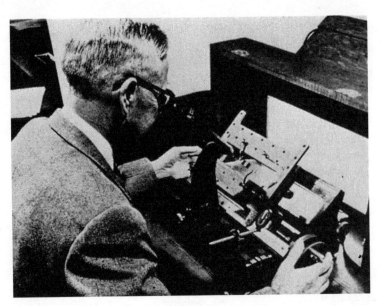

.적색 이동을 측정하고 있는 밀턴 휴메이슨.

1929년 이후에 허블은 휴메이슨과 함께 속도-거리 관계를 증명하기 위해 속도와 거리에 대한 관측을 확장하기 위한 프로그램을 시작했다. 그들은 1931년에 허블의 초기 결과를 확장한 논문을[12] 발표했다. 이 논문에서 허블은 "속도는 모든 범위에서 거리에 따라 직접적으로 증가하고, 선형적 관계는 거리를 측정할 수 있는 한 성립한다."[13]라고 기술했다.

1934년까지 그들은 32개의 성운에 대한 거리와 수백 개의 속도 자료를 갖고 있었다.[14] 이 관계는 확고하게 성립되는 것으로 보였다.

허블의 발표가 나오자 곧 진화하는 우주에 대한 다양한 우주론이 논의되었다. 많은 천문학자와 우주론자들은 허블의 법칙을 팽창하는 우주에 대한 관측적 증거로 해석했다.

이론적 교류

분광선의 적색 이동이 거리에 따라 늘어날 것이라고 예측한 드시터의 이론은 1917년에 발표되었다. 나선 성운에 대해 커다란 후퇴속도를 보여주는 슬라이퍼의 결과가 그 당시에 나와 있었으므로, 드시터가 그의 연구를 증명하기 위해 슬라이퍼의 자료를 이용하지 않은 것은 흥미 있는 일이다. 또한 거리와 속도를 관련시키기 위해 슬라이퍼의 결과를 이용하지 않은 비르츠는 20년대 중반까지 드시터의 결과를 이용하지 않았다. 이와 같은 교류 부족에 대한 한 가지 가능성이 허블에 의해 기술되었다. "13개 속도를 담은 슬라이퍼의 목록은 1914년에 출판되었지만 아마도 전

중에 교류가 끊겼기 때문에 드시터에게 도달되지 않았을 것
이다. 마찬가지 이유로 비르츠는 1918년에 드시터의 논문을
알지 못했던 것 같다.”[15]

전쟁이 과학의 교류에 미친 영향이 정확하게는 알려져
있지 않다. 드시터의 우주론 연구 결과는 분명히 허블에게
영향을 미쳤다. 1929년 논문의 끝 부분에 있는 논의가 이에
대한 증거이다. “그러나 매우 중요한 점은 속도-거리 관계
가 드시터 효과를 보여주는 것이라는 가능성이다. 따라서
일반적 곡률에 대한 논의 속에 수치 자료가 포함될 수 있
다.”[16]

이전에 언급했듯이, 여러 명의 다른 천문학자들이 속도
와 거리 사이의 관계를 조사했으나 모두 성공하지 못했고,
1929년에 허블이 비로소 성공했다. 이 관계식의 발전은
1925년 있었던 루드비크 실버스타인의 결과 때문에 혼동이
된다.[17] 그는 나선 성운에 비해 거리가 더 잘 측정된 구상
성단을 이용해 드시터가 예측한 관계를 증명하려고 노력했
다(비록 성단들은 나선 성운처럼 체계적인 적색 이동을 보
여주지는 않았지만). 그러나 드시터 효과는 양의(즉 후퇴
방향의) 속도만을 보여주는 공간의 곡률에 의한 겉보기 도
플러 효과로서 유도된다. 안드로메다 성운은 음의 속도를
보여주었으므로 실버스타인은 드시터의 예측이 어긋난다고
생각했다.

그는 드시터의 방법과 비슷한 방법으로 속도-거리 관계
를 유도했고(그러나 어느 정도 논란의 대상이 되는 가정

전형적인 스펙트로그램. 건판의 크기는 15
밀리미터×15밀리미터. (A. Sandage, “The
Red Shift”, *Scientific American*, 1956. 9.)

아더 스탠리 에딩턴. (여키즈 천문대 사진)

을 포함했다), 양의 속도와 음의 속도가 모두 나타나는 결과를 얻었다. 이는 그가 국부적인 대상에(구상 성단과 안드로메다 은하) 대한 자료를 분석한 결과와 일치했다. 그러나 천문학자들은 곧 자료를 보다 엄밀하게 조사해 그의 주장을 반박했다.

이렇게 되자 이 분야에서의 어떤 연구 결과도 의심하는 분위기가 생겨났다. 허블은 어떤 사람들이 자신의 결과를 초기의 시도와 연관시킬지도 모르기 때문에 1929년에 관측과 이론을 구분하기 위해 매우 주의를 기울였다. 그는 자신의 연구의 관측적 면을 강조했고, 드시터는 논문의 마지막 절에서 한 번만 간단히 언급했다.

허블의 결과는 아인슈타인에게 지대한 영향을 미쳤다. 그의 원래 우주론은 팽창하지도 않고 수축하지도 않는 정적 우주가 필수적이었다. 그러나 1930년에 아인슈타인은 그의 모형을 포기해야 했고, "먼 성운에서 오는 빛의 적색 이동에 관한 허블과 휴메이슨의 새로운 관측 결과는 우주의 일반적 구조가 정적이지 않을 것이라는 점을 보여준다."라고 썼다.[18] 아인슈타인은 허블과 이야기를 나누기 위해 윌슨 산을 방문했으며, 1930년 2월에 자신의 정적 우주 모형을 포기한다고 선언했다.

윌슨 산에 있는 동안에 아인슈타인과 그의 부인 엘사는 천문대 관람을 했다. 그 거대한 망원경이 우주의 구조를 결정하는 데 사용되었다고 설명하자, 엘사는 "그래요? 저 남편은 낡은 봉투의 뒷면에다 그 일을 하는데요."라고 대답했다.

팽창 모형

1930년에 이르러 우주의 정적 모형이 부적합하다는 것은 명백해졌다. 그 해 1월에 영국의 왕립천문학회 학술대회에서 에딩턴은 "한 가지 궁금한 문제는 왜 두 가지의 해만 존재해야 하는가라는 점입니다. 문제는 사람들이 정적 해만 찾으려고 한다는 점이라고 생각합니다."라고 말했다.[19] 에딩턴의 학생이었던 르메트르는 이 말을 듣자마자, 1927년에 자신이 비정적인 우주 모형을 발표했다고 에딩턴에게 알렸다. 그러자 에딩턴은 더욱 널리 읽히고 있는 『Monthly Notices』(영국의 왕립천문학회에서 발간하는 천문학 학술지 : 옮긴이 주)에 르메트르의 논문이 발표되도록 했다.[20] 이렇게 해서 팽창 우주론이 태어나게 되었다.

앞에서 설명한 바와 같이 이는 최초의 비정적 해가 아

니었다. 프리드만은 1922년과[21] 1924년에[22] 아인슈타인의 장방정식의 해를 발표했다. 이 논문들의 중요성은 (그리고 르메트르의 논문의 해도) 에딩턴이 지적할 때까지 천문학자들의 주목을 받지 못한 것 같다. 프리드만과 르메트르의 모형 사이의 중요한 차이점은 우주 상수의 사용이었다 —— 르메트르는 상수를 포함했고 프리드만은 포함하지 않았다. 그러나 이 모형들은 두 가지 다 아인슈타인의 상대론적 장방정식의 해에 바탕을 두고 있고, 두 가지 다 팽창하는 우주를 기술하는 점에서 비슷했다.

비정적 해를 지지하는 강력한 한 가지 증거는 허블이 발견한 속도와 거리 사이의 관계였다. 비록 이 관계가 그 자체로서는 정적 해를 몰락시키지는 못했지만(여기에는 관측된 우주의 평균 밀도가 결정적인 역할을 했다), 관측적 검증으로 보였기 때문에 비정적 모형을 더 믿게 만들었다.

그러나 이 관계식의 최초의 공식화는 팽창 모형에 문제를 제기했다. 상수 H의 역수는 우주 팽창의 나이를 나타낸다. 매우 밀도가 높은 점으로부터의 팽창을 기술하는 모형에서는 $1/H$가 우주의 나이를 나타낸다. 허블은 처음에 H=500킬로미터/초/메가파섹을 얻었고, 이에 해당하는 우주의 나이는 10억 년이었다. 이 우주론적 나이는 아더 에딩턴(1924)과[23] 제임스 진즈(1928)가 독립적으로 결정한 별들의 나이에 비해 엄청나게 작았다.[24] 에딩턴은 만약 별에 있는 물질들이 이상기체 법칙을 따르고 에너지 발생이 전자와 양성자의 소멸에 의한 것이라면, 별들의 질량과 광도

월슨 산에서 관측하는 아인슈타인, 허블, 애덤스(왼쪽부터). (헨리 E. 헌팅턴 도서관)

(왼쪽부터) 윌슨 산의 관측자 숙소 (수도원이라 불림)에서 월터 바데, 에드윈 허블, 르메트르 신부. 1932 년. (헨리 E. 헌팅턴 도서관)

게오르그 르메트르 George Lemaître : 1894~1966

게오르그 르메트르는 벨기에의 샤를레로이(Charleroi)에서 태어났으며, 그곳에 있는 예수교 학교에서 초기 교육을 받았다. 그는 1911년에 루뱅 대학교에 공학도로서 등록했다. 그러나 전쟁 때문에 1914년에 공부를 중단해야 했다. 그는 벨기에 군대에서 용감하게 근무했으며 무공십자훈장(Croix de Guerre)을 받았다. 1918년에 루뱅 대학교로 돌아왔으나 수학과 물리로 바꿔서 1920년에 박사학위를 받았다. 그는 바로 마이리네스에 있는 신학교에 입학했으며 1923년에 로마 카톨릭 신부로 임명되었다.

르메트르는 외국으로 가서 공부할 수 있는 벨기에 정부 장학금을 받았다. 그는 이 장학금으로 영국의 케임브리지 대학에서 1년을 보냈으며, 거기에서 에딩턴과 같이 연구했고, 또 한 해는 미국의 하버드 대학 천문대와 매사추세츠 공과대학에서 보냈다.

게오르그 르메트르 신부. (여키즈 천문대 사진)

그는 1925년에 루뱅 대학교로 돌아왔고, 거기서 여생을 보냈으며 1927년에는 정교수가 되었다.

르메트르는 천체물리, 우주선, 천체역학, 그리고 수치 방법을 포함한 많은 분야의 연구에 관심이 있었다. 그러나 그는 우주론에서의 업적으로 가장 잘 알려져 있다. 1927년에 그는 팽창하는 상대론적 우주 모형을 제안했는데, 이 논문은 다른 과학자들의 관심을 끌지 못하다가 1930년에 에딩턴이 『Monthly Notices』에 다시 출판함으로써 관심을 끌게 되었다. 또한 르메트르는 1945년에 시작된 원시 원자(primeval atom)의 개념을 만들어냈다.

그는 일생 동안 1934년에 받은 프랑크 상(Prix Franqui), 1953년에 받은 영국 왕립학회의 에딩턴 메달(르메트르가 첫번째 수상자였음)을 포함해 많은 상을 받았다. 그는 왕립학회(1939), 교황의 과학학술원(1940년, 1960년부터는 원장으로 재직), 벨기에 과학학술원, 미국 철학학술원, the Academi Nazionale Dei XL(1961), 그리고 네오카스트룸(Neocastrum) 국제학술원(1966)에 추대되었다.

사이의 관계가 설명될 수 있다는 것을 보였다. 태양 질량을 빛으로 내는 데 필요한 시간은 약 20조 년으로 계산되었다. 진즈는 중력이 작용하고 있는 이상 기체에서의 이완 시간 이론을 중력적으로 상호작용하는 별들의 집단에 적용해, 별의 위치와 운동을 통계학적으로 분석해 얻는 에너지의 부분 교환에 걸리는 시간이 약 10조 년 정도라는 것을 알았다. 에딩턴과 진즈의 결과가 매우 비슷했기 때문에 별의 나이에 대한 값은 매우 믿을 만하게 되었다.

지구의 나이는 1928년경에 방사성 원소와 붕괴 산물의 상대적 양으로부터 계산되었다. 그 계산에 의하면 지구의 나이가 대략 20억에서 60억 년이었다. 따라서 이런 값들은 우주가 시작되기 전에 별과 지구가 태어났다는 것을 의미했다. 후에 항성 역학과 항성 진화 이론이 개선되고 은하까지의 거리가(그리고 허블 상수 H) 더욱 믿을 만하게 알려지면서 문제점들은 해결되었다. 오늘날 받아들여지고 있는 H의 값은 허블이 처음에 제시한 값의 십분의 일에 불과하다. 별의 계급 사이의 기본적 차이점들을 발견하고 거리 측정 방법이 더욱 개선되면서 계산된 우주의 나이는 계속 증가했다.

앞에서 설명한 바와 같이, 팽창 우주의 모형은 우주의 나이가 유한하다는 것을 의미한다. 현재 관측된 팽창률로부터 천문학자들은 이론적으로 모든 물질이 작은 지역으로 모일 때까지, 우주의 진화를 시간에 따라 거슬러 가면서 추적할 수 있다. 현재의 우주는 응집된 상태로부터 어떤 폭발을 통해(팽창 기구를 제공하기 위해) 진화한 것처럼 보이므로, 우리 우주의 탄생은 종종 대폭발로 불리며, 이에 해당하는 우주론적 모형은 대폭발 우주론이라고 알려져 있다.

또 다른 우주론 모형이 1948년에 허먼 본디(Herman Bondi)와 토마스 골드(Thomas Gold)에 의해 도입되었다.[25] 이 모형은 시작도 끝도 없이 팽창하는 우주를 가정했다. 정상 우주론으로 알려진 이 이론은 우주가 무한히 오래되었고, 항상 현재의 우주처럼 보인다고 주장했다. 그러나 시작점에서의 폭발의 결과로서 팽창을 설명하는 대폭발 이론과 대조적으로 팽창의 원인이 명확하지 않다는 문제점이 있다.

대폭발 우주론과 정상 우주론 사이의 가장 기본적인 차이점 중의 하나는 창생의 개념이다. 대폭발 모형은 우주의 모든 물질이 태초에 한 번에 만들어졌다고 주장한다. 정상

우주 팽창에 관한 신문 기사. (*Boston Globe*, 1931. 11. 22.)

모형은 물질이 일정한 밀도를 유지하기 위해 연속적으로 만들어진다고 주장한다.

이 연속 창생은 보존의 기본적인 원리가 위반되는 점에서 기존의 물리와 기본적으로 일치하지 않는다. 만약 물질이 연속적으로 만들어진다면 물질의 양은 절대로 고정된 양이 아니다. 그러므로 질량과 에너지의 보존 법칙은 더 이상 성립하지 않는다. 물론 보존 법칙을 꼭 지켜야 할 필요는 없다. 그러나 보존 법칙들은 물리에 대한 우리의 이해에 있어서 기초적 역할을 하므로, 절대적으로 그래야 하지 않는다면 그것들을 버리기는 어렵다.

이 두 가지 우주론은 매우 많은 논란을 불러일으켰으며, 이 때문에 1950년대와 1960년대에 우주론 연구가 많이 나오게 되었다.

에드윈 허블의 초상화를 보여주는 1948년 2월 9일『타임』지의 표지.
(주간 소식지인『타임』의 허락을 받아 실음)

팔로마 산에서 48인치 슈미트 망원경을 사용하는 허블. (헤일 천문대 사진)

제 4 장   적색 이동의 해석

적색 이동 대 속도

1929년에 허블이 발견한 성운의 적색 이동과 등급 사이의 관계(속도-거리 관계)는 우주론에 강력한 영향을 미쳤다. 허블 자신은 "속도-거리 관계는 연구에 있어서 대단한 도움이 될 뿐만 아니라 또한 우리가 보는 우주의 일반적 특성이기도 하다. —— 현재까지 알려진 몇 가지 되지 않는 것 중의 하나인 …… 만약 완전히 설명된다면, 그 관계는 아마도 우주의 구조 문제를 풀 수 있는 결정적 단서가 될 것이다."[1]라고 말했다. '만약 완전히 설명된다면'이라는 그의 말은 허블과 많은 다른 사람들이 주요 장애로 생각했던, 이 관계에 대한 지대한 어려움을 반영하는 것이었다.

이 관계는 성운의 등급과 적색 이동 사이의 관측적 관계였

에드윈 포웰 허블 Edwin Powell Hubble: 1889~195■

새플리와 마찬가지로 허블은 미국의 미주리 주에서 태어났으며 중간에 다른 일을 하다가 천문학의 길로 들어서게 되었다.

허블은 1910년에 시카고 대학에서 천문학 학사 학위를 받았다. 그리고 영국의 옥스퍼드 대학에서 법학을 공부할 수 있는 로데스 장학금을 받았다. 평생 동안 운동에 열성적이었던 허블은 육상 경기와 권투에 참여했으며, 권투에서는 매우 잘하여 헤비급 챔피언 도전자로 여겨질 정도였다. 또한 여왕배에서 노를 젓기도 하였다. 1913년에 미국으로 돌아온 후에 허블은 변호사 시험에 합격했고, 마음이 별로 내키지 않는 채로 켄터키 주에서 일년간 변호사 생활을 했다. 다행히 허블은 "내가 이류가 되든 삼류가 되는 간에, 정말로 중요한 것은 천문학이다."라고 느꼈으므로 과학으로 돌아갔다. 이렇게 해서 19■년에 허블은 시카고 대학교에서 대학원을 시작했다. 허블은 1917■에 박사학위를 받았다. 윌슨 산 천문대에서 연구원 자리를 제공했지만, 허블은 대신에 군에 입대했다. 허블은 "당신의 제의를 받아들일 수 없어 유감입니다. 저는 전쟁터로 나갑니다."라는 전보를 헤일에게 보냈다. 허블은 소령까지 진급하였으며 프랑스에서 부상을 당했다. 1942년에 다시 허블은 연구를 떠나 애버딘 실험장에서 탄도학에 관련된 전쟁 일을 하였다.

허블의 연구 업적은 바로 현대 외부은하 천문학의 역사이다. 허블의 업적 중에서 가장 중요한 것 중의 하나는 성운에서 세페이드 변광성과 다른 종류의 변광성을 발견한 것인데, 이로써 우주의 크기와 구조를 밝히게 되었다. 그리고 이 결과 때문에 우주 기본 구조의 진화에 대한 연구가 시작되었고, 허블 법칙으로 알려진 속도-거리 관계를 확립하게 되었다. 이런 결과들이 나오면서 현대 우주론이 탄생하게 되었다. 이 모든 결과들은 코페르니쿠스의 시대 이후로 우주론에

제일 좋아하는 취미인 제물낚시질을 즐길 준비를 갖춘 에드윈 허블. (E. P. Hubble, *The Nature of Science*, and Other Lectures, 헨리 E. 헌팅턴 도서관, 캘리포니아주의 산마리노, 1954년)

다. 천문학자들은 거리는 등급으로부터 측정할 수 있다고 확신했지만, 적색 이동의 해석에 대해서는 자신감이 별로 없었다. 많은 사람들은 적색 이동을 단순히 도플러 원리로부터 나오는 속도라고 해석했다. 즉 어떤 특정한 파장의 이동량 $\Delta\lambda$에 대해 속도는

$$c\frac{\Delta\lambda}{\lambda} = v$$

(여기서 c=광속)의 식으로부터 구할 수 있다. 적색 이동 결과는 후퇴속도를 보여주었으며, 이는 팽창하는 우주를 의미했다.

허블은 적색 이동을 도플러 효과로 해석하는 것은 완전하게 명백하지는 않다고 느꼈으므로, 이를 반영하기 위해 '겉보기 속도'라는 말을 쓰기를 주장했다.

할리우드의 M.G.M. 스튜디오에서 영화배우
들과 서있는 허블(가운데). 무성 영화의 스
타 레이몬드 나바로가 허블의 바로 왼쪽에
있다. (헨리 E. 헌팅턴 도서관)

서 의심할 여지없이 가장 중요한 기여로 여겨진다.

허블의 고전적인 저서인『성운의 세계』 Realm of the Nebulae(1936년)
는 오늘날 아직도 기초 천문학 교과서일 뿐만 아니라 영감의 샘이기
도 하다. 제임스 진즈 경은 10년 만에 처음 쓰는 서평에서 이 책은
"전문 천문학자들뿐만 아니라 많은 대중들의 상상력을 흔든 과학사
의 한 장"이라고 썼다.

허블은 또한 매우 다양한 주제에 관하여 글을 쓰고 강연도 했다
── 우주 탐험, 일반 교양 교육에서의 과학, 과학과 국적, 프랜시스
베이컨, 르네상스 시대의 영국 과학, 스모그, 48인치 슈미트 망원경
을 이용한 탐사, 그리고 200인치 망원경을 다루는 BBC 방송 프로그
램 등. 허블은 (미국) 국립과학학술원 추대, 명예 박사 학위 5개, 여러
개의 금메달과 은메달을 포함하여 많은 상을 받았다.

"한편 적색 이동은 편의상 속도의 척도로 나타낼 수 있다. 적색
이동은 속도처럼 작용하고, 나중에 해석이 어떻게 되는가에 관계
없이, 동일하고 익숙한 척도로 매우 간단히 나타낼 수 있다. '겉보
기 속도'라는 용어는 주의 깊게 생각한 문장에서 쓸 수 있을 것이
며, 일반적으로 속도라고 하면 언제나 겉보기 속도를 의미한다."[2]

그는 항상 적색 이동을 논할 때 조심했다. 1931년에 그는
드시터에게 편지를 썼다. "우리는 '겉보기' 속도라는 용어를
상관관계의 경험적인 특징을 강조하기 위해 사용합니다. 해석
은 그 문제를 믿을 만하게 논의할 능력이 있는 당신과 소수의
다른 사람들에게 달려 있다고 생각합니다."[3]

겉으로 보기에 허블은 팽창 우주의 개념이 타당하다고 확
신하지 못한 것 같다. N. 메이알은 1937년에 릭 천문대에서 허

제안된 200인치 망원경의 모형을 허블이 유명한 수리물리학자인 리처드 톨먼 박사에게 보여주고 있다. (헨리 E. 헌팅턴 도서관)

블에게 편지를 썼다. "적색 이동의 본질에 대한 당신의 해석이 팽창 우주의 이론의 타당성에 의문을 던지는 것을 알고 여기에 있는 몇 명의 사람들이 얼마나 기뻐했는지는 언급할 필요가 없습니다."[4]

다른 설명들

많은 사람들이 적색 이동을 속도로 해석하는 것을 열심히 받아들였지만, 일부는(대표적으로 허블) 다른 해석도 가능하다고 느꼈다.

허블은 많은 이론가들이 가진 견해에 대해 다음과 같이 평했다.

속도–이동 해석은 이론적인 연구가들에 의해 일반적으로 채택되어지고, 속도–거리 관계는 팽창 우주 이론에 대한 관측적 근거로서 간주된다. 그런 이론들은 오늘날 널리 인정되고 있다. 이 이론들은 비정적인 우주의 가정으로부터 나온 우주론 방정식의 하나이다. 이것들은 일반적 이론에서 특별한 경우로 여겨지는 정적 우주의 가정에서 나온 초기의 해를 대체한다.[5]

그는 자신이 관측자로서 가지고 있던 견해를 계속 유지했다. "망원경으로 연구할 수 있는 자원은 아직 고갈되지 않았으므로, 적색 이동이 실제로 운동을 나타내는지 아닌지가 관측으로부터 알려질 때까지 판단은 미룰 수 있다."[6]

허블은 적색 이동의 다른 해석이 가능하기 때문에 판단을 미룰 것을 주장했다. 1905년에 아인슈타인이 제안한 복사 에

지와 파장 사이의 기본적 관계

$$에너지 \times 파장 = 상수$$

의하면, 먼 성운에 대해 파장이 늘어나는 것(적색 이동)은
에서 에너지가 손실되는 것을 나타낸다. 이 손실은 성운 자
에서(도플러 효과) 또는 빛이 지나는 공간에서의 긴 경로에
일어날 수 있다.

허블은 이 두 가지 견해 중 어느 것이 옳은가를 판단하기
해 관측적 검증을 할 수 있다고 느꼈다. 그는 빠르게 멀어지
성운은 같은 거리에 가만히 서 있는 성운보다 어둡게 보일
이라고 주장했다. 따라서 필요한 것은 원리적으로, 성운의
대 등급의 크기를 결정하고 다양한 거리에서 예측되는 성운
겉보기 등급을 비교하는 것이었다. 그 다음에 스펙트럼으
부터 적색 이동을 알 수 있는 성운의 겉보기 등급을 움직이
않을 경우에 예상되는 등급의 계산 값과 비교하면 이 문제
명백하게 풀 수 있다.

비록 이 과정이 원리적으로는 간단하지만, 실제로 하기에는
우 어렵다. 성운 사이의 개별적인 차이, 그리고 극도로 어두
천체에 필요한 정밀 관측의 어려움 때문에 이 시험은 수행

1931년 애서니움(athenium, 미국 캘리포니아
공과 대학 교정에 있음 : 옮긴이 주)에서. 앉
은 사람들은 왼쪽부터 밀리칸, 아인슈타인,
마이켈슨, 캠벨이고 서 있는 사람들은 성존,
메이어, 허블, 먼로, 톨먼, 밸치, 애덤스, 밸러
드. (헨리 E. 헌팅턴 도서관)

하는 것이 거의 불가능했다. 허블은 적색 이동에 대한 다른 해석을 판정하는 데 필요한 결과를 전혀 얻을 수 없었다.

오늘날 많은 과학자들이 적색 이동을 속도로 쉽게 받아들이지만, 이 문제는 아직도 완전히 해결된 것은 아니다. 아직 많은 사람들이 다른 해석을 내세우고 있고, 속도-거리 관계가 팽창 우주를 나타내는 것이 아닐 수도 있다고 주장하고 있다.

마치며

우주론은 상대론적 역학이 도입되어 공간의 구조 연구에
용되면서 천문학적 논의의 중요한 주제가 되었다. 1917년에
인슈타인의 장(場) 방정식에 의해 주어지는 제한 조건들을
족하는 두 가지의 우주론이 제시되었다. 두 가지 이론 모두
우주는 정적(靜的)이라는 가정에 바탕을 두었다. 아인슈타
모형은 물질이 고르게 분포하는 닫힌 우주를 제시했는데,
모형에서는 평균 밀도가 작지만 유한하다고 가정했다. 드
터 모형에서는 공간이 완전히 비었다고 가정했다.

1920년대 후반에는 정적 우주론 모형의 여러 가지 문제점들
드러나기 시작했다. 큰 적색 이동을 보여주는 많은 외부 은
성운의 발견은 아인슈타인 방정식의 해(解)의 유효성에 대
심각한 우려를 불러일으켰다. 비록 드시터 모형에서도 적
이동이 예측되었지만, 측정된 우주의 평균 밀도는 너무 커
밀도가 0에 가깝다는 조건을 만족시킬 수 없었다.

1930년에 많은 과학자들은 아마도 정적 가정이 우주론 문
의 원인이었다는 것을 깨닫고, 그들의 관심을 비정적(非靜
)인 해를 찾는 데로 돌렸다. 대부분의 천문학자들에게는 알
지지 않았지만, 여러 가지의 비정적 우주론이 이미 만들어
있었다. 그러나 이 모형들은 관측이 팽창 우주를 기술하
이론을 고려해야 한다는 것을 보여준 후에야 빛을 보기
작했다.

현대 관측 우주론은 1929년에 허블의 속도—거리 관계가 전
로서의 우주의 성질을 논의할 수 있는 기초를 제공해 주면
시작되었다. 1930년대 초기에 우주의 물질 분포의 연구와
블의 법칙 때문에 정적 모형은 사라져야만 했다.

그러나 관측된 적색 이동의 본성에 관한 논쟁은 끊이지 않
고, 새로운 우주 모형 중 어느 것이 우주를 정확히 기술하는
에 대한 논쟁도 잠잠해지지 않았다. 1930년대에 나타났던
란한 문제 중 일부는 해결이 되었으나 나머지는 천문학자들
노력에도 불구하고 해결되지 않은 채 그 당시 연구의 첨단
그대로 남아 있었다.

최근의 우주론 연구에 있어서 매우 중요했던 문제점 중 한
지는 대폭발 이론과 정상 우주론 중 어느 것이 우주에 대한
바른 모형인가를 밝히는 것이었다. 1965년에 이러한 우주

모형에 지대한 영향을 미친 새로운 발견이 있었다. 전 우주
절대 온도 3도의 배경 복사로 가득 채워져 있는 것처럼 보
다. 사실 이 배경 복사는 대폭발의 결과로서 1948년에 예측
었다. 초기 팽창시 뜨거운 물질에서 나온 빛의 잔해가 배경
사로서 남아 있어야 한다고 추정되었다. 이 복사는 우주가
창하면서 밀도가 낮아졌고(즉 식으면서) 오늘날에는 약 5도
될 것이다[우주 배경 복사 탐사선의 관측 자료를 이용해 최근
발표한 연구 결과에 의하면 이 복사의 절대 온도는 2.7도이다
옮긴이 주]. 아마도 이것은 대폭발 이론을 뒷받침하는 논거
에서 가장 설득력이 있는 것이다.

비록 오늘날 정상 우주론은 거의 모든 천문학자들이 받
들이지 않고 있지만, 대폭발과 관련된 진화하는 우주의 성
에 대해서는 아직도 논쟁이 많이 되고 있다. 원시 우주는 팽
을 영원히 계속할 정도의 충분한 에너지를 갖고 폭발했는?
아니면 탈출 속도보다 적은 에너지를 갖고 발사된 로켓처
마침내는 팽창을 멈추고 다시 수축할 것인가?

팽창을 계속하는 우주는 열린 우주라고 하며, 이 우주에
의 휜 공간은 로바체브스키가 기술한 공간(말안장 공간)이!
마침내는 수축해 붕괴하는 우주는 닫힌 우주라고 하며, 리

예제 : 적색 이동과 시선 속도

어떤 분광선이 특정한 파장 λ_L(즉, 속도가 0인 실험실에서 잰 파장)
에 있다고 알려져 있으나, 천체의 스펙트럼에서는 다른 파장 λ_0에서 관
측된다면 그 천체의 시선 속도는 다음 관계로부터 계산할 수 있다.

$$\frac{\Delta\lambda}{\lambda} = \frac{v}{c}$$

여기서 $\lambda = \lambda_L$,

$\Delta\lambda = \lambda_0 - \lambda_L$ (선이 이동한 양),

c = 광속,

v = 시선 속도.

예를 들면, $\lambda_L = 4000 \text{Å}$, $\lambda_0 = 4013 \text{Å}$ 일 경우

$$\frac{\Delta\lambda}{\lambda} = \frac{4013 - 4000}{4000} = \frac{13}{4000} = \frac{v}{c}$$

$$v = \frac{13}{4000} \times 3 \times 10^5 = 1000 \text{ km/s}$$

기술한 구형 공간이다. 이것들은 어떻게 구별할 수 있을까?

주의 역사에서 초기를 나타내는 먼 은하들의 적색 이동이 일한 팽창률에서 벗어나게 된다. 즉 매우 멀리 있는 은하들 서로 당기는 중력 때문에 후퇴 속도가 느려지게 된다. 우주 물질이 충분히 있다면(즉 밀도가 충분히 높다면) 팽창은 서히 줄어드는 닫힌 우주가 된다. 물질이 적게 있다면(밀도가 0^{-28} g/cm^{3}보다 작을 때) 팽창 감소율이 충분하지 못해 닫힌 우가 되지 못한다. 원리적으로는 적색 이동을 이용해 이 두 가 모형 중 어느 것인가를 밝힐 수 있으며, 많은 노력이 이 문에 기울여졌다. 그러나 아직까지는 먼 은하의 거리 측정이 정확해 결론을 내릴 수 없는 상태이다.

오늘날 많은 천문학자들은 우주의 밀도 측정으로 우주가 렸는지 닫혔는지에 대한 논쟁을 해결할 수 있기를 바라고

팔로마산의 200인치 망원경으로 찍은 헤라클레스 자리 은하단. (헤일 천문대 사진)

있다. 여기에 흥미로운 문제가 포함되어 있다. 측정결과에 르면, 우주에서 보이는 물질의 밀도는 대략 10^{-30}g/cm^{3}이며, 값은 닫힌 우주가 되기 위한 값보다 여러 배 작다. 그러나 은 천문학자들은 이 해답을 받아들이려고 하지 않는다. 잃어 버린 질량이 있지 않을까? 예를 들자면, 무거운 블랙 (blackhole)의 형태로, 또는 우리가 아직 보지 못한 지역에서 하들로서. 만약 그렇다면 우주는 닫혀 있을지도 모른다.

섬우주론에 관해 논쟁하던 시절처럼 천문학에는 아직도 쟁이 계속되고 있다. 수레바퀴는 1920년과 1970년 사이에 전히 한 바퀴 돈 것처럼 보이고, 문제의 규모는 은하에서 우로 늘어났지만, 오늘날 우리가 살고 있는 우주의 본질에 관한 우리는 다시 한 번 불확정성 시대에 살고 있다.

인용문헌

1 장

S. L. Jaki, *The Paradox of Olbers' Paradox* (New York: Herder and Herder, 1969): 38.

Ibid., 78.

Ibid., 89-90.

H. Shapley, "Studies Based on the Colors and Magnitudes in Stellar Clusters, Part II", *Astrophys. J. 45* (1917): 139.

J. D. North, *The Measure of the Universe* (London: Oxford University Press, 1965): 20-22.

Jaki, *Paradox*, 60 ff.

M. Hoskin, *The Listener* (30 July 1970). See also, O. Gingerich, "Astronomy Three Hundred Years Ago", *Nature 225* (1975): 602-606.

2 장

E. Lukas, "Non-Euclidean Geometry"(in press).

J. D. North, *The Measure of the Universe* (London: Oxford University Press, 1965): 56.

A. Einstein, "Kosmologische Betrachtungen zur Allgemeinen Relativitätstheorie", *Sitzungs-be-richte der Preussischen Akad. d. Wissenschaften* (1917); Lorentz의 영역본: *The Principle of Relativity* (New York: Dover, 1952): 177-188.

W. de Sitter, "On Einstein's Theory of Gravitation and Its Astronomical Consequences", *Mon. Not. R. Astron. Soc. 78* (1917): 3.

North, *Measure*, 95-96.

3 장

A. Einstein, "Kosmologische Betrachtungen zur Allgemeinen Relativitätstheorie", *Sitzungs-berichte der Preussischen Akad. d. Wissenschaften* (1917); 142, Lorentz의 영역본: *The Principle of Relativity* (New York: Dover, 1952).

W. de Sitter, "On Einstein's Theory of Gravitation and Its Astronomical Consequences", *Mon. Not. R. Astron. Soc. 78* (1917): 3-28.

J. Oort, "Investigations Concerning the Rotational Motion of the Galactic System", *Bull. Astron. Inst. Neth. 4* (1927): 79-89.

4. W. de Sitter, "On the Distances and Radial Velocities of Extra-Galactic Nebulae and the Explanation of the Latter by the Relativity Theory of Inertia", *Proc. Nat. Acad. Sci. USA 16* (1930): 474-488.

5. *Ibid.*, 474.

6. G. F. Paddock, "The Relation of the System of Stars to the Spiral Nebulae", *Publ. Astron. Soc. Pac. 28* (1916): 109.

7. C. W. Wirtz, "Uber die Bewegungen der Nebelflecke", *Astron. Nachr. 206* (1918): 109.

8. C. W. Wirtz, "Notiz. sur Radialbewegungen der Spiralnebel", *Astron. Nachr. 216* (1922): 451.

9. W. de Sitter, "On Einstein's Theory of Gravitation and Its Astronomical Consequences", 3-28.

10. C. W. Wirtz, "De Sitter's Kosmologie und die Bewegungen der Spiralnebel", *Astron. Nachr. 222* (1924): 21.

11. E. Hubble, "A Relation Between Distance and Radial Velocity Among Extra-Galactic Nebulae", *Proc. Nat. Acad. Sci. USA 15* (1929): 168-173.

12. E. Hubble and M. Humason, "The Velocity-Distance Relation Among Extra-Galactic Nebulae", *Astrophys. J. 74* (1931): 43.

13. E. Hubble, *Realm of the Nebulae* (New Haven: Yale University Press, 1936): 117.

14. E. Hubble and M. Humason, "The Velocity-Distance Relation for Isolated Extra-Galactic Nebulae", *Proc. Nat. Acad. Sci. USA 20* (1934): 264.

15. Hubble, *Realm of the Nebulae*, 109.

16. Hubble, "Relation Between Distance and Radial Velocity", 173.

17. For a more thorough discussion of Siberstein, see: N. S. Hetherington, *The Development and Early Application of the Velocity-Distance Relation* (Ph.D. Dissertation, Indiana University, 1970).

18. R. W. Clark, Einstein: *The Life and Times* (Cleveland: World Publishing, 1971): 431.

19. "Meeting of the Royal Astronomical Society", *Observatory 53* (1930): 39.

20. G. Lemaitre, "Un Universe Homogène de Masse Constante et de Rayon Croissant, Rendant Couple de la

Vitesse Radial des Nebuleuses Extra-Galactiques", *Ann. Soc. Sci. Brux.* 47 (1927): 49-56; 번역본 *Mon. Not. R. Astron. Soc.* 91 (1931): 483-490.

21. A. Friedmann, "Über die Krümmung des Raumes", *Z. Phys.* 10 (1922): 377-386.

22. A. Friedmann, "Über die Möglichkeit einer Welt mit Konstanter negativer Krümmung des Raumes", *Z. Phys.* 21 (1924): 326-332.

23. A. S. Eddington, "On the Relation between the Masses and the Luminosities of the Stars", *Mon. Not. R. Astron. Soc.* 84 (1924): 308-332.

24. J. Jeans, *Astronomy and Cosmology* (Cambridge: Cambridge University Press, 1922) Chapter 12.

25. H. Bondi and T. Gold, "The Steady-State Theory of the Expanding Universe", *Mon. Not. R. Astron. Soc.* 108 (1948): 252-270.

제 4 장

1. E. Hubble, *The Realm of the Nebulae* (New Haven: Y University Press, 1936): 120.

2. *Ibid.*, 123.

3. Private communication, E. Hubble to W. de Sitter, September 1931 (Huntington Library).

4. Private communication, N. Mayall to E. Hubble, March 1937 (Huntington Library).

5. Hubble, *Realm of the Nebulae*, 122.

6. *Ibid.*

문제

제 1 부 우주의 크기

1 장

칸트는 별이 하늘에서 움직이는 양(고유 운동)을 결정하기 위해 케플러의 법칙을 이용했다. 그는 그 당시의 기기로는 고유 운동을 검출할 수 없다는 것을 보였다. 비록 그의 결론은 옳았지만, 추론은 틀렸다. 그 이유는?

성도를 가지고 항성 계수 방법을 이용하면, 태양이 우리 은하에서 중심에 있지 않다는 증거를 찾을 수 있는가?

아래의 인용문은 윌리엄 스타이런의 『냇 터너의 고백』이란 소설에서 나온 것인데, 이 소설은 퓰리처 상을 받았고, 1831년경에 미국 버지니아 주의 사우스햄턴에서 일어난 노예 폭동에 관련된 사건들을 바탕으로 했다.

"오늘날 영국에는 허셸이라는 이름의 위대한 천문학자가 있습니다. 천문학자가 어떤 사람인지 아십니까? 예? 얼마 전에 리치먼드 신문에 그에 관한 큰 기사가 실렸습니다. 허셸 교수가 찾아낸 바에 의하면, 여기 우리가 태양이라고 부르는 별은 그가 은하라고 부르는 거대한 종류의 수레바퀴 주위를 도는 수천 개도 아니고, 수백만 개도 아닌, 수십억 개의 별 중의 하나입니다. 목사님, 상상 좀 해보십시오! ……" 그는 나를 향해 앞으로 기울였다. 그리고 나는 그에게서 사과처럼 단 향기를 맡을 수 있었다. "상상해 보십시오! 거대한 공간에 떠 있고, 생각조차 할 수 없는 거리만큼 떨어져 있는 수백만 개의, 아니 수십억 개의 별들을. 목사님, 우리가 보는 이 별들에서 나오는 빛은 사람이 지구에 살기 훨씬 전에 출발했을 것

입니다. 예수님이 오기 백만 년 전에!"

이야기하는 사람의 확신에 대해 말하라. 이야기하는 사람은 어떤 크기의 은하를 마음에 그리고 있는가?

4. 18세기 천문학적 이론에 대한 그리스 철학의 영향을 논하라.

제 2 장

1. 사람은(우주 비행사는 제외) 지구에만 살고 있으므로, 우주에 대한 우리의 인식은 우리가 살고 있는 장소에 의해 영향을 많이 받는다. 우리가 다른 곳에서 진화했다면 —— 예를 들어, 목성의 달에서 —— 물리적 세계에 대한 우리의 개념은 매우 달랐을 것이다. 목성의 지성체는 아래 문제들을 어떤 식으로 접근했을 것인지 논하라. —— 지구 중심의 태양계 모형, 목성 중심의 태양계 모형, 눈으로 보는 은하수 모습, 별의 거리 계산.

2. 전쟁 중에 과학자의 충성심은 종종 조국과 자신의 일로 나누어진다. 천문학 연구 과제에서는 천문대 사이의 국제적 협력이 매우 중요하므로, 특히 천문학은 이런 분리에 의해 영향을 받는다. 정부가 가지고 있는 관념적인 차이에 대부분 관계없이, 천문학자들을 포함해서 학자들 사이에는 대개 우호적인 관계가 지속된다. 그러나 전쟁 중에는 전쟁하는 나라의 과학자들 사이에 따뜻한 우정과 협력이 자연히 줄어든다.

적대감이 천문학자의 개인적인 태도에 미치는 효과에 대해 의견을 말하라. 과학자는 우선적으로 자기 나라에 충성해야 하는가 아니면 자기의

일과 동료에 충성해야 하는가? 과학자 집단은 다른 분야의 사람들과 비교해서 전쟁에 의해 다르게 영향을 받는가? 전쟁 중에 과학자의 책임은 무엇인가? 평화 중에는? 과학자는 보통의 시민보다 더욱 많은 사회적 책임을 가지고 있는가?

제 3 장

1. M101의 크기가 (가) 새플리가 구한 우리 은하의 지름과 비슷하고, (나) 새플리 값의 1/10이라고 가정하고, 『천체물리학지』(44권, 219쪽, 1916년)에 있는 반마넨의 사진으로부터 측정된 점들의 평균 속도를 구하라.

2. 반마넨이 시도했던 것과 같은 측정을 할 때, 본질적으로 포함되는 어려움을 기술하라. 어떤 종류의 오차 원인을 예상하는가?

3. 정치 혁명에 대한 아래의 분석은 토마스 쿤의 널리 알려진 『과학 혁명의 구조』(시카고, 시카고 대학 출판사, 1962년, 92쪽)에서 나왔다.

   정치 혁명의 목표는 정치적 기관들 스스로가 금지하는 방법으로 정치적 기관을 바꾸는 것이다. 그러므로 이의 성공을 위해서는 한 기관을 위해 다른 기관들을 부분적으로 포기해야 하고, 중간에는 사회가 기관에 의해 완전히 통치되지 않는다. 처음에는 위기만이 정치적 기관의 역할을 약하게 한다. …… 숫자가 늘면서 개인들은 정치적 생활로부터 점점 멀어지고, 그 안에서 더욱더 별나게 행동한다. 그러면 위기는 심각해지고, 이 많은 개인들은 새로운 기관 틀에서 사회를 새로 세우려는 구체적인 계획을 세우게 된다. 그때에는 사회가 서로 다투는 진영 또는 정당으로 나누어지고, 한 진영은 옛 기관 구조를 지키려고 하고, 다른 진영은 새로운 기관을 만들려고 한다.

   정치 혁명에 대한 쿤의 설명과 새플리의 은하 이론 때문에 일어난 과학 혁명 사이에 비슷한 점을 논하라. 이 비유는 얼마나 현실적인가? 어디에서 이 비유가 어긋나는가?

4. 『과학 혁명의 구조』에 있는 쿤의 중요한 점들이 아래 인용에 요약되어 있다.

   다른 새로운 이론을 정기적으로 적절하게 만들어 내면 특별한 경쟁력을 가진 분야의 전문가들은 같은 반응을 보인다. 이 사람들에게 새 이론은 이전에 정상적인 과학을 수행할 때 지배했던 법칙의 변화를 의미한다. 그러므로 그것은 반드시 그들이 이미 성공적으로 완성한 많은 과학적인 결과를 반영한다. 그것이, 새 이론이 그 응용 범위가 얼마나 특별하든지 간에 이미 알려진 것을 단순히 늘리는 일은 거의 없는 이유이다. 그것을 소화하기 위해서는 이전의 이론을 재구성해야 하고, 이전의 사실을 재평가해야 하며, 한 사람에 의해 그리고 하룻밤 사이에 완성되는 일이 거의 없는 본질적으로 혁명적인 과정이 필요하다.

   이 말이 새플리 은하 이론의 등장에 관련된 사건들에 적용될 수 있을까? 예를 이용해 당신의 주장을 뒷받침하라.

제 4 장

1. 새플리는 구상 성단의 거리를 결정하기 위해 구상 성단의 지름을 이용했다. 세페이드 변광성이나 25개의 가장 밝은 별을 이용하는 방법에 비해 거리를 결정하는 이 방법의 장점은 무엇인가? 단점은 무엇인가?

2. 1910년에서 1920년까지 기술이 천문학의 발전에 얼마나 중요했었나? 어떤 다른 요소가 효과가 있었나? 어떻게?

3. 새플리는 자신의 책 『별에 이르는 험난한 길』(뉴욕, 스크리브너스, 1969년)에서 자신의 전문적인 직업 생활에 관해 회상했다.

   과학적으로 내가 한 제일의 공헌은 우리 은하의 중심이 태양으로부터 33,000광년 또는 그 이상 떨어져 있다는 것을 밝혀낸 것이라고 생각한다. 다르게 표현하면 코페르니쿠스의 태양중심설을 뒤엎은 것이다.

왜 섀플리의 공헌이 코페르니쿠스의 것과 대등한가? 비슷한 점은 무엇이며 다른 점은 무엇인가?

4. 섀플리는 구상 성단들이 우리 은하의 범위를 대략적으로 나타내며, 우리는 중심에 있지 않다고 가정함으로써, 구상 성단의 비대칭 분포를 설명했다. 다른 식으로는 어떻게 설명할 수 있을까?

5. 은하 천문학에서 1800년부터 1920년까지 있었던 극적인 발전은 단지 손으로 꼽을 정도의 나라에 —— 주로 영국, 독일, 네덜란드, 스웨덴, 그리고 미국에 —— 있던 천문학자들에 의해 이루어졌다. 실제로 1910년에서 1930년까지 이 분야에서 가장 중요한 발전의 대부분이 단지 한 나라 —— 미국에서만 이루어졌다. 미국 과학자들이 예외적으로 똑똑하다는 증거는 없는데, 어떻게 미국이 1930년까지 우리 은하와 외부 은하에 관한 연구에서 선두 주자가 되었을까?

6. 역사가들은 종종 중요한 발견 —— 콜럼버스의 미대륙 발견과 같은 —— 에 정확한 날짜를 정한다. 1910년과 1920년 사이에 이루어진 천문학적 발견에 이와 같은 정확성을 적용할 수 있을까?

정확한 날짜를 정할 수 있는 구체적인 과학적 발견의 예를 들어라.

7. '대논쟁'에 관련된 충돌을 퀘이사와 펄사의 발견과 관련해 비교하라. 퀘이사 수수께끼가 어떻게 해결될 것으로 예측하는가?

8. 제1부에서 설명한 것과 같이 천문학의 발전에는 서로 다른 강한 개성을 가진 사람들 사이의 접촉이 관련되어 있다. 이 책과 참고문헌으로부터 다음 과학자들의 개성을 기술하라. 커티스, 헤일, 허셸, 칸트, 모리, 리빗, 섀플리, 반마넨, 그리고 라이트.

이 사람들 중에서 누가 사람들이 가장 좋아할 만한 사람이라고 믿는가? 사람들이 가장 좋아하지 않을 사람은? 그들의 개성은 과학의 발전에 어떻게 영향을 미쳤는가?

많은 사람들은 과학자를 연구를 무엇보다 가장 중요한 것으로 여기는, 냉정하고 똑똑하며 열정이 없는 남자 또는 여자로 생각한다. 이런 전형적인 생각은 얼마나 정확할까? 과학자들의 객관성을 다른 학자들과 일반 대중의 객관성과 비교하라.

제 2 부 은하 천문학

제 1 장

1. 천문학에서 사진관측은 안시 관측에 비해 어떤 장점이 있을까?

2. 경험적 과학에 장점이 있을까? 이점은 무엇이고 위험한 점은 무엇인가?

3. 별의 거리를 결정하는 데 어떤 문제가 있는가? 천문학자들이 별의 거리를 정확하게 아는 것이 왜 필요한가?

4. "천문학자는 지구 대기에 대한 광전 측광 자료를 대개 버린다. 우리는 사실 이 자료가 우리 대기 연구에 가치가 있다는 것을 알게 되었다. ……"

최근에 찰슨, 하지, 러키, 매너리, 그리고 스노우가 한 이 말은 일찍이 천문학자 대부분이 그 가능성에 대해 알지 못했지만, 표준 천문학적 방법을

우리 대기에 있는 미립자 오염을 점검하는 데 쓸 수 있다는 것을 보여준다. 이 사실로 볼 때 과학자들에게 그들의 연구 방법과 결과의 실제적 응용을 찾아내거나 개발하도록 격려해야 (또는 강요해야) 할까? 어떻게 과학자들을 격려할 수 있을까? 과학자들의 주 관심이 응용 연구로 향해야 할까?

제 2 장

1. 많은 과학자들이 얻은 결과는 1871년에 길덴의 결과에 일어난 것처럼 널리 알려지지 않기 때문에 잊혀진다. 그러므로 과학자는 자신의 결과를 서로에게 발표해야 할 의무가 있다고 생각할 수 있다. 그러나 오늘날 널리 알려야 할 정보의 양이 매우 늘어나서 학술지는 게재할 논문의 수를 제

한하며, 따라서 중요한 정보가 사라질 수 있다. 이 곤란한 문제에 관해 의견을 이야기하라. 어떤 해결책을 제안할 수 있나? 현재와 같은 학술지 발간 방법이 계속되면 특정한 논문을 발표할 것인지 아닌지를 결정하기 위해 어떤 기준을 사용해야 할까?

2. 오트의 이론을 이용한 거리 결정 방법은 천문학자에게 왜 중요한가? 비슷한 특징을 가진 다른 방법이 있을까?

3. 초기 은하 회전 이론의 발전은 여러 나라의 천문학자들 사이에 서로 도움에 의존했다. 오늘날 (1976년 현재) 소련과 미국의 과학자 사이에 협력이 늘어난 사실이 천문학 연구를 매우 발전시킬 수 있을까? 만약 그렇다면, 생각을 국제적으로 교환해 가장 발전시킬 수 있는 구체적인 분야는 무엇인가?

4. 오트의 이론과 자료는 우리 은하의 중심이 섀플리가 전에 결정한 것과 같은 방향이라는 것을 보여주었으나, 두 사람이 알아낸 거리는 상당히 달랐다. 당신이 그 당시 천문학자였다면 이 이론 사이의 차이점에 대해 1927년까지 잘 결정되지 않았던 흡수 외에 다른 어떤 방법으로 설명할 수 있었을까? 당신의 가설을 검증하기 위한 관측에 대해 생각할 수 있나?

5. 오트 상수($A = 15$킬로미터/초/킬로파섹, $B = -10$킬로미터/초/킬로파섹)를 이용해, 반마넨의 회전 운동 측정 결과가 그럴듯한지를 결정하라. (제3부를 보라)

제 3 장

1. 올버스 역설을 풀기 위해 성간 물질에 의한 빛의 흡수를 이용한다면 어떤 물리적인 문제점들이 생길까? 이 문제점들을 어떻게 해결할 수 있을까? (제4부를 보라.)

2. 정지선에 대한 슬라이퍼의 관측은 하트만의 관측과 어떻게 달랐나? 왜 슬라이퍼는 자신의 자료로부터 원대한 결론을 끌어낸 반면에, 하트만은 할 수 없었나?

3. 이론가와 관측자 중에서 어떤 천문학자가 천문학의 발전에 더욱 중요한가? 당신의 의견을 예를 들어 정당화하라. 한 그룹의 연구 결과가 다른 그룹의 결과 없이도 의미가 있을 수 있나?

4. G. E. 헤일은 J. C. 캅테인에게 보내는 편지에서 성간 공간에서의 일반적 흡수의 가능성을 고려할 '심리적인 순간'이 왔다고 언급했다. 1914년 이전의 20~30년 동안에 어떤 천문학적 발전 때문에 천문학자가 흡수 개념을 받아들이는 태도가 변할 수 있었을까?

5. 커티스가 나선 성운에 있는 검게 보이는 적도 띠를 조사한 경우가 보여준 것처럼 유추는 성공적일 수 있다. 그러나 그런 분석 과정은 위험할 수 있다. 천문학자가 비유를 이용함으로써 잘못된 결론에 이르게 된 예를 들어라. 그 비유는 왜 잘못되었는가?

6. 1909년에 캅테인은 겉으로 보기에 '태양으로부터 멀어질수록 별들이 점점 적어지는 현상'은 흡수로써 가장 자연스럽게 설명할 수 있다고 말했다. 무엇 때문에 그가 마지막에 흡수를 무시했을까? 물리적인 주장 외에 심리적인 영향도 있었는가? 만약 캅테인이 자신이 1909년에 말했던 믿음을 유지했다면, 1920년부터 1930년까지의 현대 천문학 발전이 어떻게 변했을까?

7. 천문학은 항해 외에 다른 경제적 가치를 가지고 있는가? 만약 그렇다면, 예를 들어 그 가치를 설명하라. 그렇지 않다면, 왜 천문학은 수천 년 동안 지원을 받았는가? 오늘날 천문학자는 정부에 대해 재정 지원 신청을 정당화할 수 있을까?

8. 허셸은 암흑 성운을 '하늘에 있는 구멍'이라고 불렀다. 천문학사의 어떤 시점에서, 그런 하늘의 구멍이라는 개념이 타당하지 않다는 것을 사람들이 깨달을 수 있었나? 어떤 가능한 이유 때문에 천문학자들은 1905년에 여전히 '별이 없는 지역'이라고 했을까?

제 3 부 외부 은하 성운

. 섬우주론에 대한 '대논쟁'의 주장자들의 주장을 정밀하게 살펴보라. 나선 은하 두세 개의 거리를 결정하는 것이 어떻게 그 논쟁을 해결했는가?

. 아래에 있는 윌리엄 브론크의 시 두 편에 대해 생각해 보자[『외계 안에서 : 우주 시대의 새로운 시』 *Inside Outer Space : New Poems of the Space Age*, ed. R. Vas Dias(New York : Doubleday, Anchor Books, 1970), 50~52쪽에서 발췌]. 이 시에 나타나 있는 생각들이 '대논쟁'에 의해 영향을 받았다고 생각하는가?

우리와 같이 존재하는 모든 것에 대해

주위를 돌아보면, 멀리 있는 하늘이
모두 같은 거리에 있는 것처럼 보인다. 눈의 한계 :
하늘은 더욱 멀리 간다는 것을 우리는 안다. 그러나 기기로 보면
똑같게 보이고, 눈을 자유롭게 한다.

내가 세계의 중심이 아니라면,
무엇을 느끼든지 아무 차이가 생길 수 없다.
우주는 크다 : 중심에서 벗어나 있다는 것은
아무것도 아니라는 것이다, 말할 가치조차 없다.

만약 내가 무엇이라도 된다면, 나는
세계가 갖고 있는 열정의 도구이고,
하는 사람도 아니고, 하라고 부림을 받는 사람도 아니다. 그것은 느끼는 것이다.
당신도 또한 그런 도구이다.

당신은 정의와 정의가 아닌 것에 대해 이야기한다. 그리고 그렇게 하는 것이 당연하다.
당신은 슬픔에 대해, 황홀에 대해 이야기한다. 이 세계는
잔인한 세계이고 즐거운 세계이다. *우리도 역시.* 느껴라.
할 것도, 해야 할 것도, 시킬 것도, 아무것도 없다.

Of the All With Which We Coexist

Looking around me, I see as far to one
sky as another. The limitations of the eye :
we know the sky goes farther. Yet instruments
give us the same view and absolve the eye.

If I am not central to the world, then it fails
to make any difference whatever I feel.
The universe is large : to be eccentric is to be
nothing. It is not worth speaking of.

If I am anything at all, I am
the instrument of the world's passion and not
the doer or the done so. It is to feel.
You, also, are such an instrument.

You speak of justice and injustice, and well you might.
You speak of grief, of ecstacy. This
is a cruel world and a gay one. *We* are. Feel.
There is nothing to do, to be done, to be done to.

세계의 다양한 크기

우리는 모두 때가 되면 보통 별에 익숙해진다.
별들이 얼마나 먼지,
지구에서 얼마나 떨어져 있는지, 그리고
별과 별 사이에 공간이 얼마나 큰지,
가장 가까운 별에서 나오는 희미한 빛과
더욱 멀리 있는 별에서 나오는 빛 사이에 얼마나 많은 세기가 걸리는지
알기 시작한 후에
공중에서, 놀라지 않고 바라보는 별자리에서
한 도시의 불빛이
밑에 있는 바깥 껍질에 퍼져 있는
지구처럼 하늘이 얇게 보이게 하면서
생각이 마침내 돌아온다.

다음 날 아침 망원경의 고감도 사진 건판에
우리가 전혀 모를 정도로 멀리 있고,
한 은하가 잡고 있을 필요가 있을 정도로 거대한 빛이
　찍힐 때까지
하늘은 빛이 점점이 박힌 비슷한 표면이다.
세계에 필요한 무한한 깊이 속에서
우리는 정말로 어디에 있는 것일까?
지구는 자신의 질량을 끌어당길 질량을 가지고 있고,
거대한 태양은
지구에 소용돌이 같은 끈이 팽팽하게 쳐진 것처럼
지구를 잡고 있다. 그러나 마음은
자체 중력의 끌림에 반응한다.

마음은 표면의 하늘이 영원히 끝없는 바람처럼 부
　드럽게
폭발하는 태양을 지나 우주 공간으로 나간다.
마음의 바깥과 뒤에는 계산자.
어떤 시간의 실제 결과의 대수값을
어디에 더할 수·있을까?
어떤 점으로 지구의 가장 가까운 점을
아주 조금만 늘려서 마지막 별과 연결시키는
공간의 소수점을 고정할 수 있을까?
아니, 여기에 너무 크고 너무 먼, 모순의 세계가 있다.

The Various Size of the World

We all get used to the regular stars in time.
After the start of learning how far they are,
what distances from earth, and even more
what space they keep apart from star to star,
where centuries divide the closest star's faint light
from light beyond, the mind comes back at last
making the sky seem shallow like the earth
where, from the air, we see a city's lights
spread out across the surface crust below
in constellations we read without surprise.

The sky is a similar surface pierced with lights
until, another morning, the sensitive plate
of a telescope has fixed a light so far
we never knew, so huge that a galaxy needs
to hold it. What address ever really finds
us in the endless depths the world acquires?
The earth has mass to hold our own mass down,
and the huge sun holds earth as though
a whirled cord were taut with it. But the mind
responds to the pull of its own gravities.

The mind is shifted outward into space
beyond the sun, where the surface sky explodes
softly forever like an endless wind.
Out and back the mind, the slide of the rule.
Where shall we add the logarithm of what
to find the actual product of any hour?
What point can fix the decimal of space
that joins the least remoteness of the earth
by tiny increments to the last star?
No, here's an incongruous world, too large, too far.

3. 슬라이퍼의 표류 이론은 나선 성운이 섬우주라는
　것을 의미할까? 설명하라.

제 2 장

1. 은하의 각지름이나 겉보기 등급만을 가지고 거리
　를 믿을 만하게 측정할 수 없는 이유는 무엇인가?
　왜 이 사실이 중요한가?
2. 나선 성운의 시선 속도에 대한 슬라이퍼의 큰 값
　이 나선 성운의 전체 고유 운동을 측정할 수 있다
　는 것을 의미하는 이유는 무엇인가? 특히 주기-
　광도 표준화에 대한 섀플리의 방법을 참고하라.
3. 나선 성운이 섬우주라는 것에 대한 1924년 이전
　의 실제 증거를 논하라(반마넨의 결과는 제외하
　고). 이 증거 중의 일부로써 문제를 명백하게 해
　결할 수 있었는가? 반마넨의 결과로써 문제를 명
　백하게 해결할 수 있었는가?

제 3 장

1. 1920년대 초까지 나선 성운의 운동에 대해 두 종

류의 관측 결과가 나와 있었다. 슬라이퍼의 분광학적 속도와 반마넨의 고유 운동. 이 두 종류의 발견이 의미하는 바가 회전을 보완하는 것이었는가 아니면 회전과 반대되는 것이었는가? 설명하라.
다른 어느 천문학자도 나선 성운의 내부 운동에 대한 반마넨의 발견을 확인할 수 없었다. 이 사실이 반마넨의 연구의 신뢰성을 반영하는지에 대해 의견을 말하라. 그 당시 천문학자들의 의견은 어떠했는가?
1925년까지는 어느 이론도 나선 성운이 섬우주라는 견해를 지지하지 않았다. 라플라스, 챔벌린과 물턴, 그리고 진즈의 이론을 간단히 요약해 이 점을 증명하라.

4 장

허블이 나선 성운에 있는 세페이드를 연구할 때 사용한 가정 세 개 중 처음 두 개에 대한 의견을 말하라. 그 가정들이 합리적인가? 그 가정들은 옳은가? 만약 그렇지 않다면 어떻게 수정해야 할까?
허블의 발견으로 '대논쟁'이 어떻게 해결되었는지에 대한 샌디지의 진술에 당신은 동의하는가? 이 논쟁이 1924년 이후까지 계속된 이유는 무엇인가? 언제 이 논쟁이 마침내 끝났는가?
천문학자들이 나선 성운에서 세페이드를 찾을 수 있다고 예상하는 것이 당연한가? 그 이유는?
허블은 자신의 유명한 책 『성운의 세계』 *The Realm of the Nebulae*에서 다음과 같은 말로 시작했다.

과학은 참으로 점진적인 인간의 행위이다. 실증적인 지식 체계가 세대에서 세대로 전해지며, 각각은 점점 커지는 지식 체계에 기여한다. 뉴턴은 "내가 더욱 멀리 봤다면, 그것은 거인의 어깨 위에 서서였다."라고 말했다. 오늘날(1936년) 과학자 중에서 이보다 더욱 넓은 전망을 갖고 있는 사람은 거의 없다. 거인조차 그들의 업적이 포함되는 거대한 지식의 체계에 의해 왜소해진다. 뉴턴과 같은 사람이 오늘날 무엇을 볼지 우리는 모른다. 그리고 내일, 또는 1000년 후에는 우리의 꿈조차

잊혀질 것이다.

허블 자신의 연구와 관련해 이 말의 타당성에 대해 의견을 이야기하라.

제 5 장

1. 사진 건판에서 고유 운동을 찾아내기 위해서는, 건판을 찍은 시간 사이에 간격이 길어야 하는 이유는 무엇인가? 시간 간격이 길면 길수록 관측은 더욱 쉬워질까?
2. 1924년에 허블이 세페이드를 발견하기 전에 진즈는 반마넨의 결과에 동의했다. 같은 때에 진즈가 허블의 결과에도 동의했다는 것을 제2장에서 알았다. 그러나 1924년 이후에는 허블과 반마넨이 단호하게 서로 동의하지 않았다.

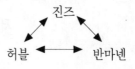

분명하게 이 영향을 기술하고, 모순이 있는지를 결정하라.
3. 허블과 반마넨에 대한 샤플리의 의견을 생각해 보자.

반마넨은 한때 헤일 씨의 친구가 되었다. 반마넨은 공격적이었고 또한 사교적이었다. 저녁 식사 자리에서 앉아 있는 사람들 전부를 바로 웃길 수 있었다. 그는 사회적으로 성공했다. 사람들은 그를 좋아했다. ……
허블은 반마넨이 윌슨 산에 도착한 때부터 그를 좋아하지 않았다. 그는 반마넨을 경멸했다. 허블은 단순히 사람들을 좋아하지 않았다. 사람들과 사귀지 않았고, 사람들과 함께 일하려고도 하지 않았다.
과학적 연구에서 개성과 사회성의 영향을 논하라.
4. 태양 자기장에 대한 반마넨의 연구도 체계적인 오차를 포함하고 있어 틀렸다는 것이 최근에 밝혀졌

다.[J. O. Stenflo, "Hale's Attempts to Determine the Sun's General Magnetic Field", *Solar Phys. 14*, (1970년) : 263-272]. 나선 성운의 내부 운동 결정에 있었던 반마넨의 실수의 본질에 대한 제3부의 결론이 이 발견 때문에 더욱 굳어지는가? 설명하라.

제 6 장

1. 가) 허셸 분류계를 이용해, 울프의 그림에 있는 성운들을 각각 분류하라.

   나) 허블 분류계를 이용해, 울프의 그림에 있는 성운들을 각각 분류하라.

   다) 당신의 결과를 다른 사람의 결과와 비교하라. 허셸 분류계와 허블 분류계 중에서 어느 것을 쓸 때 더욱 잘 일치되는가? 그 이유는?

2. 왜 분류가 중요한가?

3. 제1차 세계대전 후에 일반적으로 독일을 싫어하는 태도 때문에, 국제천문연맹에 처음에는 독일 천문학자가 한 명도 없었다. 이 점 때문에 그 기구의 공인된 목적이 영향을 받았는가? 설명하라.

4. 아래에 대해 비은하 성운과 은하 성운 사이의 구별이 얼마나 명백한가?

   가) 하늘에서의 위치

   나) 스펙트럼

   다) 속도

   라) 모양

5. 오늘날, 허블이 생각했던 것처럼, 은하가 한 종류에서 다른 종류로 진화하지 않는다는 증거를 들어라

제 4 부 현대 우주론의 탄생

제 1 장

1. 19세기의 위대한 물리학자인 켈빈 경은 "나는 한 사물에 대해 역학적인 모형을 만들 수 있을 때까지 내 자신에 대해 만족할 수 없다. 역학적인 모형을 만들 수 있다면 그것을 이해할 수 있다. 역학적 모형을 끝까지 만들 수 없다면 이해할 수 없다."라고 말했다. 이 관점을 20세기의 관점과 비교하라.

2. 에테르와 같은 절대 좌표의 존재 여부를 증명할 수 있는 주장을 상식적인 경험에 바탕을 두어 말하라.

제 2 장

1. 상대론에서는 사람의 위치를 우주 중심으로 정의하는 것이 허용된다. 즉 각 좌표는 다른 좌표와 마찬가지이므로 어느 것이나 선택된 것은 유효하다. 이 개인 중심적인 논의와 독단적인 코페르니쿠스 이전의 이론의 차이에 대한 의견을 이야기하라.

2. 아인슈타인은 "상대론을 독자의 입맛에 맞춰 적용하면 오늘 내가 독일에 있으면 독일 과학자로, 영국에 있으면 스위스 유태인으로 불린다. 만약 내가 혐오의 대상으로 여겨지게 된다면 이 설명은 반대가 된다."라고 말했다. 과학이 정치로부터 완전히 자유로운 적은 거의 없다. 과연 그래야 할까?

3. "제한해야 할 것은 과학이 아니라 오히려 과학 연구자와 과학 교사들이다. 조국에, 세계 인종 개념에, 그리고 독일의 임무에 자신을 전부 바치기도 맹세한 과학적으로 재능이 있는 사람들만이 독일의 대학에서 가르치고 연구를 할 것이다."

   나치가 독일을 통치하던 시대에 나온 이 말을 오늘날 지지하는 사람이 거의 없다. 반면에, 사회와 환경을 향상시키기 위한 일에 과학을 제한하는 운동이 같은 종류의 지적 압력이라는 죄를 짓고 있는가? 응용 과학을 선호해 아무 해를 끼치지 않고 기초 연구를 무시할 수 있는가?

4. 지구에서 남쪽으로 1킬로미터, 동쪽으로 1킬로미터, 그리고 북쪽으로 1킬로미터 간 후에 다시 출

발점으로 돌아갈 수 있는 점을 찾아라. 지구상의 어느 점에서 같은 방향으로 따라가고 나서 출발점의 서쪽으로 1킬로미터를 갈 수 있는가?

대칭성은 상대성이론의 발전에 매우 중요한 요소이다. 대칭성을 기초 과학적 개념으로 올리는 이유는 무엇인가?

상대성이론의 많은 부분은 실험에 의존하지 않고 지적 이론으로 발전되었다. 그러면 그 이론은 철학적인 성취일까, 아니면 과학적인 성취일까?

상대성이론 때문에 뉴턴 법칙이 무효가 되는가? 이 질문에 대해 아인슈타인은 어떻게 대답했을 것으로 생각하는가?

"이것은 참으로 알 수 없다." 왓슨이 말했다. "이것이 무엇을 의미한다고 생각하는가?" "나는 아직 자료가 없다. 자료를 가지기 전에 이론화하는 것은 중대한 실수이다. 무의식적으로, 사람은 이론을 사실에 맞추지 않고 이론에 맞추기 위해 사실을 왜곡하기 시작한다." ── A. C. 도일의 『셜록 홈즈』.

아인슈타인은 명백하게 셜록 홈즈의 의견을 위반했다. 그러나 나중의 실험은 그의 이론을 증명한 것으로 보인다. 아인슈타인의 접근 방법은 어떤 장점을 가지고 있는가? 이론이 발표된 후에 결정되는 실험적 결과를 믿을 수 있을까?

어떤 사람들은 우주론을, 과학적으로 확인하는 것이 불가능한 쓸 없는 학습이라고 믿는다. 이 믿음이 오늘날에도 타당한가? 1930년 이전에는 타당했는가?

). 러시아의 로바체브스키와 볼잔의 연구 결과는 주로 언어 장벽 때문에 서유럽인들에게 알려지지 않았다. 오늘날 조직화된 번역 서비스 때문에 언어는 대개 극복하기에 어려운 장애가 아니다. 그러나 다른 장애 때문에 정보를 퍼뜨리는 것이 방해되고 있다. 그것들은 무엇이며, 어떻게 없앨 수 있을까?

. 중력이나 상대성을 기하학적으로 해석하면 수학적으로 복잡해진다. 이런 공식화에 수반된 어려움을 기꺼이 받아들인 이유는 무엇인가?

12. 아인슈타인의 이름은 대개 상대성이론의 공식화와 연관된다. 그러나 그는 이전에 발전된 비유클리드 기하학에 매우 많이 의존했다. 기하학자들은 동등하게 인정받아야 하는가?

13. 어떤 이유 때문에 아인슈타인이 정적 우주론을 지지하게 되었을까?

제 3 장

1. 슬라이퍼가 찾아낸 시선 속도는 대부분이 우리 은하로부터 멀어지는 운동을 보여주었으나, 일부는(특히 M31) 우리 은하로 향하는 운동을 보여주었다. 팽창 우주의 개념과 일치되는 방법으로 이를 어떻게 설명할 수 있을까?

2. 1919년 12월에 영국의 왕립 천문학회는 아인슈타인에게 금메달을 수여하기로 결정했다. 그러나 2, 3일 후에 학회 임원들은 자신들의 생각을 바꾸었고, 30년 만에 처음으로 금메달이 수여되지 않았다. 아인슈타인은 최종적으로 1926년에 그 메달을 받았다. 이 놀라운 사건이 그 당시의 정치적 분위기 때문에 일어났을까?

3. 실버스타인의 의문스러운 결과 때문에 허블은 속도-거리 관계를 발표할 때 매우 신중해야 했다. 그러나 관측과 이론에 대한 그의 구분이 은하 분류의 경우처럼 명백했는가? 그 당시에 허블이 속도-관계 발견으로 대단히 유명했다는 점 때문에 받아들이는 정도가 달라졌을까?

4. 우주 상수의 도입이 특별한 가정으로 여겨질 수 있을까?

5. 속도-거리 관계만으로 천문학자들이 정적 우주 모형을 버릴 수 없었던 이유는 무엇인가?

6. 속도-거리 관계는 우주에 명백한 시작이 있어야 한다는 것을 나타내는가?

7. 정적 이론과 대폭발 이론 둘 다 창조에 대해 특별한 가정을 해야 한다. 두 모형의 가정의 차이를 설명하라. 정상 우주론의 가정에서는 에너지가 보존되지 않는 반면에, 대폭발 이론의 가정에서는 에너지가 보존되는 이유는 무엇인가?

8. 만약 적색 이동이 속도를 나타내지 않는다는 것

이 발견된다면, 연속 창조가 정상 이론에서는 꼭 있어야 할까? 그러면 대폭발 이론과 정상 이론의 차이점은 무엇일까?

9. 아인슈타인의 모형 또는 드시터의 모형이 정상 이론과 관련될까?

10. 속도-거리 관계는 $v=Hd$로 나타낼 수 있다 (여기서 v=속도, d=거리, H=허블 상수 —— 50킬로미터/초/메가파섹). 이를 간단한 운동 방정식 $v=d/t$ 와 비교하라(여기서 v와 d는 위와 같고, t=시간). 허블 상수로부터 우주의 나이에 대해 알 수 있나? 설명하라. 위에 있는 허블 상수의 값으로부터 우주의 나이를 계산하라. 이를 지구의 나이와 비교하면 어떤가?

11. 허블은 원래 허블 상수 H의 값이 500킬로미터/초/메가파섹이라고 했었다. 오늘날 인정되는 값은 50킬로미터/초/메가파섹이다. 이 값의 차이가 우주의 나이에 대해 어떤 의미를 갖는가? 어떤 발견 때문에 이 값이 줄어들었을까?

12. 천문학사에서 두 가지 상반되는 견해가 여러 번 극적으로 대립했었다. 결과적으로 나타나는 논란은 관측에서 새로운 발전에 의해서만 해결되었다. 이런 경우에서 가장 중요한 것 세 가지 코페르니쿠스 이론, 섬우주론, 그리고 대폭발론이다. 각 견해에 대해 반대 의견과 주된 대인을 설명하라. 처음 두 가지에 대해 논쟁을 결한 관측적 발전을 설명하라. 세번째 경우의 재 상태는 어떠한가? 그것은 처음 두 가지의 전과 비슷한가?

제 4 장

1. 적색 이동을 시선 속도로 해석하는 데 대해 강한 반대가, 특히 퀘이사의 경우에 있었다. 이 장에 관해, 오늘날 천문학적 증거에 대해 이야기하라.

2. 빛이 단순히 공간을 지나감으로써 에너지를 잃다고 가정하자. 이 가정은 에너지 보존 개념에 떤 영향을 미칠까?

3. 일반 상대성이론의 한 가지 결과는 무거운 물체서 나오는 빛은 질량이 광자를 중력으로 끌어당므로 적색 이동이 일어난다는 것이다. 이 원리 문에 적색이동-거리 관계가 생길 수 있을까?

참고문헌

서적 정보

J. Berstein, *Einstein* (New York: Viking Press, 1973).

R. W. Clark, *Einstein: The Life and Times* (Cleveland: World Publishing, 1971).

C. C. Gillispie, ed. *Dictionary of Scientific Biography* (New York: Charles Scribner's Sons, 1970ff).

B. Hoffmann and H. Dukas, *Albert Einstein: Creator and Rebel* (New York: Viking Press, 1972).

H. Shapley, *Through Rugged Ways to the Stars* (New York: Charles Scribner's Sons, 1969).

H. Wright, *Explorer of the Universe: A Biography of George Ellery Hale* (New York: Dutton & Co., 1966).

H. Wright, J. Wurnaw, and C. Weiner, *The Legacy of George Ellery Hale* (Cambridge: MIT Press, 1972).

천문학사에 관한 주요 작품

A. Berry, *A Short History of Astronomy* (reprinted by New York: Dover Publications, Inc., 1966). Original publication (London: J. Murray, 1898).

A. Clarke, *A Popular History of Astronomy* (London: Adams and Charles Black, 1893).

M. Hoskin, *William Herschel and the Construction of the Heavens* (New York: W. W. Norton, 1964).

S. L. Jaki, *The Paradox of Olbers' Paradox* (New York: Herder and Herder, 1969).

S. L. Jaki, *The Milky Way* (New York: Neale Watson, 1972).

H. MacPherson, *Modern Cosmologies: A Historical Sketch of Researches and Theories Concerning the Structure of the Universe* (Oxford, Eng.: Oxford University Press, 1929).

M. K. Munitz, *ed. Theories of the Universe* (Glencoe, Ill: The Free Press, 1957).

J. D. North, *The Measure of the Universe: A History of Modern Cosmology* (Oxford, Eng.: Oxford University Press, 1965).

O. Struve and V. Zebergs, *Astronomy of the 20th Century* (New York: Macmillan Co., 1962).

10. C. Whitney, *The Discovery of Our Galaxy* (New York: Alfred A. Knopf, 1972).

III. 천문대의 역사에 관한 작품

1. B. Z. Jones and L. G. Boyd, *The Harvard College Observatory* (Cambridge: Harvard University Press, 1971).

2. *Lick Observatory* (Berkeley: University of California Press, 1961).

3. *Lowell Observatory* (Flagstaff, Ariz. Chamber of Commerce).

4. A. E. Whitford, "Astronomy and Astronomers at the Mountain Observatories", *Proc. Int. Conf. Ed. Hist. Astron.* (published in the *Annals of the New York Academy of Sciences,* 1972).

5. D. O. Woodbury, *The Glass Giant of Palomar* (New York: Dodd, Mead & Co., 1939).

IV. 발표된 중요한 연구 논문

A. 은하 모형

1. H. D. Curtis and H. Shapley, "The Scale of the Universe", *Bull. Nat. Acad. Sci. 2* (1921): 171-217.

2. I. Kant, *Universal Natural History and Theory of the Heavens* (Ann Arbor, Mich.: University of Michigan Press, 1969).

3. J. C. Kapteyn, "First Attempt at a Theory of the Arrangement and Motion of the Sidereal System", *Astrophys. J. 55* (1922): 65-91.

4. H. Shapley, "Studies Based on the Colors and Magnitudes in Stellar Clusters", *Astrophys. J. 45* (1917): 118-141 and 164-181; 46 (1917): 64-75; 48 (1918): 89-124, 154-181 and 279-294; 49 (1919): 24-41; 96-107, 249-265 and 311-366; 50 (1919): 42-49 and 107-140.

5. H. Shapley, *Star Clusters* (New York, McGraw Hill, 1930).

B. 흡수

1. E. E. Barnard, "On the Vacant Regions of the Milky Way", *Popular Astronomy 14* (1906): 579-583.

2. E. E. Barnard, "Some of the Dark Markings on the Sky and What They Suggest", *Astrophys. J. 43* (1916): 1-8.

3. H. D. Curtis, "Absorption Effects in the Spiral Nebulae", *Publ. Astron. Soc. Pac. 29* (1917): 145-146.

4. J. C. Kapteyn, "On the Absorption of Light in Space", *Astrophys. J. 30* (1909): 284-317.

5. R. Trumpler, "Preliminary Results on the Distances, Dimensions, and Space Distribution of Open Star Clusters", *Lick Obs. Bull. 14* (1930): 154-188.

C. 나선 성운의 본질

1. H. D. Curtis, "Novae in Spiral Nebulae and the Island Universe Theory", *Publ. Astron. Soc. Pac. 29* (1917): 206-207.

2. E. P. Hubble, "Extra-Galactic Nebulae", *Astrophys. J. 64* (1926): 321-369.

3. E. P. Hubble, "Cepheids in Spiral Nebulae", *Observatory 48* (1925): 139-142.

4. E. P. Hubble, "Angular Rotations of Spiral Nebulae", *Astrophys. J. 81* (1935): 335-336.

5. E. P. Hubble, *The Realm of the Nebulae* (New Haven: Yale University Press, 1936).

6. K. Lundmark, "Internal Motions of Messier 33", *Astrophys. J. 63* (1926): 67.

7. A. van Maanen, "Preliminary Evidence of Internal Motion in the Spiral Nebula Messier 101", *Astrophys. J. 44* (1916): 210-228.

8. A. van Maanen, "Investigations on Proper Motion, Tenth Paper: Internal Motions in the Spiral Nebula Messier 33, NGC 598", *Astrophys. J. 57* (1923): 264-278.

9. A. van Maanen, "Angular Rotations in Spiral Nebulae", *Astrophys. J. 81* (1935): 336-337.

10. H. Shapley, "More on the Magnitudes of Novae in Spiral Nebulae", *Publ. Astron. Soc. Pac. 29* (1917): 213-217.

11. H. Shapley and H. D. Curtis, "The Scale of the Universes", *Bull. Nat. Res. Coun. 2*(1921): 171-217.

12. V. M. Slipher, "The Radial Velocity of the Andromeda Nebula", *Lowell Obs. Bull. 2* (1913): 56-57.

13. V. M. Slipher, "The Direction of Nebular Rotations", *Lowell Obs. Bull. 2* (1914): 66.

D. 상대성이론

1. A. Einstein, H. A. Lorentz, H. Minkowski, and H. Weyl, *The Principle of Relativity*, translated by W. Perrett and B. Jeffrey. (New York: Dover Publication, 1923).

2. G. Holton, "Einstein, Michelson, and the Crucial Experiment", *Isis 60* (1969): 133-197.

3. B. Russell, *The ABC of Relativity* (New York: New American Library, 1959).

4. J. H. Smith, *Introduction to Special Relativity* (New York: W. A. Benjamin, Inc., 1965).

5. L. S. Swenson, "The Michelson-Morley-Millar Experiment before and after 1905", *J. Hist. Astron. 1* (1970): 56-78.

6. H. Weyl, *Space Time Matter* (New York: Dover Publications, 1950).

E. 속도 - 거리 관계와 우주론

1. A. S. Eddington, *The Expanding Universe* (Cambridge, Eng.: Cambridge University Press, 1933).

2. E. P. Hubble, "A Relation Between Distance and Radial Velocity Among Extra-Galactic Nebulae", *Proc. Nat. Acad. Sci. 15* (1929): 168-173.

3. E. P. Hubble, *The Observational Approach to Cosmology* (Oxford, Eng.: Oxford University Press, 1937).

V. 다른 참고 서적

1. *Astronomischer Jahresbericht* (1889년부터 1968년까지 매년 발간).

2. *Astronomy and Astrophysics Abstracts* (1969-현재).

3. *Isis Critical Bibliography* (1913년부터 매년 발간).

찾아보기

은하의 발견
Man Discovers the Galaxies

찍은날 2000년 3월 20일
펴낸날 2000년 3월 30일

지은이 리처드 베렌젠 · 리처드 하트 · 대니얼 실리
옮긴이 이명균
펴낸이 손영일

펴낸곳 전파과학사
출판등록 1956. 7. 23(제10-89호)
120-112 서울 서대문구 연희2동 92-18
전화 333-8877 · 8855
팩시밀리 334-8092

*잘못된 책은 바꿔 드립니다.
ISBN 89-7044-211-1   03440